人工林桉树木材
单板利用技术

吕建雄　周永东　陈志林 等　著

科学出版社
北京

内 容 简 介

本书主要内容包括人工林桉树木材资源与利用，常用桉树木材性质、单板加工及质量评价技术，桉树木材胶合板生产技术、阻燃胶合板生产技术，以及桉树单板制备重组木技术，主要特点是着重介绍桉树木材资源及相关生产技术，内容通俗易懂。书中展示了我国近些年开展的人工林桉树木材单板化利用技术研究所取得的一些进展和成果。

本书可作为从事桉树木材加工及生产相关技术人员、科研人员、高校师生的参考书，也可供桉树木材产区管理及培育人员参考使用。

图书在版编目(CIP)数据

人工林桉树木材单板利用技术 / 吕建雄等著 . —北京：科学出版社，2018.3
ISBN 978-7-03-056534-1

Ⅰ.①人… Ⅱ.①吕… Ⅲ.①桉树属－人工林－板材(木材) Ⅳ.①TS612

中国版本图书馆 CIP 数据核字（2018）第 025899 号

责任编辑：张会格 / 责任校对：邹慧卿
责任印制：张 伟 / 封面设计：图阅盛世

科 学 出 版 社 出版
北京东黄城根北街 16 号
邮政编码：100717
http://www.sciencep.com
北京京华虎彩印刷有限公司 印刷
科学出版社发行 各地新华书店经销
*
2018 年 3 月第 一 版 开本：720 × 1000 B5
2018 年 3 月第一次印刷 印张：17 3/4
字数：358 000

定价：128.00 元

(如有印装质量问题，我社负责调换)

前　言

木材是人类社会生活中不可或缺的重要物资。但是，中国因人口众多一直是一个木材资源非常紧缺的国家，我国木材的年消耗量从 2002 年的 1.83 亿 m^3 上升到 2014 年的 5.39 亿 m^3，预计到 2020 年，我国木材年需求量将达 8 亿 m^3，总需求量缺口达 4.5 亿 m^3。随着世界各国环保意识的增强，国际社会加强了对包括红木树种在内的热带木材资源的管制力度，2017 年 1 月 2 日开始生效的《濒危野生动植物种国际贸易公约》（CITES 公约）管制物种附录已包括超过 500 种木材树种。

21 世纪以来，我国木材进口量快速增加，进口木材占国内木材消耗量的比例由 2000 年的 27.9% 上升到 2014 年的 50.7%，木材对外依存度首次超过 50%，安全形势十分严峻。一方面，2015 年中央一号文件明确指出，从 2016 年开始我国将全面停止天然林商业性采伐。随着全面停止天然林商业性采伐，采伐必然向人工用材林迅速转移。另一方面，第八次全国森林资源清查结果表明，全国人工林面积 6933 万 hm^2，居世界第一位，蓄积 24.83 亿 m^3，占森林蓄积量的 16.4%。因此，为了满足社会对木材的刚性需求，以及为了缓解木材供给压力、保障国家木材安全，国家林业发展规划已从战略布局上进行了一系列调整，高效利用人工林木材资源已成为我国社会经济可持续发展的重大战略选择之一。

桉树是世界上长得最快的树木，已经被成功引种到世界 120 多个国家。作为中国主要的速生丰产树种之一，桉树人工林的种植近年得到了迅猛的发展，种植面积已达 450 万 hm^2，年产木材约 3000 万 m^3，占全国年商品木材产量的 25% 左右，为缓解木材供需矛盾、保障我国木材安全做出了重要贡献。目前，桉树木材主要用于制浆造纸和人造板原料，少数作为实木用材并用于家具、地板及室内装修等材料，但由于桉树木材生长应力较大、出材率及原木利用率较低，因此产品的附加值仍较低。近年来，桉树木材单板化利用技术的发展使原木利用率和产品附加值得到较大提高，是人工林桉树木材增值利用的一个重要研究方向，市场潜力巨大。

由于桉树原木生长应力大，特别是小径（低龄树）原木，早期利用桉树生产单板类人造板时，旋切单板易出现端裂，干燥时容易出现皱缩，从而在一定程度上限制了桉树木材单板化利用技术的发展。随着生产技术的进步，诸多制约生产的问题得到解决，特别是通过突破无卡轴旋切设备进行小径原木单板旋切的关键技术，使得原木旋切剩余直径由原来单卡剩余直径 150mm 缩小到 30mm 以下，显著提高了出材率和小径木材利用率，直接导致利用桉树木材生产单板类人造板所占比例越来越大。有鉴于此，国家林业局组织了林业公益性行业科研专项重点项目“桉树生态经营及产业升级关键技术研究”，该项目的重要组成部分“桉树胶合板产业升级关键技术”课题（201104003-02），旨在通过优化数控无卡轴旋切技术，提高单板质量和木材利用率；通过规范单板干燥工艺，对现有单板干燥工艺进行调整，使干燥后单板表面裂隙减少，提高等级单板合格率，建立单板干燥系统的能量评价体系，取得适合桉树单板干燥的优化工艺；通过技术集成创新，提高桉树胶合板质量，同时创新开发桉树阻燃胶合板，研发桉树重组木制造技术等，实现我国桉树胶合板生产关键技术升级。作为重要成果之一，本书又是课题组四年研究开发工作的总结。本书重点围绕人工林桉树木材单板化利用技术研发，从桉树资源与利用、桉树木材性质、桉树木材单板加工、桉树木材胶合板、桉木阻燃胶合板、桉树重组木制造技术等方面进行了系统的论述，旨在为企业提供参考，促进桉树木材利用技术的发展。

全书共分为六章：第一章桉树资源与利用由陈勇平、吕建雄、陈志林撰写，第二章桉树木材性质由周永东、吕建雄、徐金梅撰写，第三章桉树木材单板加工由周永东、吕建雄、徐金梅撰写，第四章桉树木材胶合板由彭立民、傅峰撰写，第五章桉木阻燃胶合板由陈志林、傅峰撰写，第六章桉树重组木制造技术由余养伦、于文吉撰写，本书统稿由吕建雄研究员、周永东研究员、陈志林研究员完成。在本书编写过程中，科学出版社给予了大力支持和帮助，在此对张会格等各位编辑的辛勤工作和敬业精神表示深深的谢意和崇高的敬意！感谢本课题组韩晨静、孙锋、胡拉等研究生的辛勤劳动。此外，本书的出版得到了鲍甫成研究员、王金林研究员、张璧光教授、姜笑梅研究员、叶克林研究员、伊松林教授、黄荣凤研究员、殷亚方研究员、赵有科副研究员等的指导和大力协助，特别是王金林先生一字一句对全书进行了认真修改和审核，在此表示衷心的感谢！本书第二章桉树木材性质的有关科学实验数据来自于早期的国际热带木材组织（ITTO）项目“改进与多种利用中国南方热带人工林木材，以减少天然林供应不足的压力”[ITTO PD69/01 Rev.2（I）]，对此表示感谢。最后，向所有关心和参与本书编写的同行表示衷心感谢，对书中所引用的大量文献资料的作者表示谢意！

本书的出版，旨在向读者展示我国近些年开展人工林桉树木材单板化利用技术的最新研究进展和成果，为实现我国桉树胶合板生产关键技术升级提供理论基础和技术支持。全书以人工林桉树木材的单板化利用为主线，从性质、加工工艺到产品制备技术，全面、系统地总结了桉树木材应用于单板类人造板生产的增值利用技术，对于从事木材加工及生产相关技术人员、科研工作者、高等院校师生，以及人工林桉树木材产区的相关管理和培育人员具有重要的参考价值。

由于作者水平有限，不足之处在所难免，敬请读者批评指正。

著　者

2017年2月

目　录

第一章

桉树资源与利用

第一节　桉 树 资 源

桉树又称尤加利树，是桃金娘科（Myrtaceae）桉属（*Eucalyptus*）、杯果木属（*Angophora*）、伞房属（*Corymbia*）树种的总称，共有1039个分类群（王豁然，2010；胡拉，2013），具有速生丰产、适应性强、抗性强、耐干旱瘠薄、容易种植、萌芽能力强等特点，是联合国粮食及农业组织推荐的三大速生造林树种（桉树、松树、杨树）之一。

一、桉树起源与分类

（一）桉树起源

桉树可能起源于白垩纪末，因为在始新世和中新世早期已经有了斜脉序和纵脉序的种，它的原始类型具有中生系构造特点，其进化主要是在澳大利亚境内顺应着地质史的变化而进行，也取决于它对干燥、干旱和半干旱条件的适应，以旱生系为主，也有中生系和喜冰雪系。桉树对干旱条件的适应导致了一系列形态、解剖结构的形成。最早适应类型之一是在叶上形成树胶、绒毛或刚毛，但当干旱加强时，这种保护并不太有效，因此除了少数情况外，仅在植株幼龄发育期被保留下来，以后的阶段是形成蜡层表皮。山区、干旱区生长的桉树的幼叶和成熟叶上、树枝上，有时在树干上都有蓝灰色的蜡层。到现代发育阶段，桉树的角质层加厚，以利于它最安全地适应干燥条件。应该说，桉树的再生性状都是在中生系的基础上发展起来的。澳大利亚北部潮湿地区的各个种、澳大利亚东南部及塔斯马尼亚州潮湿沿海地区和潮湿山区的很多树种都应归到中生系。喜冰雪系是一种适应了高山寒冷生态的进化系，它包括了生长在澳大利亚中部干燥地区的一些种，这个地区的环境条件是昼夜温度剧烈变化，往往白天高温（炎热）、夜间低温（严寒），这里桉树的进化实质上是一种退化性进化，其演变进程为乔木—亚乔木—小乔木—灌木（祁述雄，2002）。

桉树的显著特点是种类多、适应性强、用途广。它的生长环境很广，从热带到温带，有耐–18℃的二色桉（*Eucalyptus bicolor*）、冈尼桉（*E. gunnii*）及耐–22℃的雪桉（*E. niphophila*）。从滨海到内地，从平原到高山（海拔2000m），从年降水量250mm的地区到年降水量4000mm的地区都可生长。其体型变化也大，包括世界罕见的高达百米的大树，也有矮小并多干丛生的灌木，还有一些既耐干旱又耐水淹的树种。

（二）桉树分类

桉树分类系统于1971年开始，当时共分成1属和7亚属，无伞房属。1995年，Hill和Johnson等对分类系统进行了修订，该分类系统得到了广泛的认可和应用。

按照Hill和Johnson（1995）的桉树分类系统，桉树分为杯果木属、伞房属和桉属，3属树种见表1-1。桉属又包括纹蒴亚属、小帽桉亚属、双蒴盖亚属、高伯亚属、昆士兰桉亚属、单蒴盖亚属和赤道桉亚属。据不完全统计，桉树目前已有分类群1039个，其中种806个、亚种219个、变种9个、杂种5个（王豁然，2010）。

表1-1　桉树分类群数目列表　（单位：个）

属	杯果木属	伞房属	桉属	桉树分类群总数
种	10	91	705	806
亚种	4	18	197	219
变种	—	—	9	9
杂种	2	—	3	5
分类群	16	109	914	1039

二、世界桉树资源概况

（一）桉树天然林资源

桉树原产地绝大多数生长在澳大利亚大陆，天然分布于修正的华莱士线（Wallace's line）以东，北纬7°到南纬43°39′，除少数分布于巴布亚新几内亚、印度尼西亚和菲律宾群岛等地外，其余全都自然分布于澳大利亚（IUFRO，2000；祁述雄，2002）。在澳大利亚以桉树为主的天然林约3600万hm^2，其天然林可分为以下3种类型（祁述雄，1981）。

1. 沿海及高地桉树林

这是澳大利亚的主要经济林，分布于沿海东岸和东南岸、平均年降雨量

760~1270mm 的中纬度地区，以及塔斯马尼亚州及西澳大利亚的西南部。其中最重要的是昆士兰和新南威尔士州东部的弹丸桉、巨桉、小帽桉、树脂桉；新南威尔士、维多利亚、塔斯马尼亚州的大桉；维多利亚、塔斯马尼亚州的王桉、二棱桉、斜叶桉；西澳大利亚西南部的异色桉和边缘桉。它们是世界上最高最雄伟的阔叶树，只有北美洲的一些针叶树才凌驾其上。

桉树一般形成混交林，但异色桉和王桉通常形成纯林。桉树林中经常还有木麻黄属、黑荆属或旱生植物等树种的矮树丛。

2. 季雨林

热带季雨林在昆士兰州北部，年降雨量 2030~3005mm，澳大利亚热带、亚热带林与马来西亚、中南半岛相似，树多矮小，较高大经济树木零星分散。桉属有圆锥花桉、托里桉、四齿桉。

温带季雨林在维多利亚南部、塔斯马尼亚西部偏僻地区，主要树种有山毛榉和其他树种，桉属的树种有卵叶桉、西蒙花桉。

3. 内地森林

包括昆士兰、新南威尔士、维多利亚州的黄木树林，在墨累河及其支流的红桉树林，西澳大利亚的万都和沙蒙桉树林，以及金矿区生长的红皮桉、单宁桉和温多桉。内地年雨量 380~760mm。

维多利亚州桉属的分布：总面积为 2300 万 hm^2，其中森林面积约为 825 万 hm^2，占 1/3，森林的主要树种是桉属。在最高山脉的岩石层、海拔 1400~1800m 处，主要树种是雪桉。在海拔 1400m 以下与高山森林相接处，主要树种由蓝桉组成，一直伸延到 1100m 的地方，这种森林在南坡会伸延到海拔 700m 处。王桉林生长在蓝桉林之下海拔 300~900m 的地区，年降雨量 1140mm 以上，它是维多利亚州干燥地区土生树种中最宝贵的资源。纤维皮类的桉树林，以及由纤维皮类、杏仁香皮类、亮果桉等各种桉树组成的混交林，分布在海岸平原和大分水岭南北两侧、海拔 900m 以下的山坡地区。红桉林分布在州内各地，大面积纯林分布于墨累河及其支流的下游地区。坚皮类的桉树和厚皮类的桉树林生长在大分水岭北侧、夏季干旱的贫土地区，这种林区最好的商品材树种有灰厚皮桉、红铁皮桉和有脊桉等。红桉和林下灌木丛的花，是本州养蜂最好的蜜源。

（二）桉树人工林资源

19 世纪桉树引种至世界各地，目前，全球种植桉树的国家超过 120 个，除南极洲外各州均有分布（Git Forestry Consulting Global Eucalyptus Map，2009），主要分布国家见表 1-2。

表 1-2 桉树的分布

分布区域	主要国家
亚洲	中国、印度、越南、泰国、巴基斯坦、孟加拉国、柬埔寨、印度尼西亚、伊拉克、约旦、老挝、马来西亚、缅甸、尼泊尔、菲律宾、斯里兰卡
北美洲	古巴、萨尔瓦多、危地马拉、墨西哥、尼加拉瓜、波多黎各、美国、哥斯达黎加
南美洲	巴西、乌拉圭、智利、阿根廷、玻利维亚、哥伦比亚、厄瓜多尔、巴拉圭、秘鲁、委内瑞拉
非洲	苏丹、南非、阿尔及利亚、安哥拉、贝宁、博茨瓦纳、布隆迪、喀麦隆、佛得角、乍得、科摩罗、刚果、埃及、厄立特里亚、埃塞俄比亚、加蓬、肯尼亚、马达加斯加、摩洛哥、莫桑比克、纳米比亚、尼日尔、尼日利亚、卢旺达、塞内加尔、斯威士兰、多哥、突尼斯、乌干达、坦桑尼亚、赞比亚、津巴布韦、莱索托、马拉维
欧洲	葡萄牙、西班牙
大洋洲	澳大利亚、新西兰、美属萨摩亚、密克罗尼西亚、巴布亚新几内亚、萨摩亚群岛、所罗门群岛

1. 桉树人工林种植面积

桉树人工林分布于亚洲、美洲、非洲、欧洲、大洋洲等各地区，自引种以来发展迅速。从表 1-3 和表 1-4 统计数据可以看出，1955 年全球桉树人工林种植面积仅为 70 万 hm^2；1985 年为 600 万 hm^2；2009 年已超过 2000 万 hm^2。

表 1-3 全球桉树人工林种植发展概况

年份	1955	1985	2005	2009
面积 / 万 hm^2	70	600	＞1700	＞2000

资料来源：国家林业局桉树研究开发中心 2013 年提供

在如此庞大的种植面积中，亚洲种植面积最广，为 840 万 hm^2，其次为美洲（750 万 hm^2），非洲为 240 万 hm^2，欧洲为 130 万 hm^2，大洋洲为 100 万 hm^2（Git Forestry Consulting Global Eucalyptus Map，2009）。

表 1-4 全球桉树人工林种植区域概况

分布区域	亚洲	美洲	非洲	欧洲	大洋洲
面积 / 万 hm^2	840	750	240	130	100

桉树人工林主要栽种国家见表 1-5，主要为亚洲的中国、印度、越南、泰国、巴基斯坦、菲律宾等国，南美洲的巴西、阿根廷、秘鲁、智利、乌拉圭等国，非洲的苏丹、南非等国，大洋洲的澳大利亚、新西兰等国，以及欧洲的葡萄牙、西班牙等国。

表 1-5　主要栽种国家桉树人工林种植面积

2008 年			2009 年		
国家	面积 / 万 hm^2	所占比例 /%	国家	面积 / 万 hm^2	所占比例 /%
印度	394.2600	22	巴西	425.8704	21
巴西	375.1857	20	印度	394.2600	19
中国	260.9700	14	中国	260.9700	13
澳大利亚	87.5000	5	澳大利亚	92.6011	5
乌拉圭	67.6024	4	乌拉圭	69.1646	3
智利	65.2100	3	智利	68.7717	3
葡萄牙	64.7000	3	葡萄牙	64.7000	3
西班牙	64.0000	3	西班牙	64.0000	3
越南	58.6000	3	越南	58.6000	3
南非	56.8000	3	苏丹	54.0400	3
苏丹	54.0400	3	泰国	50.0000	3
泰国	50.0000	3	南非	49.1934	2
秘鲁	48.0000	2	秘鲁	48.0000	2
阿根廷	33.3000	2	阿根廷	33.3000	2
巴基斯坦	24.5000	1	巴基斯坦	24.5000	1
⋮	⋮		⋮	⋮	
所有国家总计	**1960.9670**		**所有国家总计**	**2007.1701**	

从统计数据可以看出，桉树人工林种植在 1955~2005 年全球发展较快，但在 2005 年后尤其是 2010 年后大多数引种国家增幅趋于稳定，主要栽种国家方面，2009 年巴西桉树人工林种植产量超过印度，为全球第一。此外，中国桉树人工林近年来发展迅速，2014 达到了 450 万 hm^2。

2. 桉树人工林的主要品种

桉树人工林的主要品种：巨桉（*E. grandis*）、尾叶桉（*E. urophylla*）、巨尾桉（*E. grandis* × *E. urophylla*）、蓝桉（*E. globulus*）、直杆蓝桉（*E. maideni*）、赤桉（*E. camaldulensis*）、细叶桉（*E. tereticornis*）、亮果桉（*E. nitens*）、柳叶桉（*E. saligna*）、剥桉（*E. deglupta*）、柠檬桉（*E. citriodora*）、大叶桉（*E. robusta*）、窿缘桉（*E. exserta*）、粗皮桉（*E. pellita*）、邓恩桉（*E. dunnii*）、斑皮桉（*E. maculata*）、托里桉（*E. torelliana*）等。

以种植面积较大的巴西（殷亚方等，2005）、印度（联合国粮食及农业组织，2005）、中国和澳大利亚（张国武等，2009）为例，其桉树人工林种植的主要品种见表 1-6。

表 1-6 主要种植国家的桉树人工林品种

国家	主要树种
澳大利亚	澳大利亚 90% 以上的森林资源是由桉树组成的，广泛应用的桉树树种有亮果桉、蓝桉、巨桉、弹丸桉、柳叶桉、大桉、多枝桉、王桉等
巴西	巴西栽培最广泛的桉树树种是巨桉与尾叶桉的杂交种，也种植了一定数量的巨桉、尾叶桉、赤桉、蓝桉、柳叶桉、细叶桉、邓恩桉等
印度	印度于 1865 开始进行桉树的人工林实验，目前主要桉树树种有细叶桉、赤桉、柠檬桉、剥桉、蓝桉、斑皮桉、圆锥花桉
中国	中国桉树分布约有 20 个省份，主要桉树树种有尾叶桉、细叶桉、巨桉、巨尾桉、柳叶桉、赤桉、多枝桉、蓝桉、邓恩桉、亮果桉、大叶桉等

3. 桉树人工林种植区域的气候条件

桉树人工林种植区域主要分布在 42° N 和 42° S 之间，其气候类型有热带雨林气候、热带草原气候、热带季风气候、亚热带季风气候、地中海气候（李志辉等，2000；王楚彪等，2014）。其分布区域的主要气候特点见表 1-7。

表 1-7 桉树人工林种植区域的主要气候特点

气候类型	气候特点	代表国家
热带雨林气候	终年高温多雨，各月平均气候在 25~28℃，年降水量 2000mm 以上，季节分配均匀，无干旱期	巴西（北部）、刚果、加蓬、印度尼西亚（原产国）、巴布亚新几内亚（原产国）、菲律宾（原产国）、马来西亚
热带草原气候	全年气温高，年平均气温 25℃，年降水量一般在 700~1000mm，有明显的较长干季	巴西（南部）、澳大利亚（东部）、南非、埃塞俄比亚、卢旺达
热带季风气候	终年高温，年平均气温在 22℃以上，年降水量一般在 1500~2000mm 及以上，旱雨季明显	中国（海南、雷州半岛）、印度、越南、泰国、缅甸、老挝、柬埔寨
亚热带季风气候	年平均气温介于 13~20℃，年平均降水量一般在 800~1600mm，夏季高温多雨，冬季温和少雨	中国（东部）、澳大利亚（东南沿海）、美国（东南）、乌拉圭、阿根廷
地中海气候	冬季气温 5~10℃，夏季 21~27℃，年降水量 350~900mm，集中于冬季，夏季炎热干燥，高温少雨，冬季温和多雨	西班牙（东南部）、葡萄牙、摩洛哥、突尼斯、智利（中部）

三、中国桉树引种栽培与桉树人工林发展概况

（一）桉树引种与栽培

桉树自 1890 年引进中国，120 多年来得到了较快发展，从 1890 年至今大致经历 3 个阶段。第一阶段（1890~1949 年）：早期零散引种阶段，1890 年从意大

利引进了多种桉树到广州、香港、澳门等地，同年从法国引进细叶桉到广西的龙州，1894年福州引种了野桉，1896年昆明引种了蓝桉，1910年四川的西昌、遂宁引种了赤桉，1912年厦门引种了多种桉树，1916年粤汉铁路广州至衡阳段栽植大叶桉，早期引种主要作为庭园观赏与行道绿化树种。第二阶段（1950~1980年）：系统引种、试验栽培和早期推广阶段，20世纪50年代初期，广东湛江首先建立起粤西桉树林场（现雷州林业局），率先营建大面积桉树人工林，此后并逐渐扩展到南方各省；20世纪60年代中期，广西钦州、南宁等地先后办起了10余个以经营桉树为主的国营林场，形成我国引种栽培和推广桉树造林工作的第一次高潮；1972年全国林木良种科技协作会议后，成立了南方5省份桉树科技协作组，有效地加强了桉树栽培与利用的技术经验交流和总结。第三阶段（1981年至今）：良种推广和大规模发展阶段，1982年，全国共计已有15个省份（600多个县、市）引进了300多种桉树；1986年，全国片状桉林已达46.6万hm^2，另有四旁植桉15亿株，桉树人工林已跃居世界前列。此后，我国桉树人工林的种植更是飞速发展，如表1-8所示，自1960年的20万hm^2达到了2014年的450hm^2。

表1-8　中国桉树人工林种植面积

年份	1960	1986	1992	2002	2008	2010	2013	2014
面积 / 万 hm^2	20	46.6	67	154	260	368	440	＞450

资料来源：国家林业局桉树研究开发中心2013年提供

（二）桉树人工林发展概况

1. 桉树人工林资源分布区域

目前桉树已成为中国人工林分布面积居第三的优势树种，在20多个省份均有分布，主要产区是广东、广西、海南、云南、福建、江西、湖南、贵州、重庆和四川等省份。

2. 桉树人工林种植面积

据统计，全国桉树人工林种植面积已达450万hm^2，占全国林地总面积的1.4%（陈少雄和陈小菲，2013）。其中广西种植发展最快，如表1-9所示，约占全国桉树人工林的45%。

表1-9　中国不同省份桉树人工林种植面积统计表

排名	省份	面积 / 万 hm^2	所占比例 /%
1	广西	202.7000	45.05
2	广东	136.7000	30.38

续表

排名	省份	面积 / 万 hm^2	所占比例 /%
3	福建	26.0000	5.78
4	云南	23.3000	5.18
5	海南	20.1000	4.47
6	四川	17.8000	3.96
7	重庆	9.0000	2.00
8	湖南	5.9000	1.31
9	江西	4.7000	1.04
10	贵州	3.7000	0.82

3. 桉树人工林主要种植品种

中国桉树分布区域约有 20 个省份，主要桉树树种有尾叶桉、细叶桉、巨桉、巨尾桉、柳叶桉、赤桉、多枝桉、蓝桉、邓恩桉、亮果桉、大叶桉等。

（1）广西、广东和海南引种的主要桉树树种及其培育目标

广西、广东和海南引种的主要桉树树种及其培育目标见表 1-10。

表 1-10　广西、广东和海南引种的主要桉树树种及其培育目标

引种省份	大区	小区	主要引种树种及其培育目标
广西	华南大区	桂中 北部湾	本区水热条件充足，经营培育以纸浆材为主，兼木片出口。主要桉树树种有尾叶桉、细叶桉、巨桉、巨尾桉、柳叶桉、柳窿桉、赤桉及其杂交组合树种
	西南大区 华中大区	桂西 桂北	经营培育以纸浆材为主，兼木片出口。主要桉树树种有巨桉、尾叶桉、邓恩桉、柳叶桉、赤桉及其杂交组合树种
广东	华南大区	粤南 粤中 雷州半岛	本区水热条件充足，经济发达，经营培育以纸浆材为主，生产木片出口。主要桉树树种有尾叶桉、细叶桉、巨桉、巨尾桉、托里桉、刚果 12 号桉、雷林一号、赤桉及其杂交组合树种
	华中大区	粤北	除培育纸浆材外，还生产桉树矿木等
海南	华南大区	琼北 琼南	本区水热条件充足，经营培育以纸浆材为主，兼木片出口。主要桉树树种有尾叶桉、细叶桉、巨桉、巨尾桉、托里桉、刚果 12 号桉、柳叶桉、赤桉及其杂交组合树种

资料来源：国家林业局桉树研究开发中心 2003 年提供

广西壮族自治区的桉树人工林主要集中在南宁地区及南宁以南和西南地区，柳州、合浦和北海地区是新兴的桉树人工林区，最北到永福地区。10 年以上的

林分主要是20世纪60年代种植的窿缘桉、柠檬桉和大叶桉，但这些树种由于生长缓慢，已逐渐被淘汰。目前广西桉树人工林主要林分是以巨尾桉、巨桉和尾叶桉为主的短伐期速生树种，这些品种具有萌芽能力强、干形通直、生长速度快等优点。

广东省是全国桉树人工林重点发展的省份，主要集中在粤西地区，另外在海丰、惠阳、连平和阳江等地区也有分布。20世纪60年代种植的窿缘桉、大叶桉等树种已不再推广。目前种植的主要树种与广西类似，是尾叶桉及其杂交品种。

海南省种植桉树的历史较长，主要集中在东北部、西北部和西南部地区。20世纪90年代以前以窿缘桉为主。90年代以后，大力发展了以尾叶桉系列品种为主的速生丰产林，主要分布在澄迈、琼海、儋州、万宁和陵水等地。

（2）中国其他地区引种的主要桉树树种及其培育目标

中国其他地区引种的主要桉树树种及其培育目标见表1-11。

表1-11 中国其他地区引种的主要桉树树种及其培育目标

引种省份	大区	小区	主要引种树种及其培育目标
重庆	西南大区	重庆	巨桉、赤桉、多枝桉、蓝桉和大叶桉，作为短周期纤维林、矿柱材
云南	西南大区	滇中 滇西	蓝桉、直杆蓝桉、巨桉、赤桉、多枝桉、亮果桉、史密斯桉和大叶桉等，作为纤维林或油用材
贵州	西南大区	黔西南	巨桉、巨尾桉、尾叶桉和蓝桉，作为纤维林或油用材
		黔北	蓝桉、直杆蓝桉、巨桉、赤桉、多枝桉和邓恩桉等，作为短周期纤维林或农用中小径材，同时引进蓝桉、史密斯桉（作为油材两用林）
	华中大区	黔东南	
苏沪	华中大区	苏南	异心叶桉、粉叶褐桉、渐尖赤桉等，作为四旁绿化和薪炭材
湖南	华中大区	湘西	巨桉、赤桉和邓恩桉，作为纤维林或水源涵养林
		湘中	巨桉、赤桉和多枝桉，作为纤维林、农用中小径材或薪炭材
		湘南	巨桉、赤桉、邓恩桉、柳叶桉和多枝桉，作为纤维林和矿柱材
		湘北 湘西南	巨桉、赤桉、邓恩桉、柳叶桉和多枝桉，作为纤维林、矿柱材或水源涵养林
福建	华南大区	闽南	尾叶桉、巨桉、巨尾桉，作为纤维林，兼木片出口
	华东大区	闽中 闽北 闽东	巨桉、巨尾桉、赤桉和邓恩桉等，作为纤维林
浙江	华东大区	浙东南	巨桉、柳叶桉、赤桉，作为纤维林或胶合板用材
		浙中	蓝桉、巨桉、赤桉、多枝桉、细叶桉、大叶桉等，作为纤维林、农用小径材或薪炭材

续表

引种省份	大区	小区	主要引种树种及其培育目标
江西	华东大区	赣南	巨桉、巨尾桉、邓恩桉、柳叶桉、尾叶桉，作为纤维林、水土保持林或薪炭材
		赣中 赣北	巨桉、赤桉、邓恩桉、多枝桉、异心叶桉等，作为纤维林、农用小径材、水土保持林或薪炭材
湖北	华中大区	江汉平原 鄂西南	赤桉、山桉、亮果桉、细叶桉、大叶桉等，作为四旁绿化和薪炭材
陕西	西南大区	汉中南	赤桉、蓝桉、直杆蓝桉和大叶桉，作为四旁绿化和薪炭材

资料来源：国家林业局桉树研究开发中心 2003 年提供

云南省桉树人工林集中在滇中地区，主要树种为蓝桉和直杆蓝桉，近年来引种的有生长良好的亮果桉、多枝桉等。福建省现有桉树林主要分布在闽南地区，20 世纪 90 年代以前以柠檬桉、窿缘桉、大叶桉和赤桉为主，近年来引种生长良好的有巨桉、尾叶桉、邓恩桉、斑皮桉和小果灰桉等。江西省、湖南省等地，因冬季较寒冷，近年来引种了邓恩桉等一些耐寒品种。四川省栽植四旁桉树较多，桉树人工林多分布于四川东半部地区，主要造林树种有大叶桉、赤桉、蓝桉、葡萄桉、柠檬桉等，近年来引种的直杆蓝桉、亮果桉、多枝桉等树种生长良好。

第二节　桉 树 利 用

桉树是增加木材供给、减少天然林采伐的一个较好选择。据科学家实测，6 年生的桉树林每公顷年平均生长量可达 18.78m^3，分别为当地马尾松的 3.5 倍、杉木的 2.3 倍。同时桉树林具有很强的固碳功能，据研究，每公顷桉树林每年可吸收二氧化碳 24.3t，显著高于其他人工林树种，在创造良好经济效益的同时，也发挥着积极的生态作用（IUFRO，2015）。国际林业研究组织联盟主席迈克·温菲尔德曾指出："中文里边，桉树的'桉'字很有意思，它的左边是木材的'木'字，右边是安全的'安'字。这寓意着，发展桉树产业，可以有效地解决木材安全问题。"这充分说明桉树的利用具有很重要的意义。

一、桉树人工林主要树种木材特征及其用途

桉树用途广泛，不仅是优良的纸浆材，还是用材林树种，其产品广泛用于人造板、建筑、家具等；桉树也是优良的生物质能源树种，桉树的林副产品有桉叶油、桉花蜂蜜、栲胶等；此外，桉树人工林也可以作为防护林和四旁绿化（杨民胜等，2011）。经统计整理，桉树人工林主要树种及其用途见表 1-12。

表 1-12　桉树人工林主要树种及其用途

用途	主要树种
纸浆材	尾叶桉、细叶桉、巨桉、巨尾桉、柳叶桉、赤桉、邓恩桉、窿缘桉、托里桉、柳窿桉
人造板	巨桉、赤桉、邓恩桉、多枝桉、巨尾桉、柳叶桉、尾叶桉、蓝桉、直杆蓝桉、大叶桉、托里桉
建筑及家具等用材	巨桉、赤桉、邓恩桉、柳叶桉、多枝桉、蓝桉、直杆蓝桉、大叶桉、窿缘桉、柠檬桉、粗皮桉
水土保持或水土涵养林	巨桉、赤桉、邓恩桉、多枝桉、巨尾桉、柳叶桉、尾叶桉、冈尼桉
四旁绿化林	赤桉、蓝桉、直杆蓝桉、大叶桉、异心叶桉
薪炭材	赤桉、蓝桉、直杆蓝桉、大叶桉、巨桉、邓恩桉、多枝桉、巨尾桉、柳叶桉、尾叶桉、异心叶桉
桉叶油等林副产品	蓝桉、直杆蓝桉、史密斯桉、柠檬桉

资料来源：国家林业局桉树研究开发中心 2003 年提供

为了更好地了解不同桉树树种的特征及其用途，现对上表中常用树种进行分述如下。

1. 巨桉

巨桉木材密度一般为 0.40~0.55g/cm^3，粉红色，纹理通直，结构粗糙，硬度适中，强度及耐腐朽中等，容重 0.6t/m^3，木材热值较高，是优良的薪炭用材树种；巨桉用作纸浆材的木材纤维长 0.85mm，6~10 年生人工林可以作为矿柱材。巨桉花及花粉是很好的蜜源。此外，巨桉也可作为防护林、防风林和观赏树种（潘志刚和游应天，1994）。

2. 尾叶桉

尾叶桉生长迅速，树干通直，枝叶舒展浓绿，树形好，是优良行道树、庭院绿化树种，主要作为纸浆材（陈策，2006）。

3. 蓝桉

蓝桉心材浅黄褐色，边材窄，色较浅，易受虫蛀，纹理交错，结构略粗，硬重，抗腐性强，干燥易翘裂；可用作矿柱、枕木、电杆、木桩、造船、桥梁、建筑、农具原料等。叶含芳香油 0.92%~2.89%，可提取桉油（俗称玉树神油），供医药、工业选矿剂等用。花为蜜源。在适生地区可大量造林及作行道树（中国树木志编委会，1978；郑万钧，1983）。

4. 赤桉

赤桉具有生长快、适应性强、耐高温、干旱、稍耐碱的特性，木材红色，抗腐性强；适用于枕木及木桩等，也可作为人造板原材料，或作为庭荫树、行道树、防护林使用。

5. 细叶桉

细叶桉木材淡红褐色或深红色，坚重致密，纹理交错，耐腐；可作为造纸原料，也可供建筑、桥梁、枕木、矿柱、家具、造船等用。叶含芳香油 0.5%~0.9%。树胶含鞣质约 62%（中国树木志编委会，1978；郑万钧，1983）。

6. 柳叶桉

柳叶桉木材红色，材质优良；宜于造纸，也可作为人造板原料和矿柱用材。花粉和花蜜的产量丰富（祁述雄，2002）。

7. 巨尾桉

巨尾桉为巨桉和尾叶桉的杂交种，这种杂交种综合了巨桉生长快、纸浆得率高，以及尾叶桉对低海拔干旱土壤的适应性、抗溃疡病能力强的特点。巨尾桉生长快，生长期短，种植后在 3~5 个月可以使青山绿化，轮伐期为 5~6 年，采伐后再萌芽更新，4 年后进入第二个主伐期，9~10 年可望有 2 个轮伐期，是较理想的短周期速生工业用材、纸浆材树种。巨尾桉也可作为水土保持及涵养防护林（潘志刚和游应天，1994）。

8. 大叶桉

大叶桉边材淡红带灰色，心材赤红色，有光泽，纹理交错，结构细匀，坚硬，干缩大，不易干燥，较难加工，易开裂翘曲，心材耐腐，边材易遭白蚁危害，油漆及胶黏性质良好，握钉力强；供矿柱、木桩、电杆、枕木、桥梁、建筑、船舰、车辆、家具、人造板原料等用，或作为绿化行道树及薪炭材。枝叶含芳香油 0.16%。叶可制农药，防治稻螟、棉蚜虫、幼龄黏虫、蝇蛆等。树皮含鞣质，既可提制栲胶，又含阿拉伯胶（中国树木志编委会，1978；郑万钧，1983）。

9. 多枝桉

多枝桉木材灰黄色或粉红色，纹理通直，耐腐性差，易变形；可作为矿柱、农具、人造板原料、薪炭材等用，也可作为绿化行道树（中国树木志编委会，1978；郑万钧，1983）。

10. 邓恩桉

邓恩桉心材呈淡棕红色，边材的颜色和心材差异不明显；主要用作纸浆原料。从造纸性能来看，邓恩桉 4 年生的纤维长度在 0.6mm 左右，在所有桉树类中是较长的，它的纸浆的抗张强度、撕裂度也是最大的；抄成纸面后纸张的运行性、可加工性及适应性略好于其他树种。邓恩桉的木材密度大于巨桉，而且材性总体优于巨桉，所以也可用作矿柱、家具、农具、人造板原料等。

11. 直杆蓝桉

直杆蓝桉木材纹理直，结构细，较难干燥，耐腐性强，边材易受虫蛀，心材抗海生动物及白蚁危害，难加工，切面光滑，油漆及胶黏性能良好，握钉力强；宜用作矿柱、枕木、造船、桥梁、建筑、人造板原料等。枝叶可提取桉油，其出油率 15%~29%。其也是良好的蜜源树种（中国树木志编委会，1978；郑万钧，1983）。

12. 史密斯桉

史密斯桉木材浅褐色，坚硬、沉重、耐久，材质细、纹理直，桉叶出油率高、精油 1,8- 桉叶素含量高、质量好，具有特殊的芳香气味和良好的杀菌、消毒能力；广泛应用于食品、日常化学品及医药工业。史密斯桉是很好的提炼精油、造纸和建筑用材树种，具有良好的经济价值。

13. 窿缘桉

窿缘桉木材褐色，坚硬耐久；供矿柱、建筑、家具、农具、工具柄等用，其边材可作纺织木梭，性能良好。其叶含芳香油 0.7%~0.8%，既可蒸制桉油，供医药、工业、香料等用，又可浸提栲胶。其花为蜜源（中国树木志编委会，1978；郑万钧，1983）。

14. 柠檬桉

柠檬桉边材黄褐色至灰褐色，心材暗黄褐色，有光泽，纹理交错，结构细匀，硬重，干缩甚大，易开裂反翘，强度大，易加工，边材含淀粉，易受虫蛀，经防腐处理后耐久用；供建筑、矿柱、造船、电杆、家具等用，也可作运动器械、造纸原料等；枝桠材是良好的薪材，是农村很好的燃料；柠檬桉树叶具有浓烈柠檬香气，可蒸提桉油，是我国南方重要的速生用材树种、庭院绿化树种，也是很好的芳香油树种（蔡玲等，2008），为美化和香花兼具的树种，在城乡绿化中受到越来越多的青睐（中国树木志编委会，1978；郑万钧，1983）。

15. 冈尼桉

冈尼桉耐寒速生，可耐 −18℃的低温，植株形态随海拔不同而变化，树高 12~25m，树冠密集，可作造林和观赏树种（李晓储等，1999；刘艳等，2010）。

二、桉树人工林加工利用主要途径

目前我国桉树每年生产的木材超过 2000 万 m^3，约占全国木材产量的 1/4。也就是说，占全国森林总面积 2.5% 的桉树，生产出的木材约占全国木材产量的 25%，即 1 : 10 的关系。这一数据，标志着桉树已成为我国木材安全的重要贡献者。大力发展桉树，是保障我国木材安全的战略选择（张志达，2013）。

桉树人工林具有无性系品种丰富、生长速度快、适应性强、分布广等优势，按照工业用材林目标培育的木材可以满足不同材种和用途的要求，如纤维纸浆材、人造板用材、实木及家具等用材、建筑工程用材、重组木等新型材料用材，以及桉叶油等林副产品。

（一）木材加工利用

1. 制浆造纸

林纸一体化是当今世界造纸工业普遍采用的发展模式，国际大型制浆造纸企业以多种形式建设速生丰产原料林基地。桉树木材的纤维平均长度为0.75~1.30mm，它的色泽、密度和抽提物的比率都适于制浆；同时桉树具有速生丰产、适应性强、病虫害少、资源集约化、经济效益高等优势，已成为主要纸浆原料林树种（杨民胜和彭彦，2006）。桉树纸浆材利用的主要方式之一是生产为木片，桉树木片为桉树加工利用的半成品。

2. 人造板

桉树人工林用于人造板制造，早期主要是生产胶合板、纤维板和刨花板，但由于桉树生长应力大，早期利用桉树生产胶合板时旋切单板易出现端裂（殷亚方等，2001），干燥时容易出现皱缩，从而在一定程度上限制了胶合板的发展。随着生产技术的进步，诸多制约生产的问题得到解决，利用桉树木材生产胶合板所占的比例越来越大。

3. 实木及家具制造

与制浆造纸相比，利用桉树木材生产实木将大幅度提高桉树木材的使用价值。桉树实木利用原材料一般为大径材原木（生长期一般为12~15年），其材质坚硬，纹理直，材质颜色深，木材基本密度为0.65~0.95g/cm^3。目前桉树的实木利用已越来越被重视，其产品可作为家具材、造船、矿柱、枕木等工业用。

4. 重组木等新型材料

桉树作为主要的人工速生林树种之一，其培育获得了前所未有的发展，但加工利用发展相对缓慢，其工业化利用主要包括以下3部分：大径级的桉树旋切成单板，作为芯板生产胶合板或单板层积材；小径级、枝桠材或难以旋切的桉树加工成木片，用于造纸；生产纤维板。这些传统的利用途径，科技含量、附加值低（余养伦和于文吉，2013）。因此，如何合理高值化地利用桉树木材，增加其产品附加值，已成为亟须解决的问题。

桉树单板重组木是一种小径级桉树木材高值化综合利用系列技术，该技术可使小径级桉树利用率提高到95%以上，附加值提高2倍以上。新型纤维化桉树单板重组木采用先制备纤维化单板再重组的技术方案，突破了传统重组木工艺中原木直接碾压疏解制备木束的模式，解决了重组木产业化木束单元制备的技术瓶颈，为重组木产业化提供了一套可行的技术方案（余养伦和于文吉，2013）。此外，随着科技的发展，桉树人工林在用于人造板制造上也扩展出了更多的功能型产品，如阻燃桉木胶合板、生态板等。

（二）桉叶油等林副产品加工利用

1. 桉叶油等产品

桉树的树叶都含有油腺细胞，能分泌出芳香味，而使桉树叶带有一种特殊的芳香气味。桉树的芳香油，通常称为桉叶油，在工业上有很重要的用途。桉叶油由于其特殊的芳香气味和良好的杀菌、消毒能力，广泛地应用于食品、日用化学品及医药方面。

2. 薪炭材

桉树由于其速生丰产、适应性广、燃烧值高等特性，短周期桉树林也常作为薪炭材。

三、国内外人工林桉树木材加工利用现状和展望

（一）国外桉树人工林主要种植国的加工利用现状

1. 巴西桉树人工林加工利用

（1）资源概述

巴西的桉树人工林营林技术和林业管理水平位居世界前列，其桉树人工林面积超过 420 万 hm^2，约占人工林总面积的 50%，居世界首位。自 20 世纪 60 年代开始，巴西从国外共引进 92 种桉树，到 1984 年最终选定了 8 种。其中巨桉、巨尾桉及其种间杂交的优良无性系得到了很好的发展。现在采用的主要桉树人工林树种是巨桉、尾叶桉、赤桉、亮果桉、蓝桉、柳叶桉、细叶桉、邓恩桉等及它们的种间杂交树种，分布最广泛的是巨桉及其杂交树种（张国武等，2009）。无性系栽培在巴西得到普遍应用，优良的巨桉和巨尾桉无性系的年生长量高达 $60\sim100m^3/hm^2$。

（2）利用概况

巴西桉树木材主要用于以下 5 个方面：制浆造纸、木材机械加工、家具及家具零部件制造、工业用木炭生产和薪炭材（Brazilian Ministry of the Environment, 2002）。据不完全统计，巴西国内共有 255 家纸浆和造纸厂，分别分布于 16 个州的 220 家公司；大约有 7000 家大中型木材加工企业，主要分布于亚马孙（Amazon）地区；110 家使用木炭能源的钢铁厂集中在米纳斯吉拉斯（Minas Gerais）州；13 500 个家具企业，其中包括 10 000 家小型企业（不到 15 名员工）、500 家中型企业（15~300 名员工）和 500 家大型企业（员工人数超过 150 名），主要分布于巴西的东南和南部地区。

2002 年，巴西 2% 的桉树人工林用于实木加工，70% 用于造纸，25% 用于木炭生产。现如今除造纸、木炭生产外，广泛应用于生产单板、制造胶合木等，

其利用范围已扩展到家具、地板、模板、天花板和墙板等（姜笑梅等，2007）。巴西大规模利用桉树人工林生产锯材开始于21世纪初，其常用的树种主要是树龄为20~22年、胸径35~60cm的巨桉，以及胸径17~40cm的大花序桉。

在巴西，由于采用可持续发展的策略，发展了较先进的营林技术，目前培育出来的桉树人工林开始大量用于实木加工利用。这种来自可不断更新的桉树人工林的木材供应持续增长，可以维持生态环境保护要求与消费者日益增加的需求之间的自然平衡。

2. 澳大利亚桉树人工林加工利用

（1）资源概述

澳大利亚是桉树的原产地，其90%以上的森林资源是由桉树组成的，共有桉树700多种，其中95%以上是澳大利亚的原产树种。因为天然林资源丰富，该国人工林发展较慢，20世纪90年代，随着天然林的被保护、社会发展对木材需求量的增加，澳大利亚营造桉树人工林才逐渐增多。据统计1987年，该国桉树人工林面积只有2.8hm^2；目前桉树人工林面积超过92万hm^2，占人工林总面积的45%以上。主要造林地区是塔斯马尼亚州、维多利亚州和西澳大利亚，主要代表树种有蓝桉、亮果桉、巨桉、王桉、柳叶桉、弹丸桉和多枝桉等（张国武等，2009）。

（2）利用概况

据不完全统计，澳大利亚国内有1126个阔叶树材锯材厂和256个针叶树材锯材厂，前者一般是小型、分散的，后者大部分是大型与综合加工厂。此外，还有22个纸浆及造纸厂、18个人造板厂。其采伐的木材大多数来自桉树林和松树林。桉树木材55%~60%用于纤维与纸浆材，20%用于实体木材（赵荣军等，2003）。

锯材生产和实木利用是澳大利亚林业产业的重要组成部分，在锯材生产中，桉树原木端裂是引起锯材低出材率和木材质量的最大问题。为减少采伐和储存过程中出现原木端裂，该国进行了不断的技术改进以减小原木中由交错纹理、应力木、树干中生长应力的季节性和变异性引起的应力。分解到各个环节分别为：改善原木采伐技术，适当的采伐技术可以降低生长应力的瞬间释放；做好原木储存工作，如水喷条件下储存原木或树木伐倒并横截后应立即用金属或塑料盘密封原木端部以防端裂；发展新型木材锯解和木材干燥技术，以减少木材应力等。

（二）中国人工林桉树木材加工利用现状和展望

1. 利用现状

我国桉树人工林种植面积已达450万hm^2，占全国林地总面积的1.4%（陈少雄和陈小菲，2013）。其中，广西种植发展最快，占全国桉树人工林的45%左右，其次为广东，占 30% 左右。桉树分布约有 20 个省份，主要桉树树种有尾叶桉、细叶桉、巨桉、巨尾桉、柳叶桉、赤桉、多枝桉、蓝桉、邓恩桉、亮果桉、大叶桉等。

我国桉树木材用途较多，主要表现为以下几个方面：制浆造纸、人造板、实木利用。据 2004 年木材消费统计，当年木材消费约 4646 万 m^3 以上，该数值中工业木材消费比例较高，约 4239 万 m^3，其中造纸工业 2700 万 m^3，人造板消费木材约 875 万 m^3，家具按 40% 为实木计算消费木材约 640 万 m^3，木线用木材约 6 万 m^3，实木地板约 16 万 m^3。另外，建筑和装修用木材消费约 350 万 m^3。

（1）制浆造纸

在我国，桉树木材很大一部分用于纸浆的生产。我国对桉树制浆造纸研究进行过大量的实验，并在全国多地建厂投入生产实践中。根据国家林业局桉树研究开发中心测算，2003 年桉树可提供人造板原料的木材达 1400 万 m^3，可提供制浆造纸的木材达 1200 万 m^3，可生产木浆 500 万 t。在我国广西发展桉树产业较好，全区森林面积仅占全国的 5.6%，一年生产的木材（1668 万 m^3）占全国的 20.4%，位居全国首位，主要的贡献者是桉树。

发展桉树人工林，是解决造纸纤维原料的重要途径。2004 年全国纸及纸板生产量 4950 万 t，消耗量 5439t，消耗纸浆总量 4455t，其中木浆 970t，占 22%；非木浆 1180 万 t，占 26%；废纸浆 2305t，占 52%；消耗的纸浆中，进口纤维原料总量已占纸浆总消耗量的 40%，其中，进口木浆 732 万 t，进口废纸 1230 万 t。（中国造纸学会，2005），大力发展桉树人工林可以缓解木浆供需矛盾，减少进口需求。21 世纪初，广西利用桉树木片制浆造纸并获得了成功，目前大量造纸厂利用桉树木片进行生产，桉树造林及其纸浆生产的林纸一体化战略越来越被重视（殷亚方等，2001）。

（2）人造板

除制浆造纸外，桉树木材在我国还被广泛应用于胶合板、纤维板、刨花板及其他新型人造板生产。因桉树人工林原木径级普遍较小、树木生长应力大，旋切时单板易出现端裂，干燥时出现皱缩，单板厚薄不均，所以早期大多用于胶合板芯板或制造混凝土模板。根据国家林业局桉树研究开发中心测算，2000 年以前，人造板制造中只有 10% 的桉树木材用于胶合板生产，以后逐年增加，到 2005 年，已有 60% 的桉树木材用于胶合板生产，目前我国桉树胶合板的发展区域主要为广东、广西、福建等省份。此外，桉树单板还可以用于制备单板层积材，南方各省也以桉树作为原料大规模生产中密度纤维板等。

桉树资源丰富，如果将其用于人造板行业，将会解决人造板行业原材料短缺问题，同时也会提高桉树的使用价值。以桉树单板产业为例，随着木材加工技术的进步，以速生桉为原料的旋切单板产业及人造板产业得以迅速发展。据统计，

2005 年我国桉树单板产量约为 213 万 m^3；2006 年桉树单板产量约为 238 万 m^3，2007 年桉树单板产量约为 277 万 m^3，随着其单板质量的改善和用途的扩展，产量得以逐年提升。且随着无卡轴旋切机的推广使用，8cm 小径桉木也能旋切出合格单板，更带动了其进一步发展，进入 21 世纪以来，经过几年试用，证明速生丰产桉的旋切单板完全可以代替天然阔叶树材单板使用。

（3）实体木材利用

桉树的锯材加工和实木利用在我国也有一定的发展。广东、广西家具市场上有部分由柠檬桉、巨桉、柳叶桉等桉木制成的家具，且家具质量很好，其产品独具特色、纹理时尚（余超凡等，2006）。近几年，桉木地板的开发利用也得到了越来越多的重视，尤其是随着人们生活水平的提高，铺设木地板美化居室、提高生活舒适性使木地板成为供不应求的商品，从而形成了较大的市场需求。目前国内外市场最受欢迎的地板用材是柞木和水曲柳，而桉木的性能与这两种材料相近，是一种较为优良的地板用材。此外，也有少量以桉树圆柱材作结构用材，或经防腐处理后用作电杆、围栏、桥梁、基础桩材、矿道顶木等。

2. 桉木加工利用中存在的问题

桉木生产应力大，易开裂，含有较多的抽提物，这些缺陷使桉木在以实体木材形式加工利用时难度较大。桉树立木砍伐时，由于生长应力的存在，心材的立即开裂和断裂是较常见的现象，易造成锯材浪费（杨民胜和彭彦，2001）。桉木加工时，对设备的磨损严重，若采用常规的木工机械和加工工艺，通常加工速度慢或加工精度不高。除难以机械加工外，桉木的胶合和涂饰也较其他木材困难，用常规的胶黏剂和胶合方法难以实现桉树木材的良好胶合。此外，桉木的疤、节子较多，抽提物也较一般木材丰富，这些都对漆膜的附着力有影响。因此桉木板材在涂饰和胶合之前，要对其表面进行预处理（如砂光等）以提高其涂饰和胶合性能。

尽管人工林桉树木材在实木加工工程中存在一些缺点，但是中国应该积极开展对桉树木材性质及其应用于实木产品适应性评估的研究，使社会公众及一些政策制定者充分认识到利用人工林桉树木材生产实木产品的潜力。针对桉树木材的特点开发有效的实木加工技术，包括：①适应低龄桉树木材的锯解技术；②干燥技术；③防腐处理技术。此外，还应该对现有的木材加工技术进行适当改进并借鉴其他国家对桉树木材的先进加工技术。

3. 展望

我国拥有丰富的桉木资源，如果将其大量应用于人造板和家具行业，不仅能解决人造板行业和家具行业木材原料匮乏的问题，还能提高桉木的利用价值和经济效益。目前，我国桉木在这些行业的使用并不普遍，这也使得桉木的实木利用化具有很大的发展潜力。此外，除传统利用方式外，我国也应致力于发展桉木高值利用技术（余养伦，2007），如高性能桉树重组木制造技术、桉树单板层积材制造技术、竹桉复合材料制造技术、厚芯实木复合板材制造技术、无甲醛桉树胶合板制造技术、阻燃桉树胶合板制造技术等。为实现我国桉木资源的平稳发展和增值利用，应积极开展以下几项工作：桉树工业用材林定向培育与集约栽培技术，如用材树种、材质的定向培育，以及林纸一体化体系等；桉树木材性质与改性研究，如桉树木材特性，特别是木材加工性能与改性技术；胶合板及单板类人造板生产关键技术和装备研究，如小径木无卡轴单板旋切技术与设备、单板干燥及抑制端裂和变形技术、桉木材性对胶合性能的影响；桉树木材重组复合等高性能与增值利用技术，如桉木重组材、桉木阻燃胶合板等。就目前我国桉木资源利用的实施现状，几点建议如下。

（1）以培育和利用相结合，发展林纸一体化战略

大力发展短周期纸浆材树种，采用先进的速生丰产栽培模式，通过现代化的工厂化育苗，大面积推广一批优良品种和无性系，并在品种更新、壮苗、营林和营养平衡施肥等环节探索出较好的集约经营模式。目前中国南方地区已形成多个以纸浆材生产为主的桉树工业人工林基地，建立了基于高新技术基础上的以桉树纸浆材和实木利用相结合的集约经营模式，可以改变以往低投入低产出，实现高投入下的高产出，充分发挥出桉树人工林的经济优势和巨大潜力。

（2）桉树造纸、人造板加工等传统工艺须改善

在桉树传统的制浆造纸方面，国内开发了双螺杆挤压机对桉木木片进行强化预浸渍关键技术，可以在挤压木片的同时实现药液的均匀混合和漂白效果，大大降低磨浆总电能消耗、改善纸浆质量，实现节能 10%~30% 的效果。在胶合板加工工艺方面，通过解决无卡轴旋切设备进行小径桉木单板旋切的关键技术问题，使得原木旋切剩余直径由原来单卡剩余直径 150mm 缩小到 30mm，提高了出材率及小径木材的利用率。通过对现有单板干燥设备及工艺进行技术改造，开发出适合桉木单板干燥的工艺及热能回收系统，提高能源利用率等。随着科技发展、社会进步，桉树木材的加工利用方法和技术必然更为完善，桉树的锯材加工和实木利用须作为重点方向。

（3）桉树重组材等增值利用技术具有广阔的发展前景

桉树单板重组木是一种小径级桉树木材高值化综合利用系列技术，该技术可使小径桉树利用率提高到 95% 以上，附加值提高 2 倍以上。新型纤维化桉树单板重组木采用先制备纤维化单板再重组的技术方案，突破了传统重组木工艺中原木直接碾压疏解制备木束的模式，解决了重组木产业化木束单元制备的技术瓶颈，为重组木产业化提供了一套可行的技术方案。此外，发展阻燃桉树胶合板等功能型材料，进一步提高桉树资源的利用率和使用价值也是今后的发展趋势。

参 考 文 献

蔡玲，王以红，刘海龙，等. 2008. 柠檬桉组培繁殖体系的建立. 广西林业科学，37（4）：179-181.
陈策. 2006. 华南优良园林树木图谱. 广州：广东科技出版社.
陈少雄，陈小菲. 2013. 我国桉树经营的技术问题与思考. 桉树科技，30（3）：52-59.
胡拉. 2013. 阻燃桉树胶合板的制备与性能研究. 中国林业科学研究院博士学位论文.
姜笑梅，叶克林，吕建雄. 2007. 中国桉树和相思人工林木材性质与加工利用. 北京：科学出版社.
李晓储，黄利斌，施士争. 1999. 北移引种耐寒桉树苗期试验初报. 桉树科技，16（2）：7-10.
李志辉，杨民胜，陈少雄，等. 2000. 桉树引种栽培区区划研究. 中南林学院学报，20（3）：1-10.
联合国粮食及农业组织. 2005. 全球森林资源评估印度国家报告. 罗马：FAO.
联合国粮食及农业组织. 2015. 全球森林资源评估主报告. 罗马：FAO.
刘艳，徐建民，钱国钦，等. 2010. 闽西山地耐寒桉属树种 / 种源引种试验研究. 热带亚热带植物学报，18（6）：613-620.
潘志刚，游应天. 1994. 中国主要外来树种引种栽培. 北京：北京科学技术出版社.
祁述雄. 1981. 澳大利亚的桉树分布及其栽培利用简介. 桉树科技协作动态，（1）：22-26.
祁述雄. 2002. 中国桉树. 北京：中国林业出版社.
王楚彪，卢万鸿，林彦，等. 2014. 桉树的分布及生态评价与结论. 桉树科技，30（4）：44-50.
王豁然. 2010. 桉树生物学概论. 北京：科学出版社.
杨民胜，彭彦. 2001. 中国桉树人工林发展现状和实木加工利用前景. 桉树科技，（1）：1-6.
杨民胜，彭彦. 2006. 中国桉树纸浆材现状与发展趋势. 纸和造纸，25（6）：17-20.
杨民胜，谢耀坚，刘杰锋. 2011. 中国桉树研究三十年（1981-2010）. 北京：中国林业出版社.
殷亚方，姜笑梅，吕建雄，等. 2001. 我国桉树人工林资源和木材利用现状. 木材工业，15（5）：3-5.
殷亚方，杨民胜，王丽娟，等. 2005. 巴西桉树人工林资源及其实木加工利用. 世界林业研究，18（1）：60-64.
余超凡，陈健波，骆栋卿. 2006. 广西桉树大径材培育前景. 广西林业科学，35（3）：168-173.
余养伦. 2007. 竹桉复合材料优化重组技术的研究. 中国林业科学研究院博士学位论文.
余养伦，于文吉. 2013. 新型纤维化单板重组木的主要制备工艺与关键设备. 木材工业，27（5）：5-8.
张国武，罗建中，尹国平. 2009. 澳大利亚•巴西桉树人工林经营特点及其启示. 安徽农业科学，37（7）：2965-2967.
张志达. 2013. 正确认识桉树及其产业，充分发挥桉树产业联盟的重要作用. 桉树科技，30（4）：1-4.
赵荣军，江泽慧，费本华，等. 2003. 澳大利亚桉树木材加工利用研究现状. 世界林业研究，15（3）：58-61.
郑万钧. 1983. 中国树木志. 北京：中国林业出版社.

中国树木志编委会. 1978. 中国主要树种造林技术（上册）. 北京：中国林业出版社.
中国造纸学会. 2005. 中国桉树种植与制浆造纸研讨会纪要. 中华纸业，26（11）：22-23.
Brazilian Ministry of the Environment. 2002. Biodiversity and Forests of Brazil. Brazil：BME.
Food and Agriculture Organization of the United Nations（FAO Department of Forestry）. 2009. Git Forestry Consulting Global *Eucalyptus* Map. http://www.git-forestry.com[2012-10-11].
Hill K D，Johnson L A S. 1995. Systematic studies in the eucalypts 7. A revision of the bloodwoods，genus *Corymbia*（Myrtaceae）. Telopea，6（2-3）：185-504.
IUFRO. 2000. The Future of Eucalypts for Wood Products. Australia：IUFRO Conference Proceedings.
IUFRO. 2015. 科学栽培与绿色发展可持续的桉树商品林. 广东：桉树国际学术研讨会.

第二章

桉树木材性质

第一节　木材解剖性质

一、试材基本情况

木材解剖性质使用的6种桉树试材采自广西壮族自治区国有东门林场（以下简称东门林场）。

东门林场位于广西西南部，居22° 17′~22° 30′N，107° 14′ ~108° 00′ E，地跨扶绥、崇左两县。林地呈东西向展布，东西长80km，南北宽20km。试验区地势低平，以低丘、台地为主，间有少量石灰石山露出，海拔100~300m，坡度一般为5°~10°，少部分为20°~25°，机耕作业面积可达80%。东门林场地处北热带地区，太阳辐射强烈，光热充足，雨热同季，夏湿冬干，季风气候明显。年日照时数1634~1719h，日照率38%，太阳辐射量439.64~452.20kJ/cm^2，为广西太阳辐射的高值区之一。年均气温21.2~28.6℃，极端最高温38~41℃，极端最低温 −4~1.9℃，≥ 10℃的年积温7190~7762℃。受寒潮及地形影响，冬季寒潮入境，冷空气容易下沉，偶有轻霜3.1天，年无霜日346天。东门林场位于十万大山的雨影区，雨量偏少，年降雨量1100~1300mm，分配不均，主要集中在6~8月，占全年降雨量的51.3%；年蒸发量1192~1704mm，大于降雨量；相对湿度74%~83%。东门林场的气候特点与澳大利亚北部及东北部沿海300km以内区域十分相似。林场的土壤以由砂岩发育而成的红壤为主，占全场总面积的95%以上，少数为红壤和石灰土。土壤发育完整，土层深厚，质地为壤土或轻黏土。土壤pH 4.5~6.0，肥力较低，有机物质含量1.3%~3.7%，土壤全氮、全磷和全钾含量分别为0.100%、0.097%和0.183%，有效率明显不足。

林场属于北热带季雨林区，原生性的地带性植被为季雨林。由于自然演变和人类长期活动的影响，原生植被早已荡然无存，退化为以桃金娘（*Rhodomyrtus tomentosa*）、黄荆（*Vitex negundo*）、三叉苦（*Evodia lepta*）、香茅（*Hierochloe* sp.）、铁芒萁（*Dicranopteris linearis*）、盐肤木（*Rhus chinensis*）、扭黄茅（*Heteropogon contortus*）等为主的热带灌草丛植被。中华人民共和国成立后，随着附近林场的建立和人工林的发展，桉树、马尾松和湿地松等成为当地主要的森林植被。

桉树试材取自用 1 年生实生苗种植的试验林，其密度多为 3m × 2m，随机区组设计。

试材采集按照中华人民共和国国家标准（GB 1927—91）中的《木材物理力学试材采集方法》，详情见表 2-1。

表 2-1　试材概况

树种	树龄 / 年	株数	树高 /m		枝下高 /m		胸径 /cm	
			平均值	标准差	平均值	标准差	平均值	标准差
尾巨桉 *E. urophylla* × *E. grandis*	14	10	31.08	0.8929	20.26	3.9376	24.77	2.0122
巨桉 *E. grandis*	13	10	27.49	2.5049	12.04	4.6198	24.6	5.5987
尾叶桉 *E. urophylla*	13	5	28.3	1.5443	15.1	3.6654	25.4	1.2410
大花序桉 *E. cloeziane*	16	5	30.9	1.8493	16.8	4.0577	25.9	1.8748
粗皮桉 *E. pellita*	13	9	22.03	2.4090	9.27	1.9732	19.93	2.6949
细叶桉 *E. tereticornis*	15	9	26.53	0.2887	11.77	0.2887	21.34	4.8583

二、木材解剖性质

（一）木材解剖特征

1. 尾巨桉（*E. urophylla* × *E. grandis*）（图版 1）

树木和分布　尾巨桉是巴西培育的杂交种，综合了巨桉生长快、纸浆得率高和尾叶桉对低海拔干旱土壤的适应性、抗溃疡病能力强的特点。5 年生尾巨桉的树高和胸径分别可达 18m 和 20.3cm；比同一片林地内尾叶桉的树高和胸径分别高 60% 和大 27%，较巨桉高 66% 和大 22%，表现了杂种优势。

木材宏观构造　**边材**黄色、黄褐色，与心材区别较明显；宽 2~3cm。**心材**暗黄褐色。**木材**有光泽；无特殊气味和滋味。**生长轮**不明显；散孔材。**管孔**为单管孔，明显，略小至中，肉眼下可见；大小基本一致；斜列；侵填体可见。**轴向薄壁组织**与环管管胞混杂，环管束状。**木射线**中至密；极细至略细，在放大镜下可见至明显；在肉眼下径切面上射线斑纹不明显。**波痕**缺如。**胞间道**未见，**纹理**直。

木材微观构造　**导管**横切面为卵圆形及圆形，以单管孔为主；斜列或略呈“之”字形；壁薄至厚；最大弦径 219μm，平均弦径 125μm。8~15 个/mm^2，平均 11 个/mm^2。导管分子长 180~590μm，平均 378μm；侵填体可见，壁薄；螺纹加厚不见。单穿孔，穿孔板略倾斜。管间纹孔式互列，圆形和多角形，系附物纹孔，附物多分布在纹孔口和纹孔室，并完全充满纹孔室，多为珊瑚状和块状。**环管管胞**常见；位于导管周围，常与薄壁细胞混杂，具缘纹孔圆形，明显，也为附物纹孔。导管 - 射线间纹孔式为大圆形。**轴向薄壁组织**环管束状及星散、星散 - 聚合状；薄壁细胞端壁节状加厚不明显；晶体未见。**木纤维**壁薄至厚，长 960~1396μm，平均 1233μm，具缘纹孔较少、小，略具狭缘。**木射线**非叠生；12~14 根 /mm；以单列射线为主，高 2~14 细胞，多列射线宽 2 细胞，高 6~12 细胞，少见。射线组织同形单列及多列。射线细胞卵圆至椭圆，部分细胞含树胶，晶体未见，端壁节状加厚不明显至略明显。**胞间道**未见。**组织比量**：木纤维 71.8%，导管 13.2%，木射线 13.6%，轴向薄壁组织 1.5%。胞壁率 70.45%。

2. 巨桉（*E. grandis*）（图版 2）

树木和分布 高大乔木，在原产地澳大利亚，树高通常 45~55m，胸径 1.2~2m，树干通直，第一枝下高较高，可占树全高的 2/3 或 3/4。外部树皮脱落后，树皮光滑，银白色，被白粉。

巨桉天然林分布于 16° ~33° S，主要集中于 25° ~33° S。分布区气候温暖湿润，海拔由海平面至 600m，北部地区 500~1100m。巨桉可生于平地、谷地及坡下部。喜深厚、排水良好冲积壤土或火山土；不能在沼泽地生长，但能耐短期积水。

在热带、亚热带地区，巨桉广泛用于人工造林，是目前栽培面积最大的桉树。我国在浙江、福建、广东、广西、海南、云南等地开展了系统的巨桉种源试验。

木材宏观构造 **边材**黄褐色，与心材区别较明显；宽 3~4cm。**心材**暗黄褐色至红褐色。**木材**有光泽；无特殊气味和滋味。**生长轮**不明显；散孔材。**管孔**为单管孔，明显，略小至中，肉眼下可见；大小基本一致；斜列；侵填体可见。**轴向薄壁组织**与环管管胞混杂，似环管束状。**木射线**中至密；极细至略细，在放大镜下可见至明显；在肉眼下径切面上射线斑纹不明显。**波痕**缺如。**胞间道**未见，**纹理**直或斜。

木材微观构造 **导管**横切面为卵圆形及圆形，以单管孔为主；呈“之”字形或斜列；壁薄至厚；最大弦径 217μm，平均弦径 108μm。7~14 个/mm^2，平均 11 个 /mm^2。导管分子长 198~556μm，平均 366μm；侵填体较丰富，壁薄；螺纹加厚不见。单穿孔，穿孔板略倾斜。管间纹孔式互列，圆形和多角形，系附物纹孔，附物多分布在纹孔口和纹孔室。**环管管胞**常见；位于导管周围，与薄壁细胞混杂，具缘纹孔圆形，也为附物纹孔。导管 - 射线间纹孔式为大圆形。**轴向薄壁组织**环管束状及星散、星散 - 聚合状；薄壁细胞端壁节状加厚不明显；具丰富的内含物，圆球状；晶体未见。**木纤维**壁薄至厚，长 945~1420μm，平均 1097μm，具缘纹孔较少、小，略具狭缘。**木射线**非叠生；9~12 根 /mm；以单列射线为主，高 1~11 细胞，偶为宽 2 细胞，高 9~13 细胞。射线组织同形单列及多列。射线细胞卵圆至椭圆，大部分有内含物沉积，晶体未见，端壁节状加厚不明显至略明显。**胞间道**未见。

3. 尾叶桉（*E. urophylla*）（图版 3）

树木和分布 常绿乔木，原产地树高可达 55m，胸径 2m。树干通直饱满，可达树高的 1/2~2/3，树冠舒展浓密。树干下半部树皮粗糙，红棕色，上部树皮灰白色，平滑，呈薄片状剥落。

尾叶桉原产于印度尼西亚一些岛屿，位于 8° 30′ ~10° S，主要在帝汶、弗洛勒斯、韦塔、阿洛、龙布陵、潘塔尔等岛的山坡和山谷上。垂直分布于海拔 300~3000m，分布区气候炎热、潮湿。生长在高海拔地区的尾叶桉为扭曲的小灌木，生长在低海拔和中纬度地区的树高超过 50m，胸径可达 2m。

1919 年尾叶桉引种到巴西，1935 年引种到巴厘岛，1966 年引种到澳大利亚新南威尔士州。20 世纪 80 年代，许多国家，如巴布亚新几内亚、刚果、喀麦隆、象牙海岸、马来西亚、马达加斯加、留尼旺、法属圭亚那、阿根廷等也先后引种和栽培该树种或进行种源试验。我国自 1976 年开始引种尾叶桉，80 年代广西国有东门林场的中澳合作示范林项目及热带林业研究所的中澳阔叶树种引种与栽培项目，均对尾叶桉进行了系统的种源试验、家系子代测定试验及大规模的丰产栽培试验。我国引种和种源试验的结果表明，原产低海拔地区如印度尼西亚弗洛勒斯岛的种源适应华南各地，生长表现良好，已在广东、海南、广西等省（自治区）大面积栽培。

木材宏观构造 **边材**黄色、黄褐色，与心材区别较明显；宽 3~4cm。**心材**暗黄褐色或粉红褐色。**木材**有光泽；无特殊气味和滋味。**生长轮**略明显；散孔材，有半环孔材趋势。**管孔**为单管孔，明显，略小至中，肉眼下略可见；大小略一致；斜列；侵填体可见。**轴向薄壁组织**与环管管胞混杂，似环管束状。**木射线**中至密；极细至略细，在放大镜下可见至明显；在肉眼下径切面上射线斑纹不明显。**波痕**缺如。**胞间道**未见，**纹理**直或略斜。

木材微观构造 **导管**横切面为椭圆及圆形，以单管孔为主，少数径列复管孔（2 个）；斜列或略呈“之”字形；壁薄至厚；最大弦径 194μm，平均弦径 124μm。8~15 个/mm^2，平均 11 个/mm^2。导管分子长 160~520μm，平均 365μm；侵填体可见，壁薄；螺纹加厚不见。单穿孔，穿孔板略倾斜。管间纹孔式互列，圆形和多角形，系附物纹孔，附物多分布在纹孔口和纹孔室，并且充满纹孔室。**环管管胞**常见；位于导管周围，常与薄壁细胞混杂，具缘纹孔圆形，明显，也为附物纹孔。导管 - 射线间纹孔式为大圆形。**轴向薄壁组织**环管束状及星散、星散 - 聚合状；薄壁细胞端壁节状加厚不明显；晶体未见。**木纤维**壁薄至厚，长 940~1350μm，平均 1158μm，具缘纹孔较少、小，略具狭缘。**木射线**非叠生；

10~12根/mm；以单列射线为主，高2~25细胞，多列射线宽2细胞，高2~18细胞。在横卧射线的上下方各有一列方形或直立细胞。射线组织同形单列和多列，有异形单列和多列的趋势。射线细胞卵圆至椭圆，部分含树胶，晶体未见，端壁节状加厚不明显至略明显。**胞间道**未见。

4. 大花序桉（*E. cloeziane*）（图版4）

树木和分布 大乔木，原产地树高35~45m，胸径0.4~0.6m。该树种有非常强的顶端优势，幼枝易脱落，这些生长特性使它具有非常好的树干。成熟树冠密集。树皮鳞片状，深褐色，多纤维，较软。

大花序桉原产于澳大利亚昆士兰州中部和北部，位于16°~26° 30′S，主要分布在吉比地区26° S，海拔较低，约为60m。大部分最好的林分生长于此。其他分布在内地，从麦凯（21° S）开始，直至最北的艾瑟尔湖（17° S），生长在海拔900m处。

过去30年，南非、肯尼亚、赞比亚、巴西、刚果、马达加斯加、尼日利亚、斯里兰卡等国都有引种和大面积栽培。我国也已进行引种，在广西、广东等地种植。

木材宏观构造 **边材**黄褐色，与心材区别较明显；宽3~4cm。**心材**黄褐色至浅红褐色。**木材**有光泽；无特殊气味和滋味。**生长轮**不明显；散孔材。**管孔**略小至中，肉眼下略可见；大小基本一致；斜列；侵填体可见。**轴向薄壁组织**与环管管胞混杂，似环管束状。**木射线**中至密；极细至略细，在放大镜下可见至明显；在肉眼下径切面上射线斑纹不明显。**波痕**缺如。**胞间道**未见，**纹理**直。

木材微观构造 **导管**横切面为椭圆形及圆形，以单管孔为主，极少数径列复管孔（2个）；斜列或略呈“之”字形；壁薄至厚；最大弦径163μm，平均弦径97μm。13~25个/mm^2，平均19个/mm^2。导管分子长158~526μm，平均357μm；侵填体可见，壁较厚至厚；螺纹加厚不见。单穿孔，穿孔板略倾斜至倾斜。管间纹孔式互列，圆形和多角形，系附物纹孔，附物多分布在纹孔口和纹孔室，充满纹孔室，从导管内壁可明显看到管间纹孔口周围有附物沉积和环绕，形成椭圆形。**环管管胞**常见；位于导管周围，常与薄壁细胞混杂，具缘纹孔圆形，明显，也为附物纹孔。导管-射线间纹孔式为大圆形。**轴向薄壁组织**环管束状及星散、星散-聚合状；薄壁细胞端壁节状加厚不明显；晶体未见。**木纤维**胞壁较厚至甚厚，长980~1380μm，平均1272μm，具缘纹孔较少、小，略具狭缘。**木射线**非叠生；11~14根/mm；以单列射线为主，高2~11细胞，2列射线偶见。射线组织同形单列。射线细胞卵圆至椭圆，大部分具内含物与树胶，晶体未见，端壁节状加厚略明显至明显。**胞间道**未见。

5. 粗皮桉（*E. pellita*）（图版 5）

树木和分布　大乔木，原产地树高达 47m。树木干形好，树冠多枝。树皮多短纤维，粗糙，小枝树皮也粗糙。

粗皮桉原产于澳大利亚昆士兰州，有 2 个天然分布区：昆士兰州约克角半岛（12°~18° S）；从昆士兰州弗雷泽岛附近到新南威尔士州巴特门斯湾南部（27°~36° S）。分布区海拔达 800m。

在巴西引种的粗皮桉生长良好，已成为一个重要造林树种。我国也已进行引种，在广西、广东和海南等地种植。

木材宏观构造　**边材**黄褐色，与心材区别明显；宽 2~3cm。**心材**深红色至红褐色。**木材**有光泽；无特殊气味和滋味。**生长轮**不明显至略明显；散孔材。**管孔**略小至中，肉眼下略可见；大小基本一致；斜列；侵填体可见。**轴向薄壁组织**与环管管胞混杂，似环管束状。**木射线**中至密；极细至略细，在放大镜下可见至明显；在肉眼下径切面上射线斑纹不明显。**波痕**缺如。**胞间道**未见，**纹**理直。

木材微观构造　**导管**横切面为椭圆形及圆形，以单管孔为主，极少数径列复管孔（2 个）；斜列或略呈"之"字形；壁薄至厚；最大弦径 163μm，平均弦径 97μm。13~25 个/mm^2，平均 19 个/mm^2。导管分子长 158~526μm，平均 357μm；侵填体可见，壁较厚至厚；螺纹加厚不见。单穿孔，穿孔板略倾斜至倾斜。管间纹孔式互列，圆形和多角形，系附物纹孔，附物多分布在纹孔口和纹孔室，充满纹孔室，从导管内壁可明显看到管间纹孔口周围有附物沉积和环绕，形成椭圆形。**环管管胞**常见；位于导管周围，常与薄壁细胞混杂，具缘纹孔圆形，明显，也为附物纹孔。导管 - 射线间纹孔式为大圆形。**轴向薄壁组织**环管束状，略呈翼状或聚翼状；薄壁细胞端壁节状加厚不明显；晶体未见。**木纤维**胞壁较厚至甚厚，长 980~1380μm，平均 1272μm，具缘纹孔较少、小，略具狭缘。**木射线**非叠生；11~14 根/mm；以单列射线为主，高 2~18 细胞，2 列射线少见，高 5~12 细胞。射线组织同形单列和多列。射线细胞卵圆至椭圆，大部分具内含物与树胶，晶体未见，端壁节状加厚略明显至明显。**胞间道**未见。

6. 细叶桉（*E. tereticornis*）（图版 6）

树木和分布　中等大乔木，原产地树高可达 25~50m，胸径 2m。树干通直，树干可达树高的一半以上，树冠较大。树皮呈光滑的红褐色，但基部有时存留老树皮。

细叶桉原产地从 38° S 的澳大利亚维多利亚南部，穿过新南威尔士州和昆士兰州至 6° S 的巴布亚新几内亚的巴布亚沿海热带稀疏草原地带。天然分布区主要在沿海高雨量的地区，延伸至昆士兰北部的大分水岭和台地；海拔从澳大利亚接近海平面至昆士兰北部达 1000m，直至巴布亚新几内亚达 2000m。细叶桉能生长在各种土壤上，多在冲积平原。在较干旱地区，细叶桉喜生于偶尔泛滥的冲积平原；在雨量较丰富地区，生长于山坡下部，延伸到山坡及高原。因此细叶桉喜生于肥沃冲积土、沙质或砾质壤土上潮湿但不积水的地方。

细叶桉在19世纪下半叶至20世纪上半叶被引种到一些热带或亚热带国家，其中印度已大面积种植细叶桉，刚果、阿根廷、哥伦比亚、加纳和乌拉圭等国也有种植。

我国自20世纪80年代初与澳大利亚合作，先后从澳大利亚引进了33个细叶桉种源，在广西的国有东门林场，海南的琼海、乐东、临高，以及福建漳州和广东海丰等地进行了种源试验。

木材宏观构造 **边材**黄色、黄褐色，与心材区别较明显；宽2~3cm。**心材**暗黄褐色。**木材**有光泽；无特殊气味和滋味。**生长轮**不明显；散孔材。**管孔**为单管孔，较明显，略小至中，肉眼下略可见；大小基本一致；斜列；侵填体可见。**轴向薄壁组织**与环管管胞混杂，似环管束状。**木射线**中至密；极细至略细，在放大镜下可见至明显；在肉眼下径切面上射线斑纹不明显。**波痕**缺如。**胞间道**未见，**纹理**直或略斜。

木材微观构造 **导管**横切面为椭圆形及圆形，以单管孔为主，极少数径列复管孔（2个）；斜列或略呈“之”字形；壁薄至厚；最大弦径205μm，平均弦径127μm。6~15个/mm^2，平均10个/mm^2。导管分子长166~572μm，平均379μm；侵填体可见，壁薄至较厚；螺纹加厚不见。单穿孔，穿孔板略倾斜至倾斜。管间纹孔式互列，圆形和多角形，系附物纹孔，从导管内壁可明显看到管间纹孔口周围有附物沉积和环绕，附物还充满纹孔室。**环管管胞**常见；位于导管周围，常与薄壁细胞混杂，具缘纹孔圆形，明显，也为附物纹孔。导管 - 射线间纹孔式为大圆形。**轴向薄壁组织**环管束状、星散或星散 - 聚合状；薄壁细胞端壁节状加厚不明显；具分室含晶细胞，菱形晶体可达10个或以上。**木纤维**壁较厚至甚厚，长977~1253μm，平均1084μm，具缘纹孔较少、小，略具狭缘。**木射线**非叠生；10~14根/mm；单列射线为主，高2~18细胞，2列射线少见，高7~18细胞。射线组织同形单列和多列。射线细胞卵圆至椭圆，部分具树胶，晶体未见，端壁节状加厚略明显至明显。**胞间道**未见。

（二）木材解剖分子参数

桉树主要由木纤维、导管、木射线和轴向薄壁细胞组成。此外，还有环管管胞，常围绕在导管周围，与轴向薄壁细胞混杂在一起，在横切面很难分辨，但在径切面或弦切面可以识别出来。这些解剖分子的长、宽、壁厚和所占总体的比量是非常重要的数据，可为制浆、造纸、木材性质评估和木材性质改良等提供科学依据，为木材的高效与合理利用提供指导。

本项目对桉树试材的纤维长度、纤维宽度、纤维壁厚、纤维微纤丝角、导管分布频率及弦向直径、组织比量等木材解剖分子参数进行了测定和研究。切片和离析均采用常规方法，切片制成后，用 Q570 图像分析仪自动或半自动测定解剖分子的直径、壁厚及组织比量等参数。纤维离析后，每个测定单元随机取 50 根完整的纤维，用纤维长度测定仪测定其长度与宽度。测定微纤丝角有三种基本方法：X- 射线衍射法、偏光显微镜和直接或间接观察法。本项目采用 X- 射线衍射法。

1. 纤维长度

6 种桉树纤维长度的测定结果见表 2-2。6 种桉树树高 1.3m 处纤维长度的总平均值为 1158μm，标准差 98μm。大花序桉纤维长度平均值最大，为 1305μm，巨桉最小，为 1097μm。依据国际木材解剖学家协会（IAWA）阔叶材显微特征一览表的规定，6 种桉树纤维长度均属中等（900~1600μm）。方差分析表明，6 种木材树高 1.3m 处的纤维长度差异显著。同种木材中，在 1.3~7.3m 的树高方向上纤维长度未呈现有规律的变化。方差分析表明，6 种桉树不同树高处纤维长度的差异不显著。

表 2-2　6 种桉树的纤维长度

树种	树高							
	1.3m		3.3m		5.3m		7.3m	
	平均值	标准差	平均值	标准差	平均值	标准差	平均值	标准差
尾巨桉 *E. urophylla* × *E. grandis*	1233	42	1266	42	1253	43	1259	59
巨桉 *E. grandis*	1097	81	—	—	—	—	—	—
尾叶桉 *E. urophylla*	1158	27	1176	83	1081	58	1176	54
大花序桉 *E. cloeziane*	1272	70	1312	109	1327	12	1311	90
粗皮桉 *E. pellita*	1109	34	1116	62	1108	22	1126	41
细叶桉 *E. tereticornis*	1084	13	1129	42	1148	69	1133	18

注：表中纤维长度的单位为 μm

2. 纤维宽度

6 种桉树纤维宽度的测定结果见表 2-3。6 种桉树纤维宽度的总平均值为 16.7μm，标准差 1.93μm。大花序桉纤维宽度平均值最大，为 19.4μm，细叶桉的最小，为 14.1μm。方差分析表明，6 种木材树高 1.3m 处的纤维宽度差异显著。在 1.3~7.3m 的树高方向上，纤维宽度未呈现有规律性的变化。方差分析表明，6 种桉树不同树高处纤维宽度的差异不显著，与上述纤维长度的研究结果一致。

表 2-3　6 种桉树的纤维宽度

树种	树高							
	1.3m		3.3m		5.3m		7.3m	
	平均值	标准差	平均值	标准差	平均值	标准差	平均值	标准差
尾巨桉 *E. urophylla* × *E. grandis*	18.3	1.1	18.5	0.8	18.3	1.1	17.6	0.8
巨桉 *E. grandis*	16.4	0.7	—	—	—	—	—	—
尾叶桉 *E. urophylla*	17.6	0.7	17.5	0.5	16.9	0.8	17.6	0.5
大花序桉 *E. cloeziane*	18.9	1.3	20.0	2.1	19.4	1.8	19.2	1.0
粗皮桉 *E. pellita*	15.2	0.1	15.5	1.3	14.7	1.5	14.7	0.5
细叶桉 *E. tereticornis*	14.1	0.3	14.3	0.3	13.8	0.5	14.2	1.4

注：表中纤维宽度的单位为 μm

3. 纤维壁厚

6 种桉树纤维壁厚的测定结果见表 2-4。6 种桉树纤维壁厚的总平均值为 9.28μm，标准差 2.1977μm；其中尾巨桉纤维壁厚平均值最大，为 10.95μm，细叶桉最小，为 6.94μm。方差分析表明，6 种木材树高 1.3m 处的纤维壁厚差异显著。同种木材中，在 1.3~7.3m 的树高方向上纤维壁厚未呈现有规律的变化。方差分析表明，6 种桉树不同树高处纤维壁厚的差异不显著。

表 2-4　6 种桉树的纤维壁厚

树种	树高							
	1.3m		3.3m		5.3m		7.3m	
	平均值	标准差	平均值	标准差	平均值	标准差	平均值	标准差
尾巨桉 *E. urophylla* × *E. grandis*	10.84	0.8230	11.24	0.8268	10.83	0.7317	10.88	1.3647
巨桉 *E. grandis*	9.01	0.8012	—	—	—	—	—	—
尾叶桉 *E. urophylla*	10.40	1.1785	12.13	0.8520	10.40	1.0069	10.15	0.9419
大花序桉 *E. cloeziane*	10.83	1.0349	10.60	0.9432	10.77	0.3077	10.38	0.6272
粗皮桉 *E. pellita*	7.49	0.8789	7.81	0.3360	7.34	1.1554	7.50	0.0942
细叶桉 *E. tereticornis*	7.42	0.8585	6.63	0.4445	6.49	0.3916	6.67	0.2211

注：表中纤维壁厚的单位为 μm

4. 纤维微纤丝角

纤维微纤丝的排列方向与实体木材和单根木纤维的物理力学性质密切相关（Wimmer，1992）。有的学者还报道，微纤丝角的大小和晚材管胞弦向直径是预测无疵木材强度的重要指标。微纤丝角与纸张的伸展、断裂性质呈很强的负相关。

6 种桉树纤维微纤丝角的测定结果见表 2-5，测定部位为最外生长轮，测定值是多数木纤维变异的平均值。6 种桉树树高 1.3m 处纤维微纤丝角的平均值为 11.41°，标准差 0.863°。巨桉微纤丝角平均值最大，为 13.88°，尾巨桉最小，为 9.35°。方差分析表明，6 种木材纤维微纤丝角差异显著。6 种桉树不同树高处微纤丝角的变化大多数是从上到下略呈下降趋势（尾叶桉除外），但方差分析表明差异不显著。

表 2-5　6 种桉树的纤维微纤丝角

树种	树高							
	1.3m		3.3m		5.3m		7.3m	
	平均值	标准差	平均值	标准差	平均值	标准差	平均值	标准差
尾巨桉 *E. urophylla* × *E. grandis*	10.61	1.706	9.29	1.024	8.82	0.529	8.70	0.625
巨桉 *E. grandis*	13.88	2.630	—	—	—	—	—	—
尾叶桉 *E. urophylla*	9.80	0.702	9.02	0.881	10.98	2.096	10.51	0.987
大花序桉 *E. cloeziane*	10.43	1.193	9.90	0.767	9.52	0.826	9.64	0.655
粗皮桉 *E. pellita*	10.19	1.554	9.52	1.086	9.77	0.595	8.71	0.564
细叶桉 *E. tereticornis*	13.57	3.864	9.45	1.054	9.55	0.621	9.38	0.266

注：表中纤维微纤丝角的单位为°

5. 导管分布频率和弦向直径

6 种桉树的导管分布频率和弦向直径的测定结果见表 2-6。

表 2-6　6 种桉树的导管分布频率和弦向直径

树种	导管分布频率 / (个 /mm^2)				导管弦向直径 /μm			
	平均值	标准差	最大值	最小值	平均值	标准差	最大值	最小值
尾巨桉 *E. urophylla* × *E. grandis*	11.40	2.2215	14.63	8.10	125.48	37.0975	219.74	36.99
巨桉 *E. grandis*	11.00	2.1417	13.80	7.40	107.78	34.5639	217.54	33.51
尾叶桉 *E. urophylla*	11.18	2.4516	15.22	7.78	123.64	33.4686	194.07	37.55
大花序桉 *E. cloeziane*	18.96	4.0921	24.70	12.80	96.92	27.6268	163.02	33.09
粗皮桉 *E. pellita*	11.00	2.6363	14.73	7.64	123.51	36.1728	206.29	38.47
细叶桉 *E. tereticornis*	10.20	3.0025	14.50	6.08	127.09	37.0855	205.43	37.63

6. 组织比量

桉树木材主要由木纤维、导管、木射线、轴向薄壁组织和少量环管管胞组成。以尾巨桉为例，对桉树木材的组织比量进行测定，横切面上环管管胞与轴向薄壁组织细胞混杂，不好区分，故该数值包含在轴向薄壁组织内。尾巨桉的测定结果见表 2-7，不同树高处木纤维比量平均值为 71.8%~73.54%，导管比量平均值为 13.17%~13.80%，木射线比量平均值为 11.82%~13.56%，轴向薄壁组织比量平均值为 1.22%~1.48%，胞壁率平均值为 68.71%~70.45%。方差分析表明，尾巨桉各项组织比量在不同高度间的差异均不显著。

表 2-7 尾巨桉的组织比量

项目	树高							
	1.3m		3.3m		5.3m		7.3m	
	平均值	标准差	平均值	标准差	平均值	标准差	平均值	标准差
木纤维比量 /%	71.8	2.113	72.48	2.782	73.54	1.707	72.21	3.069
导管比量 /%	13.17	1.259	13.80	2.189	13.37	1.783	13.76	2.308
木射线比量 /%	13.56	2.098	12.24	1.875	11.82	2.179	12.81	1.979
轴向薄壁组织比量 /%	1.47	1.367	1.48	0.385	1.27	0.267	1.22	0.306
胞壁率 /%	70.45	2.63	68.71	2.149	70.15	2.876	69.54	3.616

7. 12 种桉树的木材解剖分子参数

祁述雄（2002）发表过 12 种桉树的木材密度和解剖分子参数测定结果，兹摘引如下（表 2-8）。

表 2-8 12 种桉树的木材密度和解剖分子参数

树种		N	XM	CH	L	G	LY	J	X	MY	LA	ZH	P
树龄 / 年		13	13	13	13	6	6.5	5.5	7.5	2.5	12	9	8
木材密度 / （g/cm^3）		0.72	0.57	0.64	0.59	0.52	0.52	0.46	0.52	0.37	0.57	0.60	0.55
纤维长度 /μm	平均值	0.92	0.88	0.85	0.80	0.77	0.88	0.90	0.83	0.75	0.90	1.12	0.76
	最大值	1.67	3.15	2.72	2.63	2.29	1.40	1.58	1.64	1.25	1.59	2.80	1.77
	最小值	0.37	0.28	0.33	0.31	0.29	0.39	0.44	0.37	0.38	0.41	0.25	0.30
纤维宽度 /μm	平均值	14.9	21.1	20.5	16.9	19.3	15.9	15.3	14.9	18.8	13.6	12.6	10.6
	最大值	38.4	38.4	44.8	39.4	28.8	35.5	32.0	35.0	32.0	35.2	30.0	25.0
	最小值	5.8	9.6	3.0	6.1	9.6	6.4	6.4	6.4	9.6	10.0	5.0	4.0
纤维壁厚 /μm	平均值	3.75	4.00	3.40	3.55	3.05	3.15	2.85	3.60	3.05	—	—	—
	最大值	7.65	7.65	6.10	6.90	7.35	6.10	5.35	6.10	7.35	—	—	—
	最小值	1.55	1.55	1.55	0.75	1.55	1.55	1.55	1.55	1.55	—	—	—
纤维腔径 /μm	平均值	5.8	6.9	5.9	4.6	7.1	7.1	7.1	5.7	7.5	—	—	—
	最大值	27.5	18.4	15.3	16.8	23.9	12.9	15.3	20.8	16.8	—	—	—
	最小值	1.5	2.4	1.5	0.6	1.5	3.1	2.4	1.5	1.5	—	—	—
长宽比		62	41	39	48	39	55	58	56	40	66	89	71
壁腔比		1.29	1.16	1.15	1.54	0.86	0.89	0.80	1.26	0.81	—	—	—
腔径比		39	33	29	27	37	45	46	38	40	—	—	—

注：N 为柠檬桉 *E. citriodora*，XM 为斜脉胶桉 *E. kirtoniana*，CH 为赤桉 *E. camaldulensis*，L 为窿缘桉 *E. exserta*，G 为刚果 12 号桉，LY 为柳叶桉 *E. saligna*，J 为巨桉 *E. grandis*，X 为细叶桉 *E. tereticornis*，MY 为美叶桉 *E. mannifera*，LA 为蓝桉 *E. globulus*，ZH 为直杆蓝桉 *E. globulus* ssp. *maidenii*，P 为葡萄桉 *E. botryoides*

第二节 木材物理性质

一、6种桉树的生材含水率

6种桉树生材含水率的测定结果见表2-9，其中6种桉树的生材含水率在不同树高和径向不同部位的变异见表2-10~表2-14。

表2-9 6种桉树的生材含水率 （单位：%）

树种	部位（从髓心至树皮）									
	近髓心处		心材部位		过渡区		边材部位		近树皮处	
	平均值	标准差	平均值	标准差	平均值	标准差	平均值	标准差	平均值	标准差
尾巨桉 *E. urophylla* × *E. grandis*	116.1	7.78	109.7	10.21	95.6	3.73	100.5	2.41	92.2	3.75
巨桉 *E. grandis*	100.9	20.13	100.1	20.74	94.6	23.86	96.4	10.27	81.1	18.05
尾叶桉 *E. urophylla*	127.3	12.66	118.3	11.42	110.5	9.62	98.5	10.65	84.8	4.81
大花序桉 *E. cloeziane*	101.4	12.73	94.5	7.55	81.9	3.84	76.4	2.56	69.8	2.44
粗皮桉 *E. pellita*	90.24	2.14	76.9	5.27	68.6	5.26	67.4	3.87	66.9	7.57
细叶桉 *E. tereticornis*	74.6	33.80	61.4	27.06	56.8	24.24	72.2	30.59	71.3	29.79

表2-10 尾巨桉不同树高和径向不同部位的生材含水率 （单位：%）

部位（从髓心至树皮）	树高							
	1.3m		3.3m		5.3m		7.3m	
	平均值	标准差	平均值	标准差	平均值	标准差	平均值	标准差
1	127.54	16.80	113.15	20.02	113.92	11.68	110.01	14.86
2	124.99	21.64	104.01	22.82	106.28	13.77	103.80	13.74
3	99.33	17.47	98.35	14.81	91.75	11.12	93.27	22.34
4	99.76	10.01	103.49	13.16	101.26	9.79	97.78	13.20
5	87.01	7.04	95.38	7.32	94.47	9.45	92.05	10.16

表2-11 尾叶桉不同树高和径向不同部位的生材含水率 （单位：%）

部位（从髓心至树皮）	树高							
	1.3m		3.3m		5.3m		7.3m	
	平均值	标准差	平均值	标准差	平均值	标准差	平均值	标准差
1	143.84	17.34	127.59	10.98	113.09	16.26	124.98	9.26
2	134.34	23.67	116.99	7.49	114.73	17.45	107.38	9.64
3	122.25	14.46	113.98	19.09	105.57	11.74	100.33	13.05
4	110.30	14.64	100.91	21.10	98.44	17.82	84.51	6.52
5	79.36	6.25	85.43	33.65	90.99	18.79	83.66	5.61

表 2-12 大花序桉不同树高和径向不同部位的生材含水率 （单位：%）

部位（从髓心至树皮）	树高							
	1.3m		3.3m		5.3m		7.3m	
	平均值	标准差	平均值	标准差	平均值	标准差	平均值	标准差
1	112.63	9.16	109.29	18.48	84.25	13.67	99.60	34.25
2	90.55	16.04	104.75	10.48	95.30	28.26	87.48	36.45
3	85.41	43.60	85.06	5.30	78.93	19.62	78.27	8.28
4	76.00	27.15	79.08	27.03	77.58	16.86	73.09	13.43
5	66.25	19.31	71.14	5.90	70.91	6.77	71.29	11.92

表 2-13 粗皮桉不同树高和径向不同部位的生材含水率 （单位：%）

部位（从髓心至树皮）	树高							
	1.3m		3.3m		5.3m		7.3m	
	平均值	标准差	平均值	标准差	平均值	标准差	平均值	标准差
1	90.8	35.16	89.4	18.98	92.9	17.99	87.6	21.66
2	84.5	17.40	74.6	10.46	72.5	11.64	76.1	8.03
3	76.4	14.43	67.0	12.27	65.2	8.84	65.9	10.20
4	72.8	8.42	67.0	4.98	66.5	8.02	63.5	5.26
5	72.2	5.55	72.4	6.52	55.8	21.76	68.8	8.70

表 2-14 细叶桉不同树高和径向不同部位的生材含水率 （单位：%）

部位（从髓心至树皮）	树高							
	1.3m		3.3m		5.3m		7.3m	
	平均值	标准差	平均值	标准差	平均值	标准差	平均值	标准差
1	79.82	4.60	84.24	20.42	68.85	7.81	65.50	0.82
2	66.94	2.50	65.98	4.00	56.69	9.26	56.26	2.92
3	62.66	2.11	61.44	3.68	55.20	5.53	55.66	1.67
4	73.60	6.31	72.49	6.56	67.96	13.13	72.30	2.56
5	68.19	2.03	69.33	3.31	68.80	0.55	73.73	4.69

以上测定结果表明，生材含水率在树种间、径向不同部位间和不同树高处均有明显变异，树种间变异最明显；径向不同部位间次之，近髓心处最高；不同树高处再次，下部较高。

二、木 材 密 度

（一）6 种桉树木材基本密度

6 种桉树径向不同部位（近髓心、心材、过渡区、边材）基本密度的测定结果见表 2-15。

从测定结果可见，不同树种木材基本密度的差异明显，而株内径向变异较为缓和。3 个树种（大花序桉、粗皮桉、细叶桉）近髓心处密度较低，向外有增高趋势；尾巨桉变异不明显；另 2 树种（柠檬桉、尾叶桉）趋势则相反。与纤维、管胞长度相比，其变异较小，规律不明显。由此也可看到，树木成熟过程在不同材性指标上的表现差别颇大。

表 2-15　6 种桉树径向不同部位的基本密度　　（单位：g/cm³）

树种	部位（从髓心至树皮）							
	近髓心处		心材部位		过渡区		边材部位	
	平均值	标准差	平均值	标准差	平均值	标准差	平均值	标准差
尾巨桉 *E. urophylla* × *E. grandis*	0.552	0.018	0.561	0.040	0.563	0.041	0.561	0.038
巨桉 *E. grandis*	0.587	0.038	—	—	—	—	—	—
尾叶桉 *E. urophylla*	0.602	0.030	0.590	0.048	0.561	0.082	0.590	0.036
大花序桉 *E. cloeziane*	0.688	0.051	0.702	0.056	0.719	0.051	0.717	0.056
粗皮桉 *E. pellita*	0.630	0.041	0.630	0.030	0.651	0.025	0.665	0.040
细叶桉 *E. ereticornis*	0.618	0.008	0.661	0.026	0.662	0.030	0.651	0.043

（二）桉树木材的干缩性

祁述雄（2002）发表的产自广东、广西的 12 种桉树木材干缩性和密度的测定结果见表 2-16。

表 2-16　12 种广东、广西产桉树木材干缩性和密度

树种	密度 /（g/cm³）	干缩系数 /%			弦径干缩比
		弦向	径向	体积	
斑皮桉 *E. maculata*	0.901（2.3）	0.415（2.9）	0.284（4.6）	0.734（2.2）	1.466（5.5）
栓皮桉 *E. beyeri*	0.873（1.7）	0.414（4.2）	0.248（4.8）	0.697（12.4）	1.669（3.7）
宽叶桉 *E. latifolia*	0.830（3.6）	0.205（17.6）	0.160（14.4）	0.379（19.3）	1.277（4.6）
葡萄桉 *E. botryoides*	0.802（2.2）	0.323（5.2）	0.235（8.5）	0.578（5.4）	1.384（10.2）

续表

树种	密度/(g/cm³)	干缩系数/%			弦径干缩比
		弦向	径向	体积	
帕拉马桉 *E. parramattensis*	0.756(5.9)	0.241(9.5)	0.209(6.7)	0.493(7.1)	1.155(10.3)
斑叶桉 *E. punctata*	0.738(1.4)	0.178(6.7)	0.144(8.3)	0.344(7.0)	1.243(6.9)
二色桉 *E. bicolor*	0.725(4.7)	0.316(5.4)	0.201(10.0)	0.537(6.0)	1.539(10.9)
樟脑桉 *E. camphora*	0.704(2.1)	0.293(6.3)	0.155(5.8)	0.410(6.1)	1.551(5.9)
野桉 *E. rudis*	0.688(2.2)	0.301(3.7)	0.221(3.6)	0.544(7.0)	1.587(5.8)
白皮桉 *E. dealbata*	0.653(3.4)	0.326(7.1)	0.206(7.2)	0.554(7.0)	1.587(5.8)
柳叶桉 *E. saligna*	0.653(3.4)	0.264(9.8)	0.165(10.9)	0.465(8.0)	1.675(7.2)
大桉 *E. delegatensis*	0.614(4.6)	0.234(7.7)	0.158(8.9)	0.420(7.1)	1.503(10.2)

注：表中括号内数据为标准差

第三节 木材力学性质

一、不同树种的力学性质

常见的6种桉树（尾巨桉、巨桉、尾叶桉、大花序桉、粗皮桉、细叶桉）木材的抗弯强度、抗弯弹性模量等力学性质见表2-17（姜笑梅等，2007）。尾叶桉木材的抗弯强度最高，其次是大花序桉、细叶桉、粗皮桉。大花序桉木材冲击韧性最高，其次是细叶桉、尾巨桉，尾叶桉最低。细叶桉木材的握钉力最高，其次是大花序桉、粗皮桉、巨桉，尾巨桉最低。对于不同纹理方向，径向和弦向木材的握钉力均大于顺纹方向的握钉力。

表2-17 6种常见桉树木材的力学性质

树种	抗弯强度/MPa	抗弯弹性模量/MPa	顺纹抗压强度/MPa	冲击韧性/(kJ/m²)	握钉力/(N/mm)		
					径向	弦向	顺纹
尾巨桉	118.1 (9.5)	17 864 (1 737)	62.3 (2.8)	79.8 (9.3)	49.9 (9.2)	48.8 (9.0)	34.5 (7.8)
巨桉	123.4 (8.4)	12 680 (702)	57 (3.4)	74.4 (11.8)	50.1 (11.0)	53.4 (11.5)	36.3 (11.6)
尾叶桉	172.7 (35.4)	25 474 (4 956)	62.4 (6.9)	45.4 (12.6)	41.7 (7.7)	38.8 (8.7)	27.1 (4.7)
大花序桉	151.8 (18.6)	26 219 (3 684)	78.1 (5.8)	98.3 (35.9)	65.6 (7.4)	66.5 (7.3)	46.1 (7.1)

续表

树种	抗弯强度 /MPa	抗弯弹性模量 /MPa	顺纹抗压强度 /MPa	冲击韧性 /（kJ/m^2）	握钉力 /（N/mm）		
					径向	弦向	顺纹
粗皮桉	137.3 （18.8）	17 533 （2 194）	75.0 （8.8）	75.1 （12.5）	58.6 （10.7）	64.4 （12.3）	42.3 （12.3）
细叶桉	145.7 （17.4）	17 393 （3 388）	76.6 （9.5）	84.8 （18.8）	70 （6.4）	78 （7.6）	60.2 （6.0）

注：上方数据为平均值，括号内数据为标准差

木材力学性质不仅与树种有关，还与产地密切相关。产自广东、广西的赤桉、大叶桉、黑木桉、斜脉胶桉、雷林 I 号桉和蓝桉 6 种桉树木材的抗弯强度、抗弯弹性模量等力学性质见表 2-18（祁述雄，2002）。蓝桉木材的抗弯强度、冲击韧性和抗劈力高于其他 5 种。对于不同纹理方向而言，端面硬度基本大于弦面硬度和径面硬度。

表 2-18　产自广东、广西的 6 种桉树木材的力学性质

树种	抗弯强度 /MPa	抗弯弹性模量 /MPa	顺纹抗压强度 /MPa	冲击韧性 /（kJ/m^2）	抗劈力 /（N/mm）	硬度 /N		
						端面	弦面	径面
赤桉	95	12 651	60	32	22	8296	7581	8640
大叶桉	70	8 532	47	22	16	5403	—	—
黑木桉	—	12 479	49	59	17	—	—	—
斜脉胶桉	98	11 965	46	25	17	5266	3834	3962
雷林 I 号桉	92	12 357	89	26	16	5452	5443	4609
蓝桉	123	—	63	92	35	8894	8414	8404

注：一表示未测试

按照澳大利亚 AS 1720—75 木材工程标准，可以根据木材物理力学性质进行分等。等级代号所代表的木材力学强度值见表 2-19，18 种澳大利亚桉树成熟材物理力学性质的分级见表 2-20。

表 2-19　等级代号所代表的木材力学强度值

等级代号	抗弯强度 /MPa	抗弯弹性模量 /MPa	顺纹抗压强度 /MPa	剪切强度 /MPa	硬度 /N	冲击韧性 /（kJ/m^2）	抗劈力 /（N/mm）
4	38.7~49.0	4 950~6 200	19.4~24.5	4.95~6.20	2 850~3 550	8.1~10.2	25~31
5	49.1~55.2	6 250~6 900	24.6~27.6	6.25~6.90	3 600~4 000	10.3~11.3	32~35
5+	55.3~62.1	6 950~7 720	27.7~31.0	6.95~7.70	4 050~4 450	11.4~12.7	36~39
6	62.2-64.0	7 750~8 600	31.1~34.5	7.75~8.60	4 500~5 000	12.8~14.7	40~44

续表

等级代号	抗弯强度 / MPa	抗弯弹性模量 / MPa	顺纹抗压强度 /MPa	剪切强度 / MPa	硬度 /N	冲击韧性 / (kJ/m²)	抗劈力 / (N/mm)
6+	69.1~77.2	8 650~9 650	34.6~38.6	8.65~9.66	5 050~5 550	14.2~15.8	45~49
7	77.3~86.2	9 700~11 000	38.7~43.4	9.70~11.0	5 600~6 250	15.9~18.1	50~55
7+	86.3~96.6	11 150~124 000	43.5~49.0	11.1~12.4	6 300~7 100	18.2~20.3	56~62
8	96.7~110	12 500~13 800	49.1~55.2	12.5~13.8	7 150~8 000	20.4~22.6	63~70
8+	111~124	13 900~15 400	55.3~62.1	13.9~15.4	8 050~8 900	22.7~25.3	71~78
9	125~138	15 500~17 200	62.2~69.0	15.5~17.2	8 950~9 950	25.4~28.3	79~87
9+	139~154	17 300~19 300	69.1~72.2	17.3~19.3	10 000~11 100	28.4~31.6	88~98
10	155~172	19 400~217 000	77.3~86.2	19.4~21.7	11 200~12 500	31.8~35.6	99~110

注：表中如 5，5+ 等表示的是强度等级代号

表 2-20　18 种澳大利亚桉树成熟材物理力学性质（等级代号）

树种	抗弯强度	弹性模量	抗压强度	剪切强度	侧面硬度	冲击韧性	抗劈力	强度代号	干缩性	抗小蠹虫性	说明
赤桉	6 8	6 7	6 8+	7 9	7+ 9+	7 6	8+ 9+	S5 SD6	H	P	交错纹理常呈波状；结构细；常具树胶囊
昆士兰桉	7+ 9	8 9	8 9+	7+ 9+	8 10	8+ 7	8+ 8+	S2 SD3	M	S	纹理直；结构均匀
大桉	6 8	7+ 8+	6 8+	6 8	5 6	7 7+	7 8+	S4 SD3	H	S	纹理直，有时呈波纹；结构粗；具波状花纹，有树胶囊形成的条沟
剥桉	6+ 8	7+ 8+	7+ 9+	6 7+	6 6+	7 7+	7 7+	S4 SD4	M	S	纹理直或交错；结构中直粗；径切面有曲线状花纹
卡瑞桉	6+ 9	8+ 9+	6+ 9+	6+ 8+	7 9	8 8+	8+ 7+	S3 SD2	H	S	纹理交错或直；结构中等均匀
高桉	6+ 8	7+ 8	6 9	6+ 7+	6+ 6+	7+ 7+	8 8+	S4 SD4	H	P	纹理直；结构粗
蓝桉	7+ 9+	9 10	7+ 9+	7+ 8+	8 9+	8+ 9	8+ 10	S3 SD2	H	P	多为交错纹理；结构粗
巨桉	7 8+	8 9	7 9	6+ 8	6+ 8	8 7	8 9	S3 SD4	M	S	常为交错纹理；结构细至中等
银顶纤皮桉	7+ 9+	8+ 9+	6+ 9+	7+ 9+	— —	— —	— —	S2 SD2	H	P	
斑皮桉	8 9	9 9+	8 9+	8 9+	9 9+	8+ 9	8+ 9	S2 SD2	M	P	纹理直，偶有波纹；结构较粗，均匀；有时具树胶囊，略有油脂

续表

树种	抗弯强度	弹性模量	抗压强度	剪切强度	侧面硬度	冲击韧性	抗劈力	强度代号	干缩性	抗小蠹虫性	说明
缪勒纤皮桉	7	8+	7	7	7+	7+	8	S3	M	S	结构中等；纹理直
	9	9+	9+	8+	8+	7	9	SD3			
亮果桉	6	7	6	6	5+	7	8+	S4	H	P	纹理直；结构细至中等，均匀
	7+	8	8+	7+	7	7	7+	SD3			
斜叶桉	6+	7+	6+	6+	6+	7	7+	S3	H	P	纹理直，有时呈交错纹理；结构细至中；有时具小树胶囊
	8+	9	9	8	8	7	8+	SD3			
弹丸桉	7	8+	7+	7	7+	8	7+	S2	H	S	纹理直，有时交错；结构中直粗；有树胶囊形成的条沟
	9+	9+	9+	8+	8+	8	8+	SD2			
王桉	6	8	5+	5+	4	7	6+	S4	H	S	纹理直，干基部可有琴背纹；结构粗
	8	9	9	7+	6	7+	8+	SD3			
柳叶桉	6+	7+	6+	6+	7	7	8	S3	H	P	通常为直纹理；结构粗；常有花纹
	9	9	9	8	7	8	9+	SD4			
银顶山楞桉	6+	8+	7	7	7+	8	8+	S3	H	P	常为交错纹理；结构细；树胶囊常见
	9	9+	9+	9	9	8+	9	SD3			
多枝桉	6	7	6	6	6	7+	8	S4	H	P	纹理直；结构粗
	8	8+	8+	8	7	7	8+	SD4			

注：每格内数据，上方为生材性质，下方为含水率 12% 时的性质。S 为生材状态，SD 为干燥状态。干缩性指自生材状态至含水率 12% 时的弦向干缩，干缩性超过 5% 为高，用 H（high）表示；干缩性 5%~8% 为中，用 M（middle）表示；S（strong）表示强，P（poor）表示差

二、不同家系和无性系间的力学性质

对采自广西国有东门林场 13 年生的 5 个家系粗皮桉木材力学性质的研究结果见表 2-21，家系间抗弯弹性模量、抗弯强度、顺纹抗压强度和横纹抗压强度有所不同（解林坤，2005）。

表 2-21　不同家系粗皮桉木材力学性质

家系	抗弯弹性模量/GPa	抗弯强度/MPa	顺纹抗压强度/MPa	横纹弦向抗压强度/MPa	横纹径向抗压强度/MPa
P4	11.90	93.9	40.6	9.4	11.2
P5	10.00	98.5	46.9	8.1	11.8
P9	8.00	79.9	40.9	8.1	12.1
P17	9.80	67.9	34.6	9.0	10.2
P18	15.00	120.3	53.7	8.9	14.1

对采自广西国有东门林场13年生的7个家系和3个无性系尾巨桉木材力学性质的研究结果见表2-22，家系和无性系之间的力学性质也差异明显（苌姗姗，2006）。

表 2-22　不同家系和无性系尾巨桉木材力学性质

家系 / 无性系	编号	抗弯弹性模量 / GPa	抗弯强度 / MPa	顺纹抗压强度 / MPa	横纹弦向抗压强度 /MPa	横纹径向抗压强度 /MPa
家系	DH2	12.74	108.08	52.86	8.55	10.21
	DH12	14.17	133.30	60.57	10.72	12.03
	DH18	12.10	101.53	49.89	9.26	11.41
	DH19	14.84	123.28	60.08	9.82	10.60
	DH30	12.16	84.51	48.30	5.90	8.26
	DH32	12.97	108.41	54.42	7.84	9.74
	DH33	13.69	118.14	53.31	7.25	9.22
无性系	DH30-1	12.59	111.22	59.59	7.84	8.68
	DH30-5	13.25	108.38	50.48	9.05	9.46
	DH30-7	13.89	121.63	56.33	10.35	11.57

三、不同树龄和树干高度的力学性质

对广西贵港市平天山林场5年生、6年生、7年生尾巨桉木材主要力学性质的研究结果见表2-23，尾巨桉木材抗弯强度随着树龄的增加而增加，6年生尾巨桉木材抗弯弹性模量、顺纹抗剪强度和木材硬度都大于5年生和7年生（覃引鸾，2011）。

表 2-23　不同树龄尾巨桉木材主要力学性质

树龄 / 年	抗弯弹性模量 / GPa	抗弯强度 / MPa	抗劈力 /（N/mm）	硬度 / kN	顺纹抗剪强度 / MPa
5	8.76	89.6	235	3.81	9.6
6	9.94	101.6	238	3.90	9.7
7	9.87	102.76	240	3.66	9.5

对采自广西国有东门林场13年生粗皮桉和尾巨桉木材力学性质的研究结果见表2-24，尾巨桉木材树干基部和树干梢部的横纹抗压强度和抗弯强度稍高于树干中部，粗皮桉木材抗弯弹性模量、抗弯强度、顺纹抗压强度沿树高增加而增加到一定高度后又减小，横纹抗压强度随树高的增加而减小（解林坤，2005）。

表 2-24　不同树干高度粗皮桉和尾巨桉木材力学性质

树种	树高 /m	抗弯弹性模量 / GPa	抗弯强度 / MPa	顺纹抗压强度 / MPa	横纹弦向抗压强度 /MPa	横纹径向抗压强度 /MPa
粗皮桉	1.3	11.90	93.9	40.6	9.4	11.2
	3.3	12.90	95.6	47.2	8.8	10.4
	5.3	12.00	97.5	45.8	8.7	9.5
	7.3	14.30	106.5	48.4	8.5	9.1
	9.3	11.30	83.0	32.0	8.2	8.5
尾巨桉	1.3	12.74	108.08	52.86	8.55	10.21
	3.3	14.15	115.71	61.42	8.68	9.28
	5.3	13.92	96.86	58.64	6.62	7.27
	7.3	15.12	105.66	56.40	7.13	7.53
	9.3	13.84	104.72	58.94	6.96	7.73

四、种源间的力学性质

对广西国有东门林场不同种源大花序桉木材力学性质的研究结果见表 2-25（阚荣飞，2008）。大花序桉种源间木材顺纹抗压强度变异范围为 69.2~84.5MPa，种源 B85 达到最大值（84.5MPa），比最低的种源 12195（69.2MPa）大 22.1%；抗弯弹性模量的变异范围为 23.50~26.71GPa，种源 B47 达到最大值（26.71GPa），比最小的种源 12195（23.50GPa）大 13.7%；种源间抗弯强度的变异范围为 137.8~159.0MPa；种源间冲击韧性的变异范围为 94.3~126.4kJ/m^2。

表 2-25　不同种源大花序桉木材力学性质

种源	抗弯弹性模量 /GPa	顺纹抗压强度 /MPa	冲击韧性 /（kJ/m^2）	抗弯强度 /MPa
B47	26.71	80.8	107.3	159.0
14127	25.94	76.7	113.8	153.3
D47	26.33	82.1	126.4	158.1
B85	25.04	84.5	102.5	153.0
14425	24.10	77.7	110.5	143.2
17008	26.16	82.2	120.6	156.0
12196	25.74	79.5	105.2	158.6
14427	25.23	80.1	113.3	153.6
B82	23.81	77.6	98.9	146.3
12195	23.50	69.2	94.3	139.2
B55	23.81	75.5	97.6	137.8

第四节　木材化学性质

一、木材主要化学成分

（一）不同树种的化学成分

对产自广东、广西的10种桉树化学组成的测定结果见表2-26（祁述雄，2002）。这10种桉树的α-纤维素差异不大，聚戊糖差异较大；柳叶桉α-纤维素最高，苯-醇抽出物最低。

表2-26　10种广东、广西桉树的化学组成　（单位：%）

树种	树龄/年	水分	α-纤维素	木质素	聚戊糖	1%NaOH抽出物	苯-醇抽出物	冷水抽出物	热水抽出物	灰分
斜脉胶桉	13	9.55	44.65	24.74	20.20	16.66	0.85	1.39	3.95	0.76
赤桉	13	9.71	42.54	24.31	20.10	16.86	1.55	2.26	5.36	0.71
刚果12号桉	6	10.10	44.56	23.45	18.87	16.80	1.09	1.57	3.98	0.76
柳叶桉	6.5	9.28	48.10	25.90	22.40	11.95	0.64	1.69	2.11	0.27
巨桉	5.5	—	46.17	21.44	21.20	15.61	2.90	1.64	3.63	0.42
细叶桉	7.5	—	45.04	25.54	18.49	12.50	1.69	2.79	4.01	0.33
美叶桉	2.5	—	43.72	20.47	13.02	17.80	0.94	1.33	3.11	0.19
蓝桉	4	7.6	45.42	19.80	19.95	18.74	1.00	2.22	3.55	0.57
直杆蓝桉	12	8.5	46.62	23.97	18.09	15.68	0.96	2.07	3.93	0.45
葡萄桉	6	12.3	47.72	24.41	11.03	14.05	0.93	2.27	3.10	—

对产自广西国有东门林场5种桉树的化学组成测定结果见表2-27（赵荣军，2002），尾园桉的综纤维素、α-纤维素最低，木质素、1% NaOH抽出物和苯-醇抽出物最高。

表2-27　5种桉树的化学组成　（单位：%）

树种	木质素	综纤维素	α-纤维素	半纤维素	1% NaOH抽出物	苯-醇抽出物	热水抽出物
尾赤桉	23.99	75.36	45.18	30.18	15.25	2.07	4.04
尾叶桉	24.68	72.77	44.39	28.38	18.10	1.80	7.97
尾园桉	28.47	70.33	41.47	28.86	18.66	3.09	7.51
尾巨桉	25.26	75.75	45.31	30.44	16.19	1.65	4.15
大花序桉	28.11	75.20	48.56	26.65	10.89	0.80	3.61

（二）不同家系及部位的木材化学成分含量

对广西国有东门林场 13 年生的 5 个家系粗皮桉化学成分含量的研究结果见表 2-28（解林坤，2005），家系间的酸不溶木素、1% NaOH 抽出物含量、纤维素含量差异显著，多戊糖含量、热水抽出物含量、冷水抽出物含量、灰分含量差异均不显著。家系间纤维素含量由心部到外部呈逐渐增大的趋势，多戊糖含量在径向上没有一致的变异规律，各家系间酸不溶木素含量在径向上变化不明显，1% NaOH 抽出物含量由心部向外部逐渐减小，热水抽出物和冷水抽出物含量都是中部大于心部和外部，灰分含量从心部到外部逐渐增大。

表 2-28　粗皮桉木材不同家系和部位的化学成分含量　（单位：%）

测定指标	部位	家系				
		P4	P5	P9	P17	P18
纤维素含量	心	44.61	43.78	42.04	47.63	45.58
	中	44.97	44.48	38.24	47.55	45.01
	外	48.33	48.01	46.11	46.72	48.88
多戊糖含量	心	16.97	19.74	12.51	12.97	10.63
	中	18.06	15.41	22.41	16.69	9.35
	外	10.98	14.43	14.76	15.70	13.01
酸不溶木素含量	心	33.16	34.01	36.25	32.23	33.06
	中	32.46	36.89	36.96	34.23	34.41
	外	32.15	32.52	34.57	33.07	32.24
冷水抽出物含量	心	5.6	5.8	6.7	1.0	2.4
	中	7.8	7.4	7.4	3.6	6.4
	外	2.6	2.4	1.3	1.0	1.5
热水抽出物含量	心	10.5	7.2	8.9	2.9	3.9
	中	11.9	10.3	9.6	5.7	7.7
	外	6.2	1.8	1.9	2.0	1.5
1% NaOH 抽出物含量	心	13.5	17.0	19.0	13.4	13.9
	中	14.7	18.7	16.5	14.4	16.2
	外	10.1	11.8	11.1	13.9	10.8
灰分含量	心	0.13	0.08	0.06	0.14	0.13
	中	0.17	0.03	0.07	0.20	0.04
	外	0.28	0.30	0.29	0.51	0.43

二、pH 和缓冲容量

6 种桉树的 pH 和酸、碱缓冲容量测定结果见表 2-29（姜笑梅等，2007），边材 pH 和酸缓冲容量均大于心材 pH 和酸缓冲容量，边材碱缓冲容量均小于心材碱缓冲容量。

表 2-29　6 种桉树的 pH 和酸、碱缓冲容量

树种	pH		酸缓冲容量 / (mmol × 10^2)		碱缓冲容量 / (mmol × 10^2)	
	边材	心材	边材	心材	边材	心材
尾巨桉	4.83	3.71	4.30	2.48	17.10	34.20
巨桉	4.56	3.66	4.64	2.52	29.70	43.80
尾叶桉	4.61	3.62	3.38	1.62	19.60	81.00
大花序桉	4.45	3.45	3.80	2.10	35.30	90.40
粗皮桉	4.76	3.57	5.20	1.90	35.40	111.20
细叶桉	4.71	3.56	4.52	1.30	17.80	101.70

三、酚酸类物质和芳香族黄酮类物质含量

对广西国有东门林场 5 种桉树酸可溶性木质素中的酚酸类物质和芳香族黄酮类物质的含量测定结果见表 2-30 和表 2-31，不同树种间的差异较大（赵荣军，2002）。尾叶桉的酚酸类物质和芳香族黄酮类物质含量都较高。尾叶桉木材芦丁、杨梅酮、槲皮素、莰菲醇、柯因、高良姜素和总黄酮含量居 5 种桉树木材之首，其 7 种黄酮类物质含量皆最高。尾赤桉木材中芦丁、槲皮素、柯因和总黄酮含量最低，分别为 0.78mg/100g、5.93mg/100g、20.04mg/100g 和 93.35mg/100g。大花序桉木材中杨梅酮含量最低，为 42.93mg/100g。尾园桉木材中莰菲醇含量最低，为 6.49mg/100g。尾巨桉木材中高良姜素含量最低，为 1.05mg/100g。

表 2-30　5 种桉树酸可溶性木质素中的酚酸类物质含量　　（单位：mg/100g）

树种	没食子酸	儿茶酸	邻苯二酚	对羟基苯甲酸	阿魏酸	总酚酸
尾赤桉	56.69	3.13	—	5.53	22.47	87.82
尾叶桉	192.01	12.80	15.65	30.16	110.32	360.94
尾园桉	90.79	7.03	2.66	18.34	34.04	152.86
尾巨桉	32.65	7.51	2.81	—	—	42.97
大花序桉	26.51	—	4.58	8.21	—	39.30

表 2-31　5 种桉树芳香族黄酮类物质含量　　（单位：mg/100g）

树种	芦丁	杨梅酮	槲皮素	莰菲醇	柯因	高良姜素	总黄酮
尾赤桉	0.78	58.44	5.93	7.04	20.04	1.12	93.35
尾叶桉	66.56	227.88	81.94	54.26	132.08	4.41	567.13
尾园桉	3.47	99.97	13.20	6.49	29.45	1.85	154.43
尾巨桉	6.77	57.86	8.72	6.53	21.62	1.05	102.55
大花序桉	13.94	42.93	15.00	10.98	37.51	2.03	122.39

参考文献

苌姗姗. 2006. 尾巨桉木材解剖特性和物理力学性质及其变异的研究. 中南林业科技大学硕士学位论文.

阚荣飞. 2008. 大花序桉种源材性遗传变异研究. 广西大学硕士学位论文.

姜笑梅，叶克林，吕建雄，等. 2007. 中国桉树和相思人工林木材性质与加工利用. 北京：科学出版社.

祁述雄. 2002. 中国桉树.2 版. 北京：中国林业出版社.

覃引鸾. 2011. 尾巨桉木材主要材性及其变异规律研究. 广西大学硕士学位论文.

解林坤. 2005. 粗皮桉木材材性及其变异特性. 中南林业科技大学硕士学位论文.

赵荣军. 2002. Ⅰ桉树人工林木材居室环境学特性研究，Ⅱ澳大利亚桉树木材性质与加工工艺对胶合板质量的影响. 中国林科院博士后研究报告.

Wimmer R. 1992. Multivariate structure property relations for pinewood. IAWA Bull，13：265.

第三章

桉树木材单板加工

桉树是我国主要的人工速生树种之一，2015 年我国的桉树人工林面积达 450 万 hm^2，约占中国森林面积的 2%，年产木材超过 3000 万 m^3，占全国年木材产量的 26.9%（彭科峰，2015）。但与大径天然林木材相比，木材质量较低，速生桉木幼龄材多，生长应力大，桉木干燥易产生皱缩等缺陷，尺寸稳定性差，加工过程中易产生扭曲、变形等缺陷，限制了桉木的应用。但近年来的试验证明，桉木适于生产胶合板，而胶合板产品正好克服了桉木的这些缺陷。胶合板是我国人造板产品中产量最大的板种，2014 年全国胶合板产量为 1.497 亿 m^3，占人造板总产量的 54.7%，产值约为 2500 亿元。其中木胶合板 1.361 亿 m^3，以人工速生杨木、桉木、松木及杉木等为主要原料，其中桉木约占 17%（肖小兵，2017）。当前桉木单板加工主要分散在广东、广西等桉树种植地区，加工主力多为个体或小型企业，单板旋切机随处可见，但加工技术参差不齐。与传统的大径木单板旋切技术不同，胶合板用桉树木材均为幼龄材，轮伐期只有 3~5 年，胸径一般为 15~25cm，通常采用生材直接旋切工艺。近年来采用无卡轴旋切机加工单板技术已经成熟，促进了小径桉原木的单板高效加工，在桉树种植地区应用广泛，促进了这些地区桉树相关产业的发展（孙锋等，2012a）。

单板是胶合板类产品的基本单元，单板加工是桉树木材单板利用技术的基础，胶合板产品质量在很大程度上取决于单板的质量。一方面，由于贵重木材日益减少，在胶合板生产过程中用作表板和背板的单板越来越薄，一般都在 0.5mm 以下，有的甚至达到 0.3mm，如果设备旋切的精度较差就无法得到所需要的表背板。另一方面，胶合板生产中使用较薄的表背板，对芯板的要求相应也就越高，如单板厚度偏差、单板背面裂隙、单板整幅率和拼接等。芯板厚度偏差会影响成品胶合板的厚度均匀性；单板背面裂隙会影响胶合板的胶合强度，同时也会增加涂胶量，进而提高产品成本；碎单板量的增多增加了组坯工作量，进而影响生产效率，同时对胶合板质量也会产生不利影响（吴英豪和朱苗群，2001）。

第一节　单 板 旋 切

单板的旋切加工方式已有近 200 年的历史，至今仍在木材加工领域中具有举足轻重的地位，旋切法加工单板是现代胶合板生产中应用最广泛的一种方法。采用旋切机连续切削得到弦向纹理的单板，在单板的旋切制备过程中，木段绕着定轴旋转，旋刀刃向轴心平移，形成切削运动，与此同时旋刀也从木段上旋切下连续的带状单板。此法生产效率高，木材利用率也高。

一、单板旋切原理和旋切工艺

在木段作定轴回转运动过程中，旋刀作直线进给运动，旋刀切削刃基本平行于木材纤维，而又垂直于木材纤维长度方向向上的切削，称为旋切。在木段的回转运动和旋刀的进给运动之间，有着严格的运动学关系，因而旋刀从木段上旋切下连续的带状单板。单板厚度等于木段回转一圈时刀架的进刀量（华毓坤，2002）。

原木进行单板旋切加工的原理如图 3-1 所示（周晓燕等，2012）。原木相对刀具旋转的同时与刀具也在径向相对运动，随着原木直径不断减小，沿原木年轮方向旋切出等厚的单板。为保证单板的连续性和厚度均匀性，木段每旋转一周，直径减小 2 个板厚，刀具与木段之间的相对运动必须满足旋切条件。

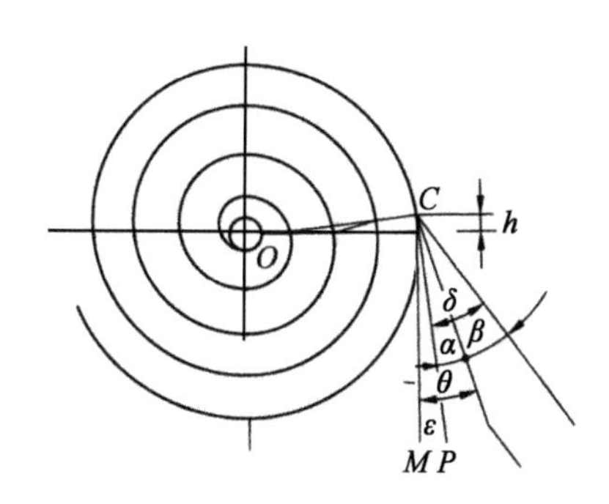

图3-1　单板旋切原理示意图

α. 后角；β. 旋刀研磨角；δ. 切削角；ε. 补充角；θ. 旋刀后面与铅垂线之间夹角；h. 旋切刀刃的安装高度；O. 坐标中心点；C. 旋刀刀刃与木段表面的交点；M. 铅垂线终点；P. 切线终点

（一）单板旋切理论

对木段进行旋切加工的目的是得到厚度均匀的优质连续单板带。目前符合木段旋切加工的运动轨迹有两种：阿基米德螺旋线和圆的渐开线（华毓坤，2002）。

阿基米德螺旋线的基本公式为

$$x=a\sin\varphi\cos\varphi$$

$$y=a\varphi\sin\varphi$$

式中，a 为阿基米德螺旋线的分割圆半径。

从木段上旋得单板的名义厚度为该曲线在 X 轴方向上螺旋线各节的螺距。此处当 $\varphi_2=2\pi+\varphi_1$ 时，螺距 Δx 为从木段上旋得单板的名义厚度（φ_1 为发生线至坐标中心点之间垂线与 X 轴之间的夹角，φ_2 为发生线旋转一周后至坐标中心之间垂线与 X 轴之间的夹角）。

要使螺旋线各节的螺距 Δx= 常数，则必须使 $\cos\varphi=1$，即有 $\varphi=90°$。当 $\varphi=90°$ 时，$y=a\varphi\sin90°=0$，即刀刃高度为 0，此时的刀刃应在 X 轴线上（在通过木段回转轴线—卡轴中心线的水平面内）。因此，不管要求旋切单板厚度的大小如何，刀刃高度总是为 0。

圆的渐开线的基本公式为

$$x=a\cos\varphi_1+a\varphi_1\sin\varphi_1$$

$$y=a\sin\varphi_1-a\varphi_1\cos\varphi_1$$

$$a=\frac{S}{2\pi}$$

式中，φ_1 是发生线至坐标中心点之间垂线与 X 轴之间的夹角；a 为渐开线基圆半径（mm）；S 为旋切单板厚度（mm）。

在木段的旋切加工过程中，旋刀是沿着平行于 X 轴方向作直线运动的，故其 X 轴方向上渐开线各节的螺距就是旋得单板的名义厚度（S）。

$$S=\Delta x=[a\cos(2\pi+\varphi_1)+a(2\pi+\varphi_1)\sin(2\pi+\varphi_1)]-[a\cos\varphi_1+a\varphi_1\sin\varphi_1]$$

$$=[a\cos\varphi_1+a(2\pi+\varphi_1)\sin\varphi_1]-[a\cos\varphi_1+2\varphi_1\sin\varphi_1]=2\pi a\sin\varphi_1$$

如果要求 S 为恒值（$S=2\pi a$），则必须有 $\varphi_1=2\pi+270°$，因此 $y=a\sin270°-a\cos270°=-a=h$。为了保证旋得单板的质量，在旋切加工过程中希望旋刀相对于木段的后角（切削角），或旋刀后面与铅垂面之间的夹角（θ），应随木段旋切直径的减小而自动变小，而 $h=-a=-S/2\pi$ 随着 S 变化而变化，此时旋刀的回转中心也应相应变化，这样使旋切机结构非常复杂。因此，采用圆的渐开线作为设计旋切机旋刀与木段相互间的运动关系是不合适的。

阿基米德螺旋线是比较理想的，不管单板的名义厚度如何变化，旋刀刀刃的高度 h 总为 0，旋刀的回旋中心线不必改变。因此，目前它被作为设计旋切机旋刀与木段间运动关系的理论基础。

（二）实际旋切时的运动轨迹

在实际生产中，旋切刀刃的安装高度（h）不一定与卡轴中心线的连线在同一水平面内，这是由于旋切木段的树种、旋切条件、旋切单板厚度、旋切机结构及精度差异等而对旋切刀刃的安装高度（h）的选择。为了得到优质的单板，安装刀刃时要确保 $h \neq 0$，可以为正值或负值，甚至旋刀中部可略高于旋刀两端。对于不同旋刀刀刃安装位置（h 不同），旋刀的旋切曲线也不相同（华毓坤，2002），具体如下。

当 $h > 0$ 时，旋切曲线近似于阿基米德螺旋线。

当 $h=0$ 时，为阿基米德螺旋线。

当 $-a < h < 0$ 时，为缩短了的渐开线。

当 $h=-a$ 时，为渐开线。

当 $h < -a$ 时，为伸长了的渐开线。

（三）单板旋切的切削条件

为了旋得平整、厚度均匀的带状单板，在单板旋切过程中，应保证最佳的切削条件。主要的切削条件包括：主要角度参数、切削速度、旋刀的位置（h 为旋刀刀刃和通过卡轴中心水平面之间的垂直距离）、压尺的作用与位置。这些切削条件是根据木材的树种、木段直径、旋切单板厚度、木材水热处理和旋切机精度等因素来确定的（孙义刚，2011）。

1. 主要角度参数

旋刀研磨角（β）是旋刀的前面与后面的夹角。旋刀对着木段的一个面是后面（旋刀的斜面），与其相对面就是前面。

后角（α）是旋刀的后面与旋刀刀刃处旋切曲线的切线之间的夹角。

切削角（δ）是切线与旋刀前面之间的夹角，即旋刀的研磨角和后角之和（$\angle\delta=\angle\beta+\angle\alpha$）。

补充角（ε）是旋刀刀刃处旋切曲线的切线与铅垂线之间的夹角。确定后角时，必须知道补充角的值。θ 为旋刀后面与铅垂线之间的夹角，故 $\angle\theta=\angle\alpha+\angle\varepsilon$。

β 的大小，根据旋刀本身材料种类、旋切单板厚度、木材的树种及蒸煮温度和含水率来确定。

为了旋得优质单板，应尽可能减少 β。在胶合板生产中，β 一般采用 18°~23°。当其他条件相同时，旋切硬、厚单板、节多的木材时，应当采用较大的 β。为了稳定旋切质量和增加旋刀正常使用寿命，可采用带微楔角的旋刀。其研磨角（β）可为 19°，微楔角可为单面或双面，其值为 25°~30°。

后角（α）和切削角（δ）在旋切时具有十分重要的意义。旋切时 β 不变。当改变 α 时，δ 有相应的改变。为了保证旋切质量，α 的大小要适当。

α 过大时，在单板离开木段的瞬间，单板伸直，反向弯曲变形就大，这时单板的背面（朝木段的一面）更易产生裂缝；同时刀架易震动，单板成为瓦楞板，节距约为 10mm。α 过小时，旋刀后面和木段表面的接触面积增大，产生较大的压力，导致木段劈裂或弯曲，尤其是小径级的木段更易弯曲，单板厚度有变化，节距为 300mm 或更大。

后角的大小实质上反映了旋刀的后面与木段表面的接触面宽度的大小，其值表示木段对旋刀支撑力的大小。支撑力小，则旋刀在旋切时稳定性能差，将会发生震动。支撑力大，虽然旋刀稳定性好，但对木段推力大，使木段向外弯曲变形，旋切质量变差。为了使旋切过程有一个较为稳定的状态，在旋切过程中，旋刀后面和木段表面的接触面宽度应基本保持在一定范围内，一般硬材为 2~3mm，软材为 2~4mm。

当木段的直径相同时，后角大的比后角小的接触面宽度小。因此，为了保证正常的旋切条件，要求 α 必须随着木段直径变小而减小。一般在旋切加工过程中，后角的变化范围在 1°~3° 较好；当木段直径较大时，后角可为 3°~4°；而木段直径小时后角可为 1°，甚至为负值。通常依据木材树种、旋切单板厚度等来确定后角，以保持一定的接触面宽度，保证旋切质量。

2. 压尺的作用与位置

在木段的旋切过程中，通常通过采用压尺来避免木段的劈裂现象，压尺对单板和木段有一个压力。为了防止由旋刀作用力所引起的劈裂现象，应该使压尺作用力的作用线通过旋刀的刀刃。由于单板被压缩，其横纹抗拉强度有所增加，这有利于减少单板背面的裂缝。同时可从单板内压出一部分水，有利于缩短单板的干燥时间。

压尺相对于旋刀的位置（图 3-2），对旋得单板的质量影响也极大。压尺的位置通常由以下条件决定：压尺的压棱与旋刀切削刃之间缝隙的宽度（S_0）；压棱至通过切削刃水平面之间的垂直距离（h_0）；压尺前面与通过压尺压棱的铅垂线之间的夹角（压榨角 α_1）；压尺后面与通过压尺压棱的铅垂线之间的压尺倾斜角（δ_1）；压尺后面与旋刀前面形成的夹角（σ）（华毓坤，2002）。

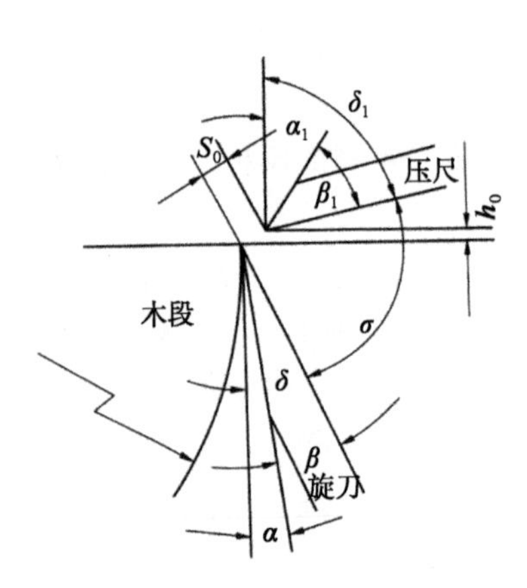

图3-2　压尺相对于旋刀的位置

3. 旋刀的位置

为了旋出优质单板，在木段的旋切过程中应选取合理的旋切工艺条件。旋刀的安装位置至关重要。

旋刀的研磨角要一致，刀刃锐利而成一条直线。根据刀刃通过卡轴中心线的水平面的距离（h）和后角来安装旋刀。为了避免由于旋刀两端不平而影响安装精度，应当在离开刀端 40~50mm 的位置测量刀刃高度。安装旋刀时，首先调整旋刀的两端，满足安装要求后立即初步固定，然后调整其他支持螺杆，使其相应处旋刀高度满足安装要求，最后把旋刀紧固在刀梁上。旋刀固定在刀梁上以后，调整旋刀的后角（α）。在调整过程中，调整某一半径处旋刀的后角是比较容易的，但在旋切过程中要求后角逐渐变小，要使后角变化的范围符合工艺要求。但在实际操作中，后角的变化范围难以符合工艺要求，为此，必须了解各种刀架后角的变化规律，然后结合实际操作要求进行调整，以正确地解决上述问题。

目前，旋切机刀床结构主要有两类：①在旋切过程中，旋刀相对于刀床来说是不动的（不作回转运动），仅能和刀床一起作直线进刀运动，称为第一类刀床；②旋刀不仅作水平移动，它还自动地围绕着通过卡轴轴线的水平面与旋刀前面的延伸面相交的水平线作定轴回转运动，称为第二类刀床。两类刀床的后角变化规律：当 $h \geqslant 2$mm，旋切直径大的木段时，第一类刀床旋刀的后角变化范围较小；到了小直径时，后角变化剧烈。当 $h < 2$mm 时，第一类刀床旋刀的后角变化甚微，这类旋切机的后角变化虽然不太理想，但结构简单，常用作小径木和短木段旋切成芯板用。当 $h < 1$mm 时，第二类刀床旋刀的后角变化范围较大且缓和平滑，虽然刀架结构较为复杂，但这类旋切机能够保证旋切单板的质量，因而广泛应用于实际生产中（华毓坤，2002）。

二、单板加工相关设备

桉树木材单板旋切主要包括原木剥皮、单板旋切、单板剪切及单板堆垛等工序，各工序相关设备介绍如下。

（一）原木剥皮（倒圆）设备

树皮含量占树木的 6%~20%，平均占 10% 左右，制材板皮占 10% 以上，小径木和枝桠材占 13%~28%，平均在 20% 以上。对几种桉树的研究结果显示，小径桉木旋切中树皮含量占出材率的 22%~32%（孙锋等，2012a），因此原木剥皮对单板出材率的影响非常大。

由于树皮的结构、性能与木质部完全不同，在胶合板生产中无使用价值，如果原木不剥皮而直接使用，在旋切时易堵塞刀门，树皮内夹有金属和泥沙杂物，还会损伤刀具，影响正常旋切和单板质量。同时还影响胶合板产品的外观质量，因此利用小径木加工单板时须要考虑原木剥皮问题。

人工剥皮速度慢、效率低，且劳动强度大，通常多采用机械剥皮。机械剥皮要求剥皮要净、木质部损伤小；受树种、径级、长度等因素的影响小。林业发达国家的小径原木剥皮技术早在 20 世纪六七十年代就已基本实现了机械化，目前使用的剥皮设备种类和形式很多。我国在小径木剥皮机的研制上起步较晚，20世纪80年代末才研制出第一代产品（曹曦明等，2009）。原木剥皮机包括滚筒式、环式、铣削式、转子式及水力剥皮机等几类。由于树皮的结构多种多样，原木径级大小不一，形状又不规则，目前胶合板生产中主要使用切削式剥皮机。当前有两类设备可用于小径桉树原木的剥皮。

1. 环式剥皮机

用于小径木（8~20cm）剥皮，单根原木由操作工人纵向送入进料辊，进料辊由动力驱动旋转，将木材送至刀盘。设备的关键部件——刀盘结构如图3-3所示。刀盘围绕原木旋转，其上的剥皮装置转子上装有6把刀，其中3把为切刀，起切断树皮作用；另外3把为剥刀，起剥去树皮作用。切刀与剥刀均匀配置在刀盘圆周上，切刀和剥刀对原木表面的压力均由液压油缸通过弹簧实现，剥下的树皮由配置在刀盘圆周上的风扇吹出，被剥皮的原木最后利用出料辊传送出设备（付琼等，2011）。

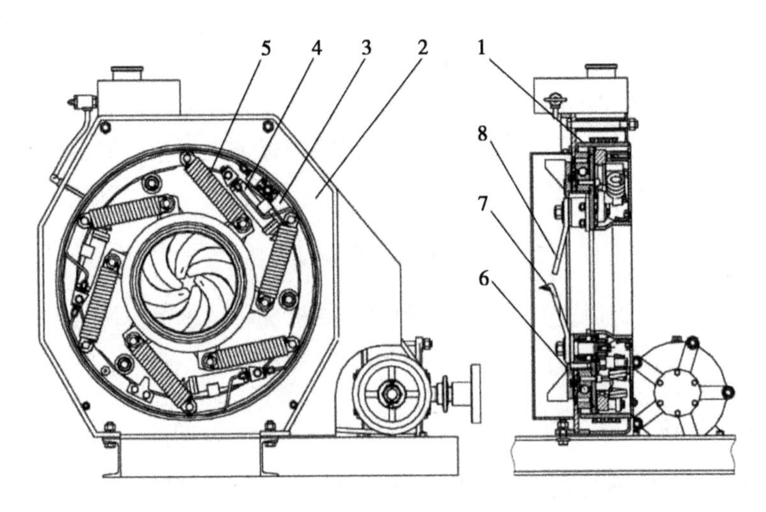

图3-3 环式剥皮机刀盘结构简图

1. 转子；2. 定子；3. 转环；4. 液压油缸；5. 弹簧；6. 轴承；7. 剥刀；8. 切刀

2. 铣削式剥皮机

铣削式剥皮机采用无卡轴旋切机的旋切原理，液压驱动进给机构，可以快速、高效地完成原木除去树皮并修圆的工作。铣削式剥皮机中刀轴是连接削皮刀和转轴的主要部件，对剥皮质量和效率起决定性作用，对于整台设备的安全可靠性及加工性能都有重大影响（关晓平等，2014）。铣削式剥皮机将原木剥去树皮的同时又能将含有节疤的不规则原木旋圆，旋圆后的木材再上无卡轴旋切机旋切时，就更能省时，厚度均匀性好、对无卡轴旋切机无伤害，较环式剥皮机效果更好。通常一台剥皮机（倒圆机）可供应两台旋切机正常工作，省去了原来的人工铲除树皮及修圆工序，节省人力。因此铣削式剥皮机（图 3-4）是小径桉原木进行单板加工理想的原木倒圆剥皮预处理设备，有利于提高单板的生产质量及效率。目前的主流设备可对直径范围在 15~50cm、长度范围在 1.5~2.6m 的原木进行剥皮及倒圆作业。

图3-4　铣削式剥皮(倒圆)机

（二）单板旋切设备

旋切机是胶合板生产线上单板旋切的关键设备。我国单板旋切机的使用已有较长历史，20 世纪 50 年代，我国在学习引进设备的基础上，制造出了机械夹紧单卡轴旋切机；七八十年代，我国逐步引进国外的胶合板生产设备主机和生产线的成套设备，如芬兰的劳特旋切机，国内企业在消化、吸收、引进设备的基础上，自行研制了液压双卡轴旋切机，形成了国产化的胶合板成套设备，随着技术进步，近年无卡轴旋切机在行业中被广泛应用。

1. 旋切机的分类

旋切机按驱动木段的方式，分为卡轴旋切机、无卡轴旋切机，以及有卡 - 无卡组合式旋切机。卡轴旋切机又分为单卡轴旋切机和双卡轴旋切机。

（1）单卡轴旋切机

传统的单板旋切机为有卡轴旋切机，其机构完全由机械装置组成，在加工过程中采用机械固定木材中心的方法，即在加工过程中首先需要确定加工木材的旋转卡轴，这样增加了机械加工时对定位精度的要求，同时由于采用有卡轴木材定位，中心定位的精度会影响单板的出材率。

单卡轴旋切机（图 3-5）左右夹持原木的卡轴数量各一根，此种旋切机的卡轴箱结构比较简单，但是旋切的原木直径较小，为了能旋切更大直径的原木，需将卡轴前端的卡盘做成大卡盘和小卡盘，当原木直径较大时用大卡盘旋切；当原木直径较小时换小卡盘旋切，一根较大直径的原木需要进行两次旋切，第二次旋切原木时，原木定心有一定的误差，且辅助时间长，影响生产效率和出材率。由于利用卡爪固定待加工木段两端，当木段直径较小时，由于有卡旋切存在卡心，便无法再进行旋切，木段旋切后的剩余木芯直径大，一般为 70mm 左右，木材利用率低；且卡头直径越大，木段旋切后的剩余木芯直径也越大。单卡轴旋切机有螺纹卡轴旋切机和液压卡轴旋切机。螺纹卡轴旋切机是两端采用螺纹单一卡轴夹持并驱动木段的旋切机；液压单卡轴旋切机是两端由单一液压卡轴夹持并驱动木段的旋切机。

图3-5　单卡轴旋切机

（2）液压双卡轴旋切机

单卡轴旋切机如果采用卡头直径小，在旋切大直径木段时，由于木段和卡头的接触面太小，木段承受不了切削所需的扭矩，而使木段出现打滑现象。为了解决此问题，研制开发了液压双卡轴旋切机（图 3-6），旋切机两端夹持和驱动木段的液压卡轴由大直径的外卡轴套一小直径的内卡轴组成。此种旋切机的卡轴箱结构比较复杂，但可旋切较大直径的原木。旋切时，当木段直径大时，用大卡头旋切，当原木直径减小到一定数值时，大卡轴自动缩回，小卡轴驱动原木继续进行旋切直到旋切至最小木芯，这样木芯直径有所下降，由于原木一次夹紧便可完成整个旋切过程，因此生产效率和出材率较单卡轴旋切机有显著提高。

图3-6　液压双卡轴旋切机

虽然双卡轴旋切机比单卡轴旋切机加工剩余木芯的直径小，但当木段旋切到一定的直径后，由于卡头的轴向力，以及刀体和压尺的共同作用，仍会使木段出现弯曲，或卡头与木段相接触处的木材出现劈裂现象而不能正确旋切，加工出来的单板厚度误差较大，因此木芯直径仍较大。当木段旋切到一定的直径（约125mm）后，为了避免木段由于旋刀、压尺和卡轴作用发生弯曲变形，而在木段上方且相对于旋刀的另一面安装动力压辊。如果要保证单板的质量和精度，就要使加工木段必须大于一定直径，导致剩余木芯直径较大，木材的利用率较低（茆光华等，2013）。双卡轴旋切机的不足之处还在于结构复杂、维修困难、性能参数设置太宽、过于追求功能的复杂程度，因此增加了制造成本，价格也较昂贵。

（3）无卡轴旋切机

无卡轴旋切机（图 3-7）取消了用来夹持原木的卡轴，靠驱动辊驱动原木进行旋切。装夹原料不受木段心材质量的影响，无需进行定心，可降低木段剩余直径，提高木材的利用率。旋切后的剩余直径可以减小至 30~50mm，甚至 15mm（陈磊，2006）。一般采用两旋转中心固定的摩擦辊和一个旋转中心移动的压尺辊共同夹紧待加工木段。由于没有卡轴，减小了剩余木芯直径，使木材的利用率提高 10% 以上，无卡轴旋切机减小了对加工木段直径的要求，单板出材率可达 99%~99.7%，显著提高了木材的利用率，而机械夹紧卡轴旋切机、液压夹紧单卡轴旋切机、液压夹紧双卡轴旋切机的单板出材率分别只有 87.7%~91%、96%、97.4%~98.1%（朱典想和李绍成，2011）。但早期的无卡轴旋切机旋切的单板厚度精度低，生产效率相对较低。目前我国无卡轴旋切机的制造和使用已基本接近发达国家水平，但是在旋切效率、单板旋切精度和提高木材利用率方面还存在较大潜力。目前桉树种植地区单板旋切采用的均为无卡轴旋切机，极大地促进了小径桉树木材单板类产品利用技术的发展。

图3-7 无卡轴旋切机

2. 无卡轴旋切机分类、结构特点与维护

（1）无卡轴旋切机的工作原理及分类

无卡轴旋切机普遍采用图 3-8 所示的 3 辊式结构：3 个辊子与木段相切，其中 2 个驱动辊为动力摩擦辊，其只能转动不能径向移动，木段卡在两个驱动辊辊筒和压尺（辊）之间，木段由转动的辊筒带动作旋转主运动；另 1 个为压尺（辊），没有动力，可水平移动，以保证进行单板的连续旋切。旋切时，2 个驱动辊始终

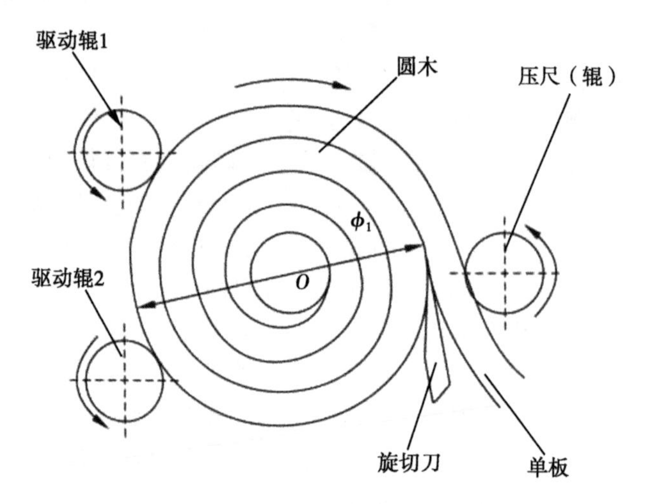

图3-8 无卡轴旋切机工作原理示意图

O 为圆木中心，ϕ_1 为旋切圆木直径

沿木段的全长施加均匀的压力，在摩擦力作用下，木段被驱动辊带动旋转，实现旋切。即驱动辊 1、驱动辊 2 主要传递转矩，使旋切木段旋转，并支撑木段；压尺（辊）与刀架固定在一起，随旋切刀一起水平移动。单板的厚度由刀门间隙控制，单板的连续性靠各部件对木段的有效夹持实现（茆光华等，2013）。驱动辊和压尺（辊）的长度与旋切刀的长度相等，且驱动辊采用较大一点的花纹辊子，便于增加驱动摩擦力，以适应不同形状的原木旋切。

为了旋切出厚度均匀的单板，要求旋切刀刃的进给速度 V 在旋切过程中必须以一定的规律连续变化。当驱动辊 1、驱动辊 2 和压尺（辊）以恒定的转速旋转时，驱动木段以转速 n（r/min）旋转，同时固定在刀刃上的旋切刀片以速度 V（mm/min）进给。假设驱动辊与木段间无相对滑动，那么木段表面的线速度恒定，与主动辊的线速度相同，所以随着木材被切削，木段的转速 n 越来越快，则要求旋切刀的进给速度 V 必须随木材的转速增大而增大，只有这样才能保证木材的切削厚度不变（洪辉南，2005）。

按照旋刀运动及驱动辊数量可大致分为固定旋刀双辊驱动式无卡轴旋切机和移动旋刀三辊驱动式无卡轴旋切机（沈彦武，2014）。

固定旋刀双辊驱动式无卡轴旋切机：早期的是固定旋刀双辊驱动式无卡轴旋切机，工作精度较低，旋切的单板厚度误差较大。固定旋刀双辊驱动式无卡轴旋切机的工作原理如图 3-9 所示，主要由机架、振动刀床、压尺架、驱动辊 1、驱动辊 2、滚动压尺、液压站等组成。其中，机架是旋切机的机体，用以支撑其他部件，由钢板组焊而成，经退火消除内应力处理后可确保机架稳定性。振动刀床实际就是刀架，主要用来固定旋刀，相对木段在径向是固定

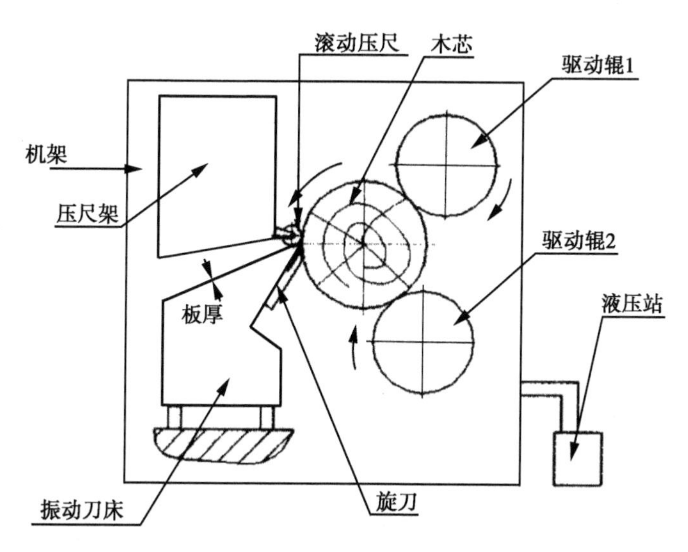

图3-9　固定旋刀双辊驱动式无卡轴旋切机的工作原理

的，只是相对木段在长度方向上是振动的，这样旋切更容易；该件一般为铸件，可提高刀床的稳定性。压尺架用以固定压尺及调整机构，有铸件结构和焊接结构。驱动辊 1、驱动辊 2 用以驱动木段，为提高驱动力，驱动辊外圆面经滚花处理；为防止锈蚀和提高耐磨性，需要镀硬铬；驱动辊在电机驱动下经链传动恒转速旋转；驱动辊 1、驱动辊 2 在液压力的作用下，始终紧贴木段；在由齿轮板组成的齿轮传动作用下，两个驱动辊沿着木段径向移动，随着木段直径的减小逐渐靠近木段轴心。滚动压尺主要用来控制旋切单板厚度，且作为两个驱动辊的作用力的反向支点。液压站提供液压力，为驱动辊移动提供动力。

移动旋刀三辊驱动式无卡轴旋切机：移动旋刀三辊驱动式无卡轴旋切机的旋刀固定在刀架上，用液压驱动使刀架作直线运动完成旋切，但工作精度很低，旋切的单板厚度误差很大。到了 20 世纪 90 年代末期，广泛使用的也是移动旋刀三辊驱动式无卡轴旋切机，只是将液压驱动刀架更新为电机驱动，靠机械传动完成旋切，该机性能优良，自动化程度高，工作精度高，旋切的单板厚度误差小（沈彦武，2014）。

在旋切过程中，采用 3 个驱动辊驱动木段旋转，固定旋刀的刀架以一定的速度移动进行旋切。如图 3-10（a）所示，刀架的移动是液压驱动的，旋切时板厚控制是靠液压系统的流量控制，板厚误差较大，结构简单，但制造成本较低。如图 3-10（b）所示，刀架的移动是电机驱动的，变频控制，结合位移传感器和旋转编码器控制旋切板厚。

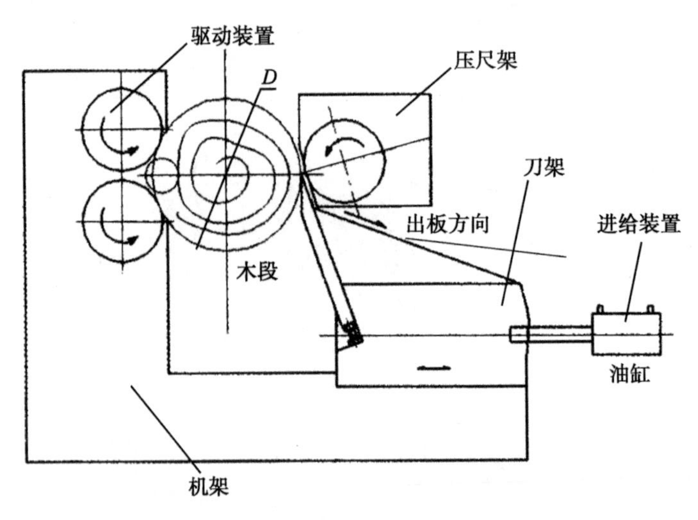

（a）移动旋刀三辊驱动式无卡轴旋切机（液压驱动）旋切原理图

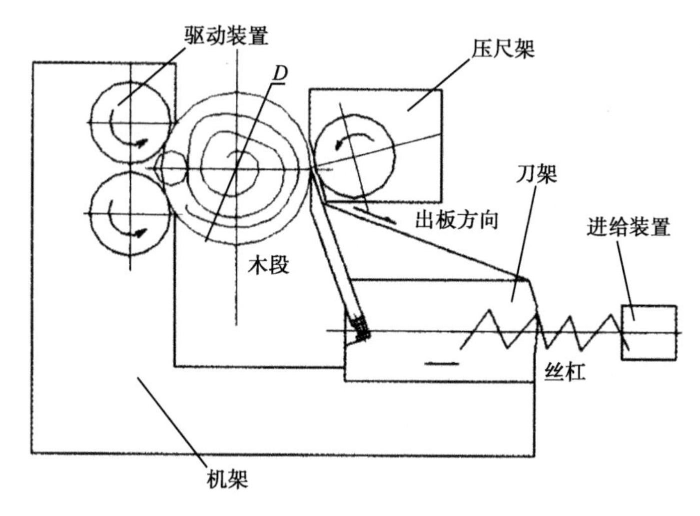

（b）移动旋刀三辊驱动式无卡轴旋切机（电机驱动）旋切原理图

图3-10　移动旋刀三辊驱动式无卡轴旋切机旋切原理图

图中 D 为原木直径

（2）无卡轴旋切机存在的问题

无卡轴旋切机显著提高了木材的利用率，但在技术和可靠性方面仍存在一定问题。

摩擦驱动结构使旋切单板厚度不均匀。木段在理想的旋切过程中，压尺辊与木段并不相接触。而在实际旋切过程中，木段受到驱动辊 1、驱动辊 2 的转矩驱动，首先以旋切刀为支点旋转，直到与压尺辊相切后，在 3 个辊子的作用下木段绕其轴心旋转，同时在旋切刀与压尺辊的相互作用下，木段会水平移动，木段的中心不仅在水平方向上不停移动，还在垂直方向上位置不停变化（李成全等，2008）。而旋切刀只在水平方向上移动，因此不可避免使旋切单板厚度不均匀，这样导致无卡轴旋切机无法旋切表板，只能旋切用于低质量胶合板的芯板。

如果单板厚薄不均，压制胶合板时，必然要用较大的压力，才能使单板表面之间紧密接触，这样就增大了木材压缩损失；单板厚度偏差大，热压胶合后，胶合板各处压缩率不同，各处强度也不一样，胶层厚薄也不均匀，胶固化干缩时就会在胶合板内产生很大内应力，容易变形，降低产品质量；单板厚度的不均匀还给胶合板表面的精加工（砂光）带来很大困难，即由于板材厚度不均，造成砂削受力不均匀，使砂光机砂架产生一定的震颤，影响砂光质量，在这种情况下，若保证胶合板的名义尺寸，旋切机旋切时则必须适当增大单板厚度，不仅浪费大量珍贵木材，而且砂光量过大还增加了砂光机的负荷，甚至还需要二次砂光（张少纯，1997）。

原木硬度不均匀引起旋切单板的厚度误差。原木密度影响木段旋切力，且与原木密度呈正线性关系（王平等，2002）。原木密度以硬度的形式体现，对旋切的影响最大，旋切过程就是刚体压入原木的过程，原木硬度就是原木抵抗外物压入的能力。由旋切工作原理可知，当旋切刀受力发生变化时，驱动辊对木段的作用力也发生变化，引起旋切扭矩的变化，最后导致驱动辊转速变化，驱动辊的转速变化最终引起旋切单板厚度的变化，引起板厚误差，因此可以归结为由原木密度变化造成的板厚误差。

无卡轴旋切机的超速进给和欠速进给。丝杆驱动式无卡轴旋切机可实现切削厚度在 0.3~3.7mm 的旋切生产，但理论计算及设计上的偏差常造成超速进给和欠速进给，而影响设备的运行和加工质量。超速进给势必造成过度挤压木段以致挤碎木段，甚至因超负荷导致电机堵转而损坏设备；欠速进给造成单板切削厚度逐渐变薄而断裂。

机械式无卡轴旋切机通过控制不同转速来实现不同厚度单板的切削，由于其采用三相异步电机驱动，因此其转速控制通过变速箱来完成。三相异步电机必须在高转速下才能稳定，所以需要很复杂的减速机构，由于不同的加工厚度需要多种转速，为了达到不同的转速又不使用过大的减速箱，常常需要更换不同的齿轮，这对操作人员的要求较高。且机械结构因为传动比变化多，传动链长，精度往往难以保证（张涛，2011）。

（3）数控无卡轴旋切机

基于机械式无卡轴旋切机存在的问题，以及当前数控加工技术和计算机技术的普及，无卡轴旋切机正在向实现自动控制方向发展。数控无卡轴旋切机采用伺服系统进行转速及进给控制，分别采用伺服电机和变频电机提供进给和主轴转速驱动。在单板旋切过程中，可以根据木材及生产工艺状况，预先制定各种工艺参数，从而自动控制整个单板生产过程，进一步提高了生产过程的自动化程度及安全度，从而显著降低了劳动强度，简化了操作过程，提高了生产率、设备的利用率和产品质量。

在无卡轴旋切机中引用智能数控技术，可以简化复杂的进给机械结构，更加简便高质量地提供满足不同切削厚度要求的进给速度（王瑞灿等，2001），避免超速进给或欠速进给而影响设备的加工质量、正常运行和设备运行的经济效益。智能数控无卡轴旋切机无论在旋切单板质量，还是在节约木材，提高木材利用率、降低生产成本，以及减轻劳动强度等方面都远远优于普通无卡轴旋切机。

数控无卡轴旋切机（图 3-11）采用可编程控制器完成数据采集、旋切计算、实时控制、数据存储等功能。数控技术的应用实现了刀具角度及进给系统等的自动调整。数控无卡轴旋切机具有以下特点（齐自成，2011）。

图3-11　数控无卡轴旋切机

节约资源。早期简易无卡轴旋切机旋切后剩余木芯的直径较大，木材旋切单板的利用率较低。智能数控无卡轴旋切机适于旋切 Φ300mm 以下小径原木和有卡轴旋切机剩余木芯的二次旋切，旋切后的剩余木芯最小可达 Φ15mm，可以提高木材的利用率，有效降低胶合板制造过程中的原材料消耗。

设备结构简化、自动化程度高。由于采用了电器伺服控制，旋切机的大部分机械结构得到了优化，设备体积大幅度减小，空间利用率大幅提高。整机结构更加合理，精密度大幅度提高，性能稳定，性价比更好。智能数控无卡轴旋切机采用微电脑可编程控制器，变频器和数控线路技术配以合理的机械结构设计，实现了从进料到旋切全过程的高度自动化。

操作方便、生产效率高。早期简易无卡轴旋切机主要采用变换传动链上的齿轮来实现旋切不同厚度单板的要求，操作烦琐，劳动强度较大，自动化程度较低。使用智能数控无卡轴旋切机，不用调整木段姿态，变频电机和伺服电机结合省掉了减速机构，对刀和调速只需要通过操纵面板即可控制，不需要再对机械结构进行人工调整，对操作水平的要求显著降低；可以根据生产要求自行设定单板旋切厚度，使旋切不同厚度单板的烦杂调试大为简化，极大地减少了辅助加工时间，提高了生产效率。

单板旋切质量提高。数控机床的进给结构和数控系统的精确控制使机械加工精度达到了 0.08mm 以下。并且数控系统能够根据用户设定的单板旋切厚度自动检测旋切木段的旋转线速度，自动调整进给加速度，使旋切的单板厚度更均匀，有效地提高了旋切单板质量。

单板生产成本降低。智能数控无卡轴旋切机的高度自动化，减少了开机操作人员，节约了劳动力，降低了劳动强度及旋切单板的直接生产成本。

（4）无卡轴旋切机的使用与维护

正确地使用和良好地维护是保证旋切机性能和安全的保障。设备操作者必须经过专业机械和基本电器操作培训；设备使用前，操作人员应检查所有的安全设施是否工作正常，并检查设备有无明显缺陷，应保证所有部件安装正确，无部件损坏，对电器操作键盘及功能了解清楚，并熟悉使用，所有与设备无关的器物均应从设备上移走；旋切到最后时如出现剩余木轴粘刀时，应使用小木轴或其他物件打掉剩余木轴，严禁用手去接触木轴；经常检查进给工位的行程开关，确保运转良好，以免损坏设备。

在设备维护方面应定期检查，要保持设备性能稳定安全，应根据以下频率进行检查：新设备试用前应将导轨、挂轮架、齿轮、滚轮轴（进给丝杆和丝母）等各运动部位加润滑油；导向轴、挂轮架、齿轮、滚轮轴（进给丝杆和丝母）等处应在新机器工作 40h 内，每 2h 需加润滑油 1 次；设备工作 200h 后，各润滑部件每 8h 润滑 2 次；每工作 200h，检查各控制按钮工作是否正常；检查单辊和双辊驱动电机三角带或链条是否磨损或松弛，并及时进行调整和更换。设备使用过程中应依据单板发生的缺陷及时对设备进行调整，如表 3-1 所示。

表 3-1 无卡轴旋切单板质量缺陷、机床故障的原因分析和排除方法

质量缺陷或故障	原因分析	排除方法
单板表面不平整	1. 旋切刀直线度差 2. 单辊或双辊径向跳动量超差 3. 旋切刀的刀刃高度过低或刀缝过小	1. 重新刃磨旋刀，检查刀刃的平直度 2. 检查单辊和双辊的支撑轴承是否损坏或径向游隙是否太大，如果是，更换支撑轴承；否则更换单辊和双辊 3. 调整旋切刀的刀刃到适当高度，合理调整刀缝，使刀缝与所旋切单板厚度相适应
旋切的单板厚度不均匀	1. 旋切刀不锋利 2. 旋切刀的刀位过高或过低 3. 所旋切的木材过于干硬 4. 旋切过程中旋切刀床晃动；双辊进给摆动 5. 数控系统参数设定不合理	1. 重新刃磨旋切刀至锋利，并用油石打磨 2. 重新调整旋切刀的刀位到适当位置 3. 选用干湿度适当的木材进行旋切，过干的木材可进行水煮或浸泡后旋切 4. 将刀床各紧固件螺栓检查并紧固，将进给驱动双辊座两侧导轨的间隙调整到适当，但不要过紧 5. 按照数控系统参数设定要求重新设定旋切参数
剩余木轴两头粗细不一致，板面呈扇形	1. 旋切刀两端高度不一致，旋切刀两端的刀缝不一致 2. 单辊支撑轴承损坏 3. 进给驱动双辊座导向（底）导轨座松动	1. 把旋切刀的刀高和刀缝调整一致 2. 更换单辊支撑轴承 3. 检查并紧固进给驱动双辊座导向（底）导轨座螺栓
单板厚度周期性不均匀	1. 木材阴阳面过重 2. 旋切刀的刀高过高或过低 3. 单辊或双辊轴承游隙过大	1. 选择优质木材 2. 正确调整旋切刀的刀高至适当位置 3. 及时更换单辊和双辊的损坏轴承

续表

质量缺陷或故障	原因分析	排除方法
单板收尾处偏薄（尾刀过薄）	1. 旋切刀的刀高过低，刀缝过小 2. 数控系统设定的单板厚度补偿参数不合理	1. 正确调整旋切刀的刀高和刀缝至与所旋切单板厚度相适应 2. 重新设定单板厚度补偿参数
单板收尾处偏厚并卷曲	1. 旋切刀的刀高过高，刀缝过大 2. 数控系统设定的单板厚度补偿参数不合理	1. 正确调整旋切刀的刀高和刀缝至与所旋切单板厚度相适应 2. 重新设定单板厚度补偿参数
单板呈石棉瓦状	1. 旋切刀的刀缝过小 2. 数控系统设定的进刀速度过快	1. 调整旋切刀的刀缝至适当 2. 重新设定进刀速度
单板横截面厚薄不均	旋切刀刀刃不平直，刀缝不一致	重新刃磨旋切刀，调整刀缝至适当
设备运行噪音大，不流畅	滑动部位缺油，压力过大，旋刀的刀高过高	滑动部位加润滑油，降低单辊的高度和旋刀的刀高

（三）单板剪切设备

单板剪切有人工剪板、铡剪和滚剪三种方式。人工剪板时，单板的等级、尺寸等会由于操作工的经验和判断差异而产生不同。铡剪和滚剪只能以固定尺寸剪板，不能自动判断单板尺寸和缺陷来决定剪板幅面和位置，称为“盲剪”（刘芳，2012）。在人工操作的剪板过程中，工人的劳动强度大，剪裁准确性和质量难以保障，严重影响了生产效率的提高，以人工判断、人工操作为主要方式的旋切单板剪板系统难以适应大规模生产的要求。采用铡剪和滚剪的“盲剪”也不利于提高生产质量和合理利用木材资源。

常用的剪切机包括往复式剪切机和连续旋转式剪切机。往复式剪切机按动力可分为机械式和气动式，均采用往复式剪板方式，工作原理大致相同（张清等，2002）。其中机械式剪切机（图 3-12，图 3-13）是通过电机驱动来实现往复剪板的，它通过凸轮轴带动连杆，使上刀作往复式的上下运动，从而与底刀相互作用来剪切单板；气动式剪切机（图 3-14，图 3-15）则是通过气缸驱动来实现的往复剪板，它通过使连杆往复摆动，从而带动剪刀上下运动，并与砧辊相互作用实现单板剪切。相对于机械式剪切机而言，气动式剪切机气缸的一个往复行程能使剪刀工作两次，其效率较机械式剪切机有所提高。

连续旋转式剪切机也称为滚剪机（图 3-16，图 3-17），也是一种机械式剪板装置，这种装置将 2~3 把剪刀安装在旋转刀架上，跟随刀架旋转的剪刀与砧辊相

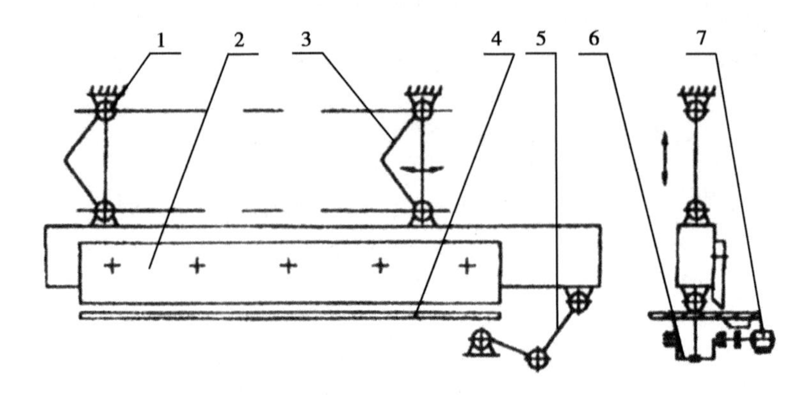

图3-12 往复式剪切机(机械式)工作原理图

1. 机架；2. 上刀；3. 摆杆；4. 底刀；5. 连杆；6. 凸轮轴；7. 电机

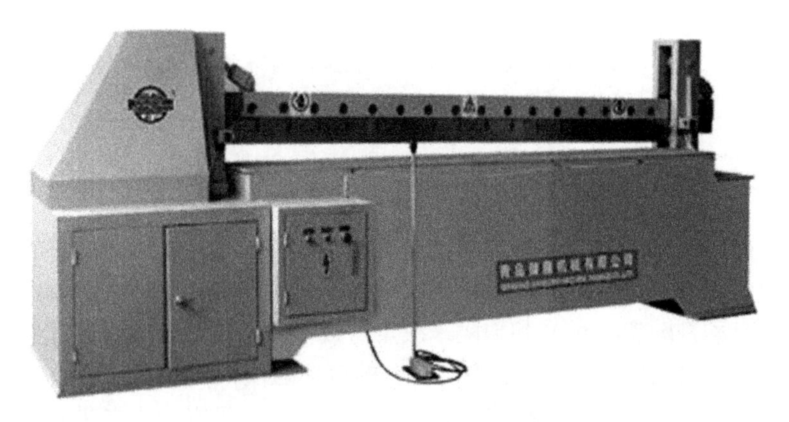

图3-13 铡刀式单板剪切机(机械往复式剪切机)

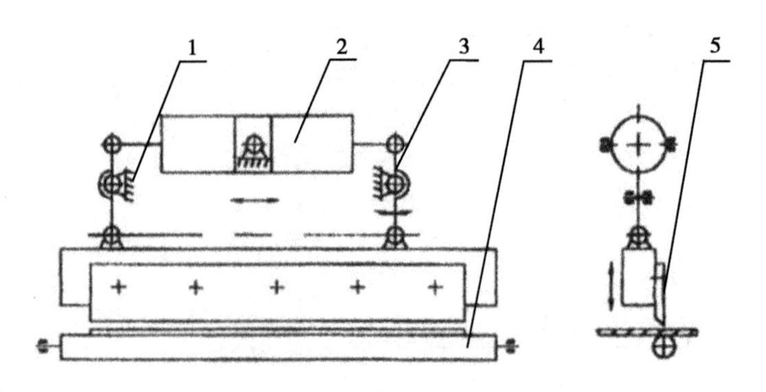

图3-14 往复式剪切机(气动式)工作原理图

1. 机架；2. 气缸；3. 连杆；4. 上刀；5. 砧辊

图3-15　气动式单板剪切机(往复式单板剪切机)

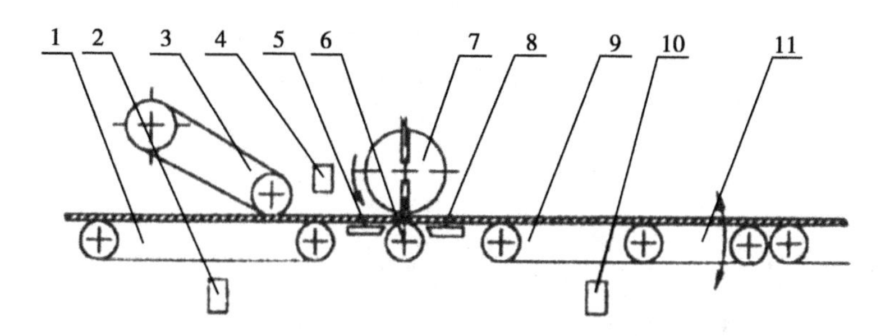

图3-16　连续旋转式剪切机工作原理图

1. 进料平台；2. 缺陷识别光电系统；3. 压板装置；4. 速度传感器；5、8. 接板装置；6. 砧辊；7. 旋转刀架；9. 出料平台；10. 定尺传感器；11. 翻转平台（去除废板）

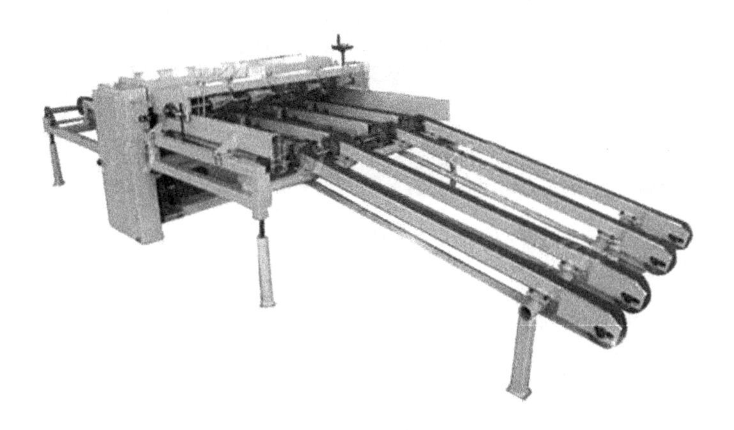

图3-17　滚动式单板剪切机

互作用，从而剪切单板。通过光电扫描系统在线检测单板缺陷，并切除缺陷，实现定长剪切。由于滚剪机能够在单板传送过程中实现剪切，在生产中只需要同时提高单板的传送速度和刀架的旋转速度，即可提高滚剪剪板的生产效率。

往复式剪切机由于结构上的原因，其运动部件在剪板过程中受冲击较大，若一味提高工作效率，可能造成设备故障率也会相应增加，从而使得维修周期缩短，生产效率下降；而连续旋转式剪切机传动链较短，电机经调速后，驱动刀架和砧辊转动，且是一个渐进式剪切过程，剪切过程中运动部件所受冲击小，故障率也相对较少，维护也较简单便捷。连续旋转式剪切机适于在单板快速运动下的剪切，速度仅受制动电机的制动灵敏程度和刀架动平衡精度的制约，常用转速为100~200r/min，满足了剪板工序对速度的要求（张清等，2002）。

（四）无卡轴旋切剪切一体化设备

无卡轴旋切剪切一体机（图 3-18）集无卡轴旋切机、裁板机于一体，使旋切剪板一次完成，省时省力、操作简单。旋切的单板根据电气设定，可剪切得到一定宽度的单板，并通过输送带将单板输送出来（茆光华等，2013），主要有以下特点。

图3-18　无卡轴旋切剪切一体机

1）集旋切、剪切及输送于一体的综合设备，提高了生产效率，节约了生产成本。

2）二合一的结构显著提高了场地的空间利用率，减少了操作人员使用数量。

3）提高了产品合格率。在无卡轴旋切剪切一体机中，采用旋转的铡刀来剪切单板，通过控制铡刀转速与木段表面线速度之间的关系来调整剪切单板的宽度。

（五）无卡轴旋切单板生产线

单板旋切生产线集机械、液压、气动、电气和自动化控制于一体，有效地解决了设备匹配问题。旋切单板生产线的建立，不但解决了木段定心、单板旋切和单板剪切等环节中的技术问题，而且使配套后设备的生产效率、节拍、性能组合都达到优化状态。此外，整条单板旋切生产线结构简单、操作方便、生产效率高，木材利用率高，可实现一人多机操作（许伟才等，2009a）。

整套单板旋切生产线（图 3-19）设备由上木机、无卡轴旋切机、剪切机、堆垛机组成，生产操作人员显著减少，生产效率显著提高。例如，国内某公司单板旋切生产线，生产工艺流程为：原木输送→原木剥皮→无卡轴旋切→单板剪切→单板输送→单板堆垛。按原木直径 350mm、旋切单板厚度 1.7mm 计算，每小时可生产 $10m^3$ 单板，整条生产线仅需 1 名操作人员和 1 名辅助人员，可提高生产效率 2 倍以上（林业机械与木工设备，2015）。

图3-19　单板旋切生产线

三、桉木单板的旋切及出材率

随着木材加工技术的进步，无卡轴旋切机的推广使用，径级只有 8cm 的小径桉木也可以旋切出质量合格的单板，极大地促进了以速生桉树为原料的旋切单板产业的发展，为胶合板生产，以及广东、广西、浙江和江苏等地多层实木复合地板生产企业提供了原料单板及多层实木地板基材。针对桉树人工林原木径级普遍较小，采用无卡轴旋切机可显著减小剩余木芯直径，大幅度提高旋切单板出材率。但由于桉木的材质缺陷，以及无卡轴旋切机旋切单板厚度不均、板面粗糙等，影响了单板旋切质量，因此通常用作胶合板的芯板。当前使用最多的树种为尾巨桉（G9）、尾叶桉等。本节以几种典型桉树为例简要介绍单板旋切中树皮、树种及径级对桉木单板出材率的影响。

（一）树皮对单板出材率的影响

1. 试验材料及方法

尾叶桉（*E. urophylla*）采自广西，原木径级为 7~18cm，树龄 3~5 年，长度为 2.6m，初含水率为 70%~110%。依据 GB/T 144—2013《原木检验》和 GB/T 11716—1999《小径原木》，进行原木基本数据的测量，试验所用原木的径级、数量及材积等如表 3-2 所示。采用 BP12 型倒圆机对小径级原木进行剥皮、倒圆处理。

表 3-2 原木的径级、数量及材积分布

直径 /cm	单根材积 /m³	数量 / 根	材积 /m³
7	0.014	3	0.042
8	0.018	6	0.108
9	0.022	15	0.330
10	0.026	20	0.520
11	0.031	17	0.527
12	0.037	22	0.814
14	0.049	10	0.490
16	0.063	5	0.315
18	0.079	2	0.158
合计		100	3.304

2. 试验结果及分析

图 3-20 的试验结果显示，树皮材积出材率在 22.81%~32.04%；树皮损失比例有随着原木径级的增加先减后增的趋势，但整体增减的幅度都很小，损失率基本都维持在 27.56% ± 2.57%。虽然随着原木径级的增长，木质部分也随之大大增加，但树皮的含量随之增多，同时原木的尖削度逐渐增大，从而导致在剥皮后树皮材积损失率变化相差不大；在径级为 12cm 附近出现了一个波谷，表明径级为 12cm 左右时，树皮损失最小；这主要是由于原木的尖削度是随着径级的增加先减后增的，在径级为 10~14cm 时尖削度较小，因此原木段的尖削度会直接影响树皮材积损失率（孙锋等，2012a）。

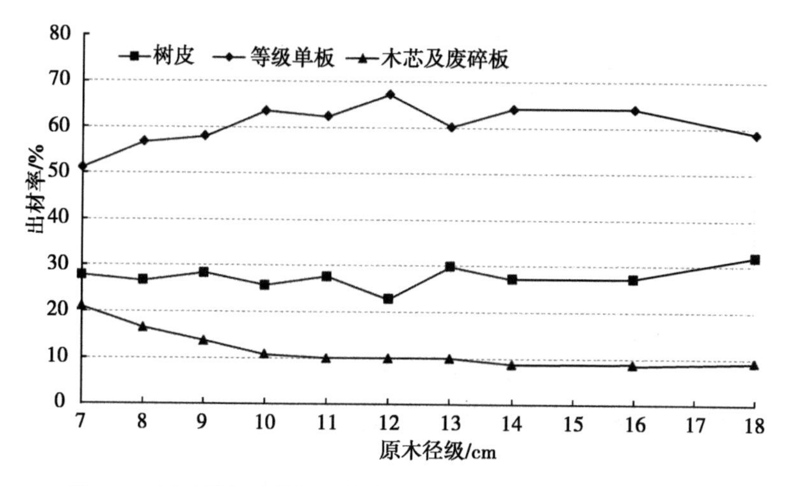

图3-20 尾叶桉原木旋切后各部分出材率随原木径级的分布曲线

（二）树种对单板等级出材率的影响

1. 试验材料及方法

尾巨桉（*E. urophylla*×*E. grandis*）、柳叶桉（*E. saligna*）、巨桉（*E. grandis*）、大花序桉（*E. cloeziana*）、邓恩桉（*E. dunnii*）和粗皮桉（*E. pellita*）采自广西柳州国有黄冕林场，尾巨桉为4年生，其余均为10年生；胸径范围分别为14~15cm、19~25cm、17~21cm、18~21cm、17~19cm、17~22cm；树高范围分别为18~19m、19~25m、19~22m、18~20m、14~21m、15~19m；采伐后截成长度为1.3m的木段。

采用BP12型倒圆机对小径级原木进行剥皮、倒圆处理；采用BXQS1813A型无卡轴旋切机对原木进行单板旋切加工。

单板分级方法：在中华人民共和国林业行业标准LY/T 1599—2011《旋切单板》中，按表板与芯板分为不同等级，其中表板分为5个等级（Ⅰ、Ⅱ、Ⅲ、Ⅳ、Ⅴ），芯板分为2个等级（Ⅰ、Ⅱ）。此标准对于节子较多、径级较小的桉木旋切出的单板分级基本都属于芯板等级，与胶合板企业的生产管理不相适应。企业生产中不采用此标准，而是根据胶合板生产实际制定企业的单板等级标准，主要依据单板表面质量、幅面规格等分为5个等级（5个等级单板的厚度都为2.3mm），如表3-3所示。

表3-3 企业桉木单板质量分级标准

等级	表面质量	幅面规格/mm
Ⅰ	较好	1270×640
Ⅱ	一般	1270×640

续表

等级	表面质量	幅面规格 /mm
Ⅲ	较差	1270 × 430
Ⅳ	较差	1270 × 260
Ⅴ	较差	1270 × 150

2. 试验结果及分析

（1）桉木树种及径级对单板综合出材率的影响

单板综合出材率指所有等级单板出材率之和。对 6 种桉木进行无卡轴旋切单板加工后，其相应单板综合出材率的分布曲线如图 3-21 所示。

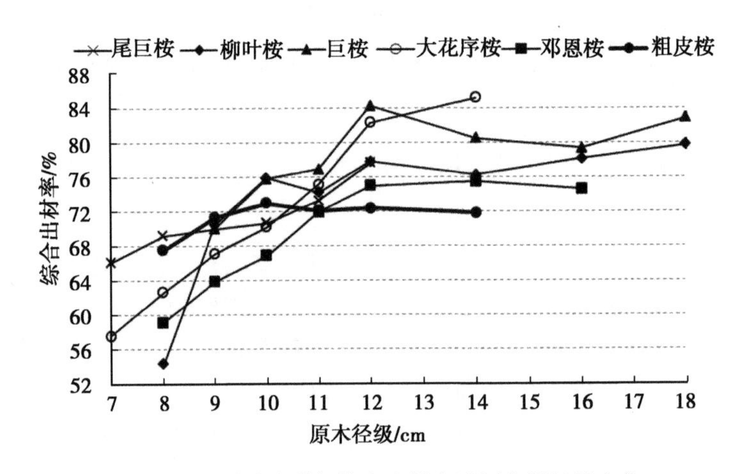

图3-21　6种桉木单板综合出材率随原木径级的变化

由图 3-21 可知：①除尾巨桉外的 5 种桉木单板综合出材率都随着原木径级的增加，先增加后趋于稳定；由于尾巨桉是 4 年生树木，径级较小（都为 12cm 以内），因此其曲线呈缓慢增加状，在径级为 12cm 时，单板综合出材率最大，为 77.65%；其他几种桉木旋切单板出材率为：柳叶桉稳定在 77.98% ± 1.44%，巨桉稳定在 81.73% ± 2.20%，大花序桉稳定在 83.75% ± 2.03%，邓恩桉稳定在 75.01% ± 0.45%（邓恩桉材质较硬，因此其单板综合出材率相对较小），粗皮桉稳定在 72.12% ± 0.62%（粗皮桉材质较硬较脆，木段较弯，因此其单板综合出材率最小）。②径级为 12cm 时，综合出材率达到最大值。随着原木径级的增长，木质部分随之大大增加，树皮的含量也随之增多，同时原木的尖削度也逐渐增大，因此当原木的径级和尖削度达到一定平衡时，单板综合出材率变化相差不大，并趋于稳定。

（2）桉木树种及径级对不同等级单板出材率的影响

桉木树种及径级对不同等级单板出材率数据如表 3-4~ 表 3-9 所示。从表中可以看出：① Ⅰ等和Ⅱ等单板的出材率较高，另外 3 种等级单板的出材率较低，6 种桉木的Ⅰ等和Ⅱ等单板出材率之和占相应单板综合出材率的比例范围分别为 74.97%~100%、90.71%~97.18%、84.70%~96.51%、76.50%~95.69%、87.71%~95.19%、86.42%~100%。② Ⅰ等单板出材率随原木径级增加先增加而后趋于稳定。③由于邓恩桉和粗皮桉的材质都较硬较脆，因此邓恩桉和粗皮桉有较多的废碎板，即Ⅲ等、Ⅳ等和Ⅴ等的单板较多。

表 3-4　尾巨桉不同径级原木的单板等级出材率

直径 /cm	单板等级出材率 /%					单板综合出材率 /%
	Ⅰ	Ⅱ	Ⅲ	Ⅳ	Ⅴ	
7	33.04	33.04	0.00	0.00	0.00	66.09
8	32.44	19.46	15.94	0.00	1.39	69.23
9	50.20	12.55	2.57	4.66	0.00	69.98
10	51.65	17.22	1.76	0.00	0.00	70.63
11	59.48	7.21	5.54	0.67	0.39	73.28
12	63.98	9.53	3.34	0.51	0.29	77.65

表 3-5　柳叶桉不同径级原木的单板等级出材率

直径 /cm	单板等级出材率 /%					单板综合出材率 /%
	Ⅰ	Ⅱ	Ⅲ	Ⅳ	Ⅴ	
8	25.95	25.95	0.00	2.41	0.00	54.31
9	37.65	29.28	2.57	0.00	0.90	70.40
10	57.39	11.48	7.05	0.00	0.00	75.92
11	43.26	28.84	0.00	0.77	1.32	74.18
12	56.66	16.85	2.82	1.14	0.33	77.80
14	53.60	18.38	2.35	1.42	0.49	76.24
16	63.74	11.33	0.87	1.58	0.61	78.13
18	66.38	10.13	2.76	0.00	0.48	79.75

表 3-6 巨桉不同径级原木的单板等级出材率

直径 /cm	单板等级出材率 /%					单板综合出材率 /%
	Ⅰ	Ⅱ	Ⅲ	Ⅳ	Ⅴ	
9	34.86	24.40	10.71	0.00	0.00	69.97
10	47.35	25.83	2.64	0.00	0.00	75.82
11	50.47	18.02	4.43	4.02	0.00	76.94
12	49.01	26.03	6.59	2.28	0.33	84.23
14	55.13	18.38	5.64	0.85	0.49	80.49
16	55.24	19.83	3.48	0.53	0.30	79.38
18	56.25	20.63	3.46	2.09	0.40	82.82

表 3-7 大花序桉不同径级原木的单板等级出材率

直径 /cm	单板等级出材率 /%					单板综合出材率 /%
	Ⅰ	Ⅱ	Ⅲ	Ⅳ	Ⅴ	
7	33.04	11.01	13.53	0.00	0.00	57.59
8	38.92	12.97	7.97	0.00	2.78	62.65
9	41.83	20.92	3.21	0.00	1.12	67.08
10	48.78	14.35	7.05	0.00	0.00	70.18
11	40.85	26.43	5.90	0.89	1.03	75.12
12	59.51	19.25	2.15	0.65	0.75	82.31
14	63.00	17.06	4.84	0.00	0.28	85.19

表 3-8 邓恩桉不同径级原木的单板等级出材率

直径 /cm	单板等级出材率 /%					单板综合出材率 /%
	Ⅰ	Ⅱ	Ⅲ	Ⅳ	Ⅴ	
8	25.95	25.95	3.98	1.20	2.09	59.17
9	41.83	15.69	4.82	0.97	0.56	63.87
10	45.50	13.53	5.29	2.28	0.26	66.86
11	52.53	14.42	3.80	0.77	0.44	71.95
12	55.13	15.31	3.76	0.28	0.49	74.99
14	57.22	14.62	2.05	0.78	0.81	75.47
16	54.30	16.53	2.42	1.17	0.17	74.58

表 3-9　粗皮桉不同径级原木的单板等级出材率

直径 /cm	单板等级出材率 /%					单板综合出材率 /%
	Ⅰ	Ⅱ	Ⅲ	Ⅳ	Ⅴ	
8	32.44	25.95	3.98	2.41	2.78	67.56
9	34.86	27.89	8.57	0.00	0.00	71.31
10	44.76	24.10	2.12	1.28	0.74	73.00
11	50.47	21.63	0.00	0.00	0.00	72.10
12	38.80	28.59	3.76	0.76	0.44	72.34
14	39.05	27.56	4.23	0.00	0.98	71.83

3. 结论

1）桉木单板旋切中树皮所占出材率的比例超过 20%，且尖削度越大所占比例越高。

2）原木径级对单板综合出材率有极显著的影响，而桉树种类的影响较小；桉树种类产生的影响主要是由树种间的材质和弯曲度导致的。

3）除尾巨桉外的 5 种桉木单板综合出材率都随着原木径级的增加，先增加后趋于稳定，当原木径级达到 12cm 左右时，单板综合出材率接近最大，并开始趋于稳定；由于尾巨桉是 4 年生，径级较小（都为 12cm 以内），因此其曲线呈缓慢增加状，在径级为 12cm 时，单板综合出材率最大，为 77.65%；柳叶桉稳定在 77.98% ± 1.44%，巨桉稳定在 81.73% ± 2.20%，大花序桉稳定在 83.75% ± 2.03%，邓恩桉稳定在 75.01% ± 0.45%，粗皮桉稳定在 72.12% ± 0.62%。

4）Ⅰ等和Ⅱ等单板的出材率较高，它们占单板综合出材率的 74.91%~100%，另外 3 种等级单板的出材率较小；由于邓恩桉和粗皮桉的材质较硬，因此邓恩桉和粗皮桉旋切时产生较多的废碎板，即Ⅲ等、Ⅳ等和Ⅴ等的单板较多，因此，桉树种类对高质量单板出材率的影响非常显著。

5）单板旋切后剩余木芯直径的大小是加工设备对单板出材率影响的主要因素（孙锋等，2013）。

此外，桉树木材旋切单板中，随着单板厚度加大，单板背面裂隙率和单板厚度变异系数也增大，因此直接影响旋切单板的质量（叶忠华，2012）。桉木在种植过程中的管理（如修枝）也是影响单板质量等级的重要因素，枝条自然整枝脱落非常频繁，枝条繁茂，导致形成死节过多。而单板中刀痕扭纹缺陷大多出现在死节和活节的周围，节子的过多过大直接导致了大面积的刀痕扭纹，从而使得单板质量下降。在进行早期人工修枝后，活节的痊愈只会局部地影响木材外观质量，随着时间的推移，茎干逐渐变粗，完全愈合的节子则被包围在木材内部，外面新生的木质部不存在任何缺陷。修枝是在适当的时间将活枝截去，从而减少死节的数量，进而提高单板的外观质量等级（刘球，2010）。

第二节　单 板 干 燥

旋切后的单板含水率很高，如单板未经干燥进行贮存，容易霉变，边缘容易开裂或翘曲，故湿单板不适宜贮存；而且单板干燥质量对胶合板的质量影响较大，特别是单板干燥的终含水率及其分布状况，单板含水率过高会造成胶合板脱胶、鼓泡、变形、开裂等缺陷；而单板含水率过低不仅造成能源浪费，成本增加，同时还会因单板表面出现局部炭化或物理性能受损而危及胶合板的产品质量（朱典想和俞敏，1999）。因此，为满足单板贮存及胶合工艺要求，保证胶合板有较高的胶合强度，以及减少变形、开裂等缺陷，旋切后的单板必须进行干燥处理。

一、单板干燥原理

（一）单板干燥基本原理

旋切单板的特点是面积大、厚度小，木材组织由于旋切而松弛，有些纤维被切断，单板内部的扩散阻力下降。干燥处理中水分移动路径短、扩散阻力小，可使蒸发和扩散加快，因此可采用快速干燥迅速排除单板中的水分。

单板干燥是在一定条件（空气温度、湿度和流速等）下，通过加热将高含水率单板的水分蒸发，降低其含水率，加热使单板获得能量以克服水分蒸发及移动所遇到的阻力。单板干燥中水分移动方向以垂直于纤维方向的横向传导为主。最大的阻力来自水分通过细胞壁上纹孔的阻力，其次是细胞腔的阻力；另外一个阻力是单板表面与空气接触处的边界层。当气流平行于单板表面时，流速越高则边界层越薄，水分蒸发移动的阻力越小，因此，空气流速越高单板干燥速度越高。而目前使用的喷气式干燥机，采用垂直于单板表面的喷射高速热气流来冲破边界层，以提高传热效率及水分蒸发速度。

单板干燥机依热空气在干燥机内的循环方向可分为纵向通风干燥机和横向通风干燥机，横向通风干燥机中，热空气沿干燥机的宽度方向循环。气流有平行于单板表面的，也有与单板表面呈垂直喷射的。天然干燥和热气流式干燥机中气流方向与单板表面平行且流速较低，属于热气流式干燥，网带式喷气单板干燥机和辊筒式喷气单板干燥机的气流方向与单板表面接近垂直且流速较高，属于喷气式干燥。

单板的热气流式干燥与锯材干燥过程相似，干燥过程分为预热、恒速干燥、减速干燥三个阶段。①预热阶段，单板表面的水蒸气分压低于周围热空气的水蒸气分压，单板中的水分基本不蒸发，热空气向单板进行热湿传递，使单板达到升温的目的。②恒速干燥阶段，当单板温度升高至周围湿空气的露点温度以上时，单板表面的水蒸气分压高于周围热空气的水蒸气分压，单板中的水分开始向空气中蒸发，干燥开始时单板含水率较高，处于纤维饱和点以上，因此主要是自由水的蒸发，这个阶段单板表面温度保持在空气的湿球温度，水分的蒸发速度大致相等。③减速干燥阶段，单板表面的含水率低于纤维饱和点，此时单板表面温度开始高于空气的湿球温度，表面水分的蒸发速度逐渐下降，即干燥速度逐步降低。而喷气式单板干燥时，由于气流速度非常高，通常在 15m/s 左右，单板表面水分蒸发非常迅速，因此恒速干燥阶段时间非常短，预热后很快进入减速干燥阶段。由于单板干燥温度较高，为了使干燥后单板便于尽快胶合使用和促进单板含水率趋于平衡、降低残余干燥应力，在干燥设备的出板端需要设置冷却通风系统来加速单板的冷却。

（二）影响单板干燥速度的主要因素

单板的干燥速度决定于干燥介质的温度、相对湿度及其流动方向和速度等条件，以及单板自身树种、厚度及初含水率等因素。

1. 干燥介质的影响

（1）干燥介质的温度

干燥介质的温度是影响单板干燥速度的重要因素。随着介质温度升高，压力梯度、含水率梯度、水蒸气扩散系数和水分传导系数均有所增加，单板表面水分蒸发速度增大，单板干燥速度越高，但过高的干燥温度会降低木材纤维强度。绝大多数单板干燥机以热空气为干燥介质，温度为 130~180℃，以燃气（炉气）为干燥介质的最高温度可达到 250℃，甚至 300℃（陈光伟等，2014）；此时干燥机通常分为几个区段，不同温度对应单板干燥过程的不同含水率时期和干燥阶段，这样既提高了干燥速度，又能保证单板不被高温损伤。

（2）干燥介质的相对湿度

相对湿度是指空气中水蒸气饱和的程度。在一定温度条件下，干燥介质中的水蒸气分压与其含量呈正比。相对湿度越低，水蒸气分压越低，就越有利于单板中水分蒸发。单板含水率高时，相对湿度对干燥速度的影响大；介质温度高时，相对湿度对干燥速度的影响较小，介质温度低时，相对湿度对干燥速度的影响较大。但也不能为提高干燥速度过度降低相对湿度，一是不利于节能；二是相对湿度过低时，含水率较高的单板会引起开裂、皱缩等缺陷，从而降低干燥质量。通常单板干燥机相对湿度以 10%~20% 较为适宜，喷气式单板干燥机相对湿度以 15%~18% 为宜。通常单板干燥机上部均设有排气孔，通过调节排气孔开度对干燥机内空气相对湿度进行调节。

（3）干燥介质的流动方向和速度

当干燥介质（热气流）平行单板表面流动时，摩擦而导致气流速度降低，单板表面薄层处速度几乎为零，如图 3-22（a）所示，形成凝滞的薄层把空气与单板隔开，即在单板表面会形成一层边界层。边界层的厚度随着距单板端部距离的增加而增大，内部流动速度接近于零，将热空气与单板表面隔开，阻挡热量向单板传入，并阻碍单板中水分向外移动，因此边界层会直接影响单板干燥过程的传热传质效率，导致干燥时间延长。干燥介质流速越大，单板表面边界层越薄，传热传质效率越高，干燥速度越高，因此干燥介质的流速对单板干燥速度的影响很大。

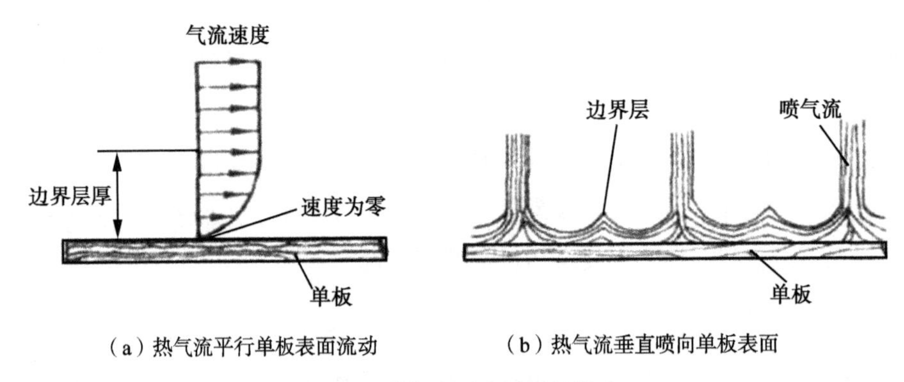

（a）热气流平行单板表面流动　　（b）热气流垂直喷向单板表面

图3-22　热气流对边界层的影响

对于一般热气流式单板干燥机，干燥介质平行于单板表面流动，当流动速度提高至一定数值后，单板干燥速度的提高不再明显，还会引起循环风机功率的增加。通常在纵向循环的干燥机中，干燥介质的流动速度为 1~3m/s，在横向循环的干燥机中，干燥介质的流动速度为 2~4m/s。

对于喷气式单板干燥机，为了破坏边界层使干燥介质高速垂直喷向单板表面，热气流的冲击作用扰乱了单板表面的边界层，如图 3-22（b）所示，使单板干燥过程中的传热传质效率大幅提高，从而达到高效干燥的目的。试验表明，向单板表面喷射气流的速度达到 15m/s 以上时，干燥效果较好，一般采用 15~20m/s，国外有的单板干燥机气流喷射速度甚至达到 35m/s（陈光伟等，2014）。

此外，喷嘴的宽度和间隔、喷嘴与单板表面的垂直距离对单板干燥速度也有重要影响。

2. 单板条件的影响

（1）树种

树种不同，其木材构造及密度等差异很大，直接影响干燥过程中的热量及水分的传递效率，导致干燥速度也不同。一般认为，密度大的树种，细胞壁较厚，细胞腔较小，在低含水率范围内，水分传导阻力大，干燥速度降低；另外，同样的含水率下密度大的木材所含水分的绝对量较大，即使同样的水分蒸发速度，以含水率变化为基准的干燥速度也较小。干燥速度还与木材构造有关，如密度为 0.69g/cm^3 的水曲柳单板干燥时间较密度为 0.63g/cm^3 的椴木单板干燥时间短，这是因为水曲柳导管大，材质粗糙，易于蒸发水分。

（2）初含水率

同一树种、同一厚度的单板，初含水率高低对于干燥时间有一定影响。单板初含水率越高，所需的干燥时间越长。有些心材、边材区别比较明显的树种，边材部分初含水率较高，干燥时间应适当延长。

（3）单板厚度

单板厚度越大，水分传导和水蒸气扩散的路径越长，阻力也随之增大，干燥速度减小，干燥时间延长；两者之间不是简单的正比关系，而是指数关系。

树种、初含水率及单板厚度对干燥速度均有较大的影响，因此为保证单板最终含水率的均匀性，干燥前应按树种、初含水率及单板厚度的不同进行分类，然后用相应的干燥工艺分别进行干燥。

二、单板干燥方法

单板干燥可分为天然干燥和人工干燥两大类。

（一）天然干燥

天然干燥又称自然干燥或大气干燥，简称气干，它是最古老而又简单的干燥方法。气干是将单板置于空旷的场地或荫棚下，通过自然通风（普通气干）或强制通风（强制气干），利用空气对流和太阳光照射，单板吸收太阳能及大气中的热量，蒸发木材中的水分，达到干燥的目的（张璧光等，2005）。

天然干燥的优点是技术简单、节约能源、方便、投资少、成本低；缺点是占用场地面积大、劳动强度大、干燥时间长、干燥质量不稳定，终含水率最低只能达到与空气条件对应的平衡含水率，因此受气候条件影响大，随天气变化导致单板含水率不稳定。气候条件干燥、太阳光线较强时单板容易产生开裂、变形等缺陷；气候条件潮湿时会导致单板终含水率过高、干燥时间过长等。但由于气干不消耗电能、投资低、成本低，单板气干的成本只有 32~36 元 /m^3，显著低于喷气式设备干燥成本（120 元 /m^3）（杨天平等，2014），因此天然干燥在个体或小型企业中应用仍非常普遍，如桉树种植地区的单板加工企业及个体户等。

单板天然干燥依单板摆放方式可分为立式和卧式（孙锋，2013）。单板卧式干燥是比较简单地将单板平铺在地面上，利用太阳光线辐射的能量及自然风将单板中的水分蒸发出来的干燥方式，如图 3-23（a）所示；单板立式干燥是利用支架将单板竖直方向支撑起来，并使单板间保持一定距离，主要利用大气中的能量和自然风将单板中的水分蒸发出来的干燥方式，如图 3-23（b）所示。单板干燥采用卧式气干时虽然操作简单，但场地占用面积大，场地利用率低，且地面条件对单板干燥的影响较大，如采用水泥地面时干燥效果较好，但采用土质地面时容易受地面水分含量的影响。地面较干燥时，单板干燥较快；地面较湿时，单板干燥缓慢，且单板厚度上的含水率分布不均匀，上表面由于太阳晾晒及空气流动，含水率会较低，而底面则干燥缓慢，含水率较高。单板干燥采用立式气干方式时场地利用效率高，空气从单板两侧通过，单板厚度上含水率分布较均匀，干燥质量较好。因此单板干燥量大时均采用立式气干方式。

（a）单板卧式干燥

（b）单板立式干燥

图3-23　单板天然干燥（气干）方式

（二）人工干燥

人工干燥是利用干燥设备对单板进行干燥，干燥效率高、质量稳定。通常采用各种类型的干燥机对单板进行人工干燥。喷气式连续单板干燥机由于具有技术成熟、干燥质量好、易实现规模化干燥等优点，在国内外大中型企业的单板干燥中占主导地位；此外，还有热压干燥法、干燥窑式干燥法、红外干燥法、微波干燥法等应用，主要在中小型企业的单板干燥中使用。

1. 单板干燥机分类

（1）按传热方式

空气对流式：循环流动的热空气将热量传递给单板，如喷气式网带单板干燥机。

接触式：高温金属板与单板直接接触，将热量传递给单板，如辊筒式单板干燥机、热板式干燥机等。

混合式：对流传热与其他传热方式联合，有对流 - 接触式、红外线 - 对流混合式、微波 - 对流混合式等多种形式的单板干燥机。

（2）按单板传送方式

网带式：单板在输送过程中被放置在两层钢网之间通过干燥机，如喷气式网带单板干燥机。

辊筒式：单板在输送过程中，由上下辊筒夹持着通过干燥机，如喷气型辊筒式单板干燥机。

（3）按热空气在干燥机内的循环方向

纵向通风干燥机：热空气沿干燥机的长度方向循环，气流和单板运送方向相同，称为顺向；气流和单板运送方向相反，称为逆向。这种方式热空气循环路线长，风速沿途损失大，干燥机内各处风速不均匀，干燥效果较差，此类单板干燥机应用较少。

横向通风干燥机：热空气沿干燥机的宽度方向循环。气流有平行于单板表面的，也有垂直于单板表面的，气流垂直于单板表面喷射的单板干燥效果较好。

2. 主要单板干燥机

人工干燥的实质就是给单板人为地创造一个外部环境，使单板在一定的温度、湿度和气流速度下逐步排出其内部的水分。可以通过调节环境中的温度、湿度和风速等，使空气介质适应于不同树种、厚度及含水率的单板干燥的需要。单板干燥设备主要包括：机架、通风设备、供热与调湿设备、单板输送设备及检测和控制设备等。

目前，普遍采用的是连续式单板干燥机，包括网带式和辊筒式，且以网带式为主，约占 70%；多层热压式单板干燥机在中小企业桉木单板干燥中也有较多应用；而红外、微波等干燥方式在桉木单板干燥中应用较少。本节只对桉木单板干燥应用较多的连续式单板干燥机和多层热压式单板干燥机进行简要介绍。

（1）连续式单板干燥机

连续式单板干燥机包括网带式单板干燥机和辊筒式单板干燥机。对流式干燥机包括干燥段和冷却段两部分。

干燥段主要用来加热单板、蒸发水分，通过热空气循环，从单板中排出水分。干燥段可由若干个分室组成，各分室结构相同。干燥段越长，传送单板速度越快，设备生产能力越高。冷却段的作用在于使单板在保持受压状态的传送过程中通风冷却，一方面消除单板内的应力，使单板平整；另一方面利用单板表芯层温度梯度快速蒸发部分水分。冷却段一般由一、两个分室组成。

单板的传送通常用两种方式：①网带式。用上层网带、下层网带来传送，下层网带主要用于支撑和传送，上层网带用于压紧，给单板以适当的压紧力，防止单板在干燥中变形。②辊筒式。用上、下成对辊筒组，依靠辊筒转动和摩擦力带动单板前进，鉴于前后辊筒的间距不能太小，故这种传送方式适于传送厚度为0.5~1.0mm及以上的单板。由于辊筒传送的压紧力较大，因此干燥后的单板平整度比网带式好。干燥机的工作层数一般为2~5层。

干燥机单板进给方向有纵向和横向之分。如果单板进给方向与单板的纤维方向一致，称为纵向进板。一般网带式干燥机和所有辊筒式干燥机都采用纵向进板方式。如果单板进给方向与单板的纤维方向垂直，称为横向进板。喷气式网带单板干燥机采用横向进板方式。纵向进板必须把单板剪切成单张才能进行干燥，而横向进板则可以将成卷单板展开后连续地送进干燥机。喷气式网带式单板干燥机采用高温高速热气流从单板带的两面垂直喷射在板面上，冲破单板表面的边界层，使单板干燥速度显著提高，为单板的快速连续干燥创造了条件（华毓坤，2002）。

单板干燥机绝大多数以0.4~1.0MPa的饱和蒸汽或导热油作为热源，也可直接燃烧煤气、燃油、木材加工剩余物等作为热源。湿空气通过散热器被加热成140~180℃的热空气（作为干燥介质），将热量传递给单板。

国家标准GB/T 6197—2000《辊筒式单板干燥机》和GB/T 6199—2000《网带式单板干燥机》，对单板干燥设备硬件的规定：干燥机结构应有足够的刚度，保证工作时的热变形不会影响设备的工作精度；干燥机空运转时在进出口处噪声不应超过85dB；喷气式干燥机加热区喷箱喷孔的风速不应低于15m/s；干燥机各顶板、侧板和门等保温装置应具有良好的保温隔热性能，当加热区机内温度达到140℃时，各壁板外表面的平均温度不应超过50℃。

a. 辊筒式单板干燥机

辊筒式单板干燥机指由上下成对的辊筒夹持传送单板、热空气对流及辊筒接触传热对单板进行连续干燥的设备，为混合式传热的单板干燥机。辊筒式单板干燥机依气流循环方式可分为热气流循环辊筒式单板干燥机（图3-24）和横向循环喷气辊筒式单板干燥机（图3-25）。由于采用辊筒输送单板，抑制了单板的翘曲，因此干燥后单板的平整度较好；且干燥时辊筒的抑制还降低了单板的横纹干缩率（朱典想和李绍成，2011）。

对辊筒式单板干燥机工作时终含水率不均匀度和开裂等工作精度的规定：①含水率方面，在各层的中央和两端各位置上，摆放10张以上同一条件的单板进行干燥，取出后，即对每张单板测量其对角线的中央和两端附近三点的含水率，以各位置含水率平均值的最大值和最小值之差与含水率总平均值之比为测定值，这个指标应小于0.25；②开裂方面，将10张以上质量中等、同一条件的单板放进各层进行干燥，以干燥后和干燥前开裂总长度之比为测定值，此指标应小于1.5。

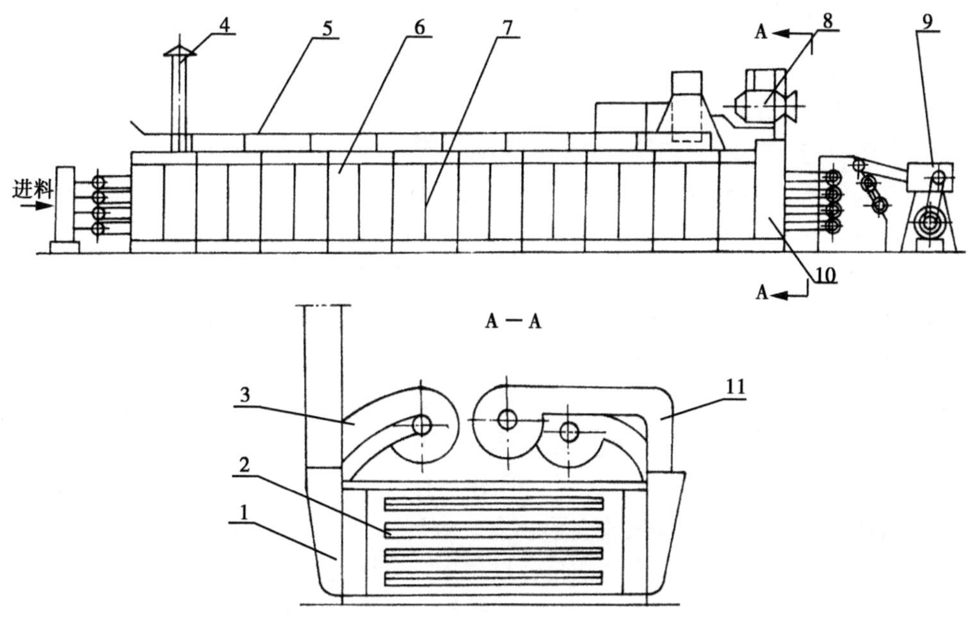

图3-24　热气流循环辊筒式单板干燥机

1. 机架；2. 传送辊筒；3. 气流循环系统；4. 排湿装置；5. 加热系统；6. 保温装置（顶板、侧板和门）；7. 干燥节；8. 电气装置；9. 驱动机构；10. 冷却节；11. 冷却系统

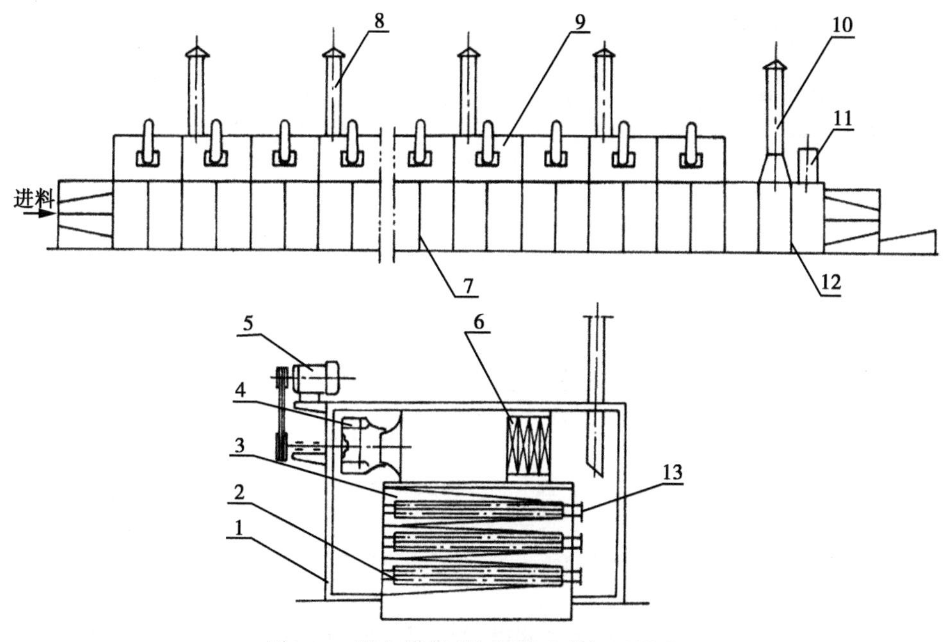

图3-25　横向循环喷气辊筒式单板干燥机

1. 机架；2. 传送辊筒；3. 喷箱；4. 加热区通风机；5. 电气装置；6. 加热系统；7. 干燥节；8. 排湿装置；9. 保温装置（顶板、侧板和门）；10. 排气筒；11. 进气筒和冷却区通风机；12. 冷却节；13. 驱动装置

b. 网带式单板干燥机

网带式单板干燥机指用上下层金属网带来夹持并传送单板，以热空气或烟气作干燥介质，通过干燥介质循环来蒸发单板中的水分的单板干燥设备。工作原理：环境空气经风机加压，经过散热器加热，最后经喷箱的喷嘴吹向单板表面并带走单板中的水分，当空气湿度过高时从排湿装置排出。空气的循环方式有纵向循环和横向循环两种。纵向热气流循环网带式单板干燥机由于热空气循环路线长、风速沿途损失大，各处风速不均，单板干燥效果较差。横向循环喷气网带式单板干燥机又分为气流平行喷射于单板表面（图 3-26）和垂直喷射于单板表面（图 3-27）2 种，其中以垂直喷射效果最好。网带式单板干燥可采用横向进板的干燥方式，干燥效率高；采用同时向单板上、下表面垂直均匀喷射热气流，使单板干燥均匀，减少了因含水率偏差而引起的翘曲和开裂，提高了单板干燥质量（顾继友等，2009）。但对于有些树种，由于网带传送不能对单板进行约束，单板干燥后翘曲变形较大，表现在波纹高度大、波纹数多且波峰陡峭，曲率很大，在后续的热压胶合过程中，很易引起叠层或离缝（顾炼百等，2000）。

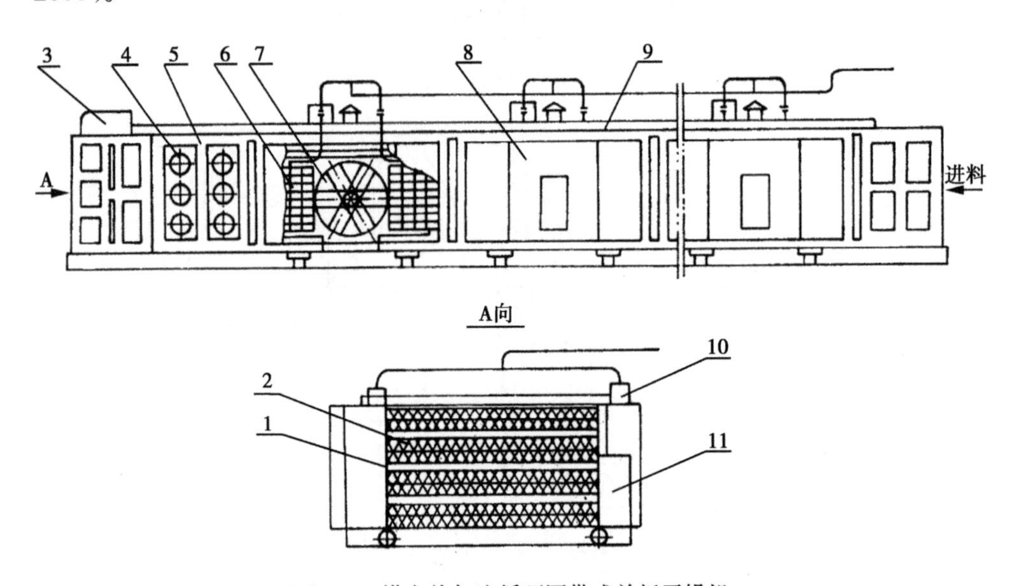

图3-26　横向热气流循环网带式单板干燥机

1. 机架；2. 传送网带；3. 驱动装置；4. 冷却区通风机；5. 冷却节；6. 加热系统；7. 加热区通风机；8. 干燥节；9. 保温装置（顶板、侧板和门）；10. 排湿装置；11. 电气装置

国家标准 GB/T 6199—2000《网带式单板干燥机》对网带式单板干燥机工作时终含水率不均匀度和开裂等工作精度的规定：①含水率方面，送进 10m 以上的连续单板，干燥后剪成 0.9~1.0m 宽的单板，干燥后即对每张单板测量其对角

线的中央和两端附近三点的含水率，以各位置含水率平均值的最大值和最小值之差与含水率总平均值之比为测定值，这个指标应小于0.25；②开裂方面，干燥质量中等、超过规定长度的单板，干燥后检查连续单板无沿纤维方向的通裂即可。

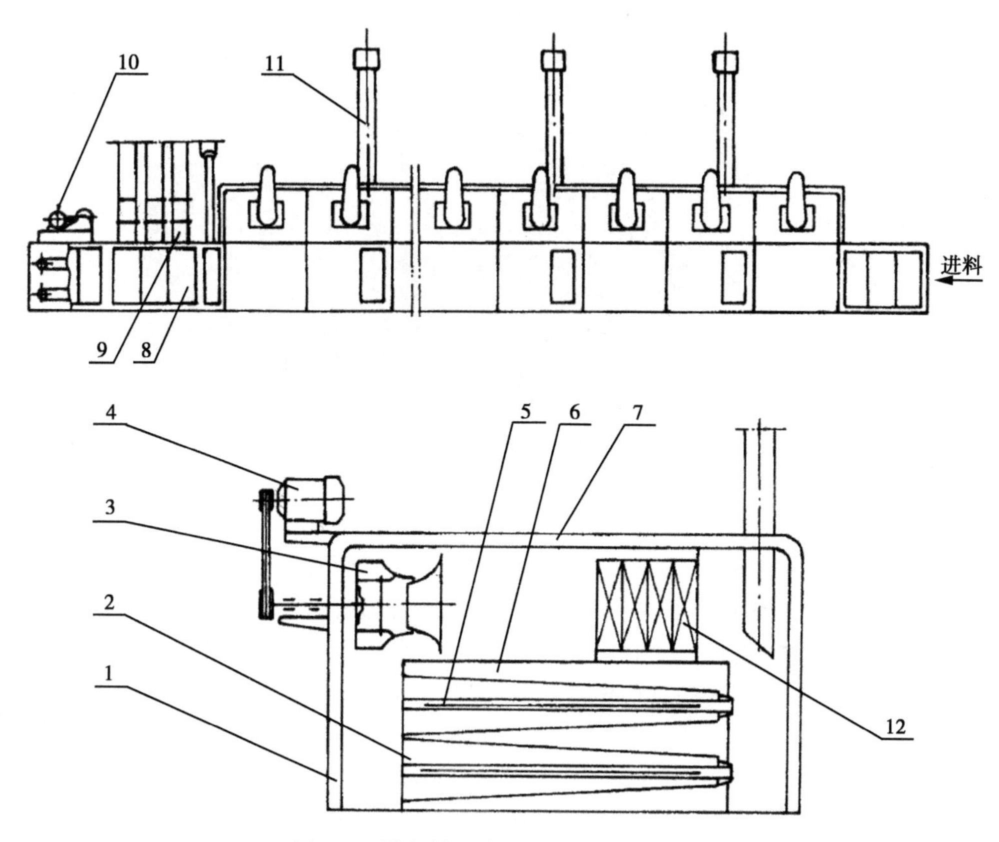

图3-27　横向循环喷气网带式单板干燥机

1. 机架；2. 喷箱；3. 加热区通风机；4. 电气装置；5. 传送网带；6. 干燥节；7. 保温装置（顶板、侧板和门）；8. 冷却节；9. 进气、排气筒和冷却区通风机；10. 驱动装置；11. 排湿装置；12. 加热系统

c. 网辊复合式单板干燥机

根据网辊复合式单板干燥机（图3-28）的结构特点，可分为：二层上网、下辊复合式单板干燥机；三层上网、中网、下辊复合式单板干燥机；三层上网、中辊、下辊复合式单板干燥机等。复合式单板干燥机占地空间小，节约人力，提高了单板干燥机的热效率。在设计产量相同的条件下，新型复合式单板干燥机与传统干燥机相比，更利于升级企业的设备及提高企业的经济效益。

图3-28 横向循环喷气网带-辊筒复合式单板干燥机

d. 单板干燥机存在的问题

我国单板干燥机生产制造以小型企业居多，生产管理、设备及工艺落后，导致原材料、热能、电能等资源利用不合理（花军和孟庆军，2014）。

单板干燥机制造技术落后，能源消耗大。目前，大多数小型单板干燥设备厂，均对国内外现有设备进行仿造，设备整体加工比较粗糙，细节地方有待改进；蒸汽阀和疏水器等零配件的质量没有保证，对单板干燥机的风机、加热器等关键部件没有能力进行优化配置，造成单板干燥设备能耗较高。另外，大型胶合板厂通常拥有连续喷气式单板干燥设备，但有些设备较陈旧，加之技术人员不足，设备维护不当，干燥机的实际密封性和保温性能较差，蒸汽等干燥介质的跑冒滴漏现象较严重，致使干燥能耗较高。

单板干燥设备控制技术水平低，设备监测和控制系统的实际准确度、稳定性比较差，致使单板干燥工艺不能进行优化。我国中小型胶合板企业居多，为降低成本，一些胶合板厂以气干法作为单板干燥的主要方式，不同季节干燥后的单板受气候影响，含水率差异较大。对单板干燥工艺的调整不够灵活，通常将干燥工艺固定在某一两个温度、排气阀的开度不变，以单板的进料速度作为唯一可控因素，仅凭经验和感觉调节单板的进给速度来控制单板终含水率，把单板终含水率控制在工艺参数范围的下限，使大部分单板干燥后处于过干状态，造成过干单板的比例增大，既浪费了大量热能，又增加了单板的破损率。

e. 连续式单板干燥机节能技术应用

1）干燥机主体结构方面。干燥机分为两个干燥段，在两个干燥段中间，设置一个直接暴露在外界环境的开放段，由于环境温度低于设备内的干燥温度，可在单板厚度上形成内高外低的温度梯度和含水率梯度，促进单板水分蒸发，进而达到节能的目的（裴志坚，2007）。

风机类型选择与布置。由于空气运动可以提高单板的干燥速度，因此增大风速可以提高单板的干燥效率。目前干燥机所使用风机大多为轴流式风机或离心式风机。采用带蜗壳的离心式风机代替了原有的轴流式风机，具有风量大、风压高、功率小、效率高等特点（陈宏，2001）。

风机风向布置方面。干燥机前后两段的气流方向应相反，因为排风侧是经加热器后的湿空气，温度较吸风侧的温度高（对某喷气辊筒干燥机测量结果显示，吸风侧与排风侧湿空气平均温度相差近 20℃），如果前后两段风向一致，会导致单板在横向上的含水率差异较大（进风侧含水率低于出风侧），而反向布置会使单板干燥更加均匀，干燥质量得以提高（孙锋等，2012b）。

2）散热器。采用椭圆形、矩形套片式散热管，代替原有的圆形散热管。椭圆形套片式散热器，具有散热面积大、风阻力小、导热性能好等特点，减少了传热过程中的能量损失（陆仁书，1993）。

3）气流形态。采用横向变截面喷箱，保证热气流从各喷口喷射的速度是一致的；同时也使得热气流垂直喷向单板表面，这样可以破坏单板表面的边界层，有利于热量的传递，从而提高单板干燥速度。喷嘴采用喇叭口形状，增加对热气流的导向性，使热气流高速均匀地作用于单板（陆仁书，1993）；或将圆形喷孔改成圆孔翻边导流碟形喷孔，减小喷孔阻力，且导向性好，使单板表面平流层厚度减小，进而改进传热传质效率，提高单板干燥速度（须小宇，1991）。

4）湿度调节。通常单板干燥机的排气阀前后干燥段开度略有不同，前段排气阀开度较大，以使含水率高于纤维饱和点的单板中大量自由水蒸发后，顺利排出干燥机；后段是单板中结合水的蒸发，水分蒸发强度较低，可适当减小排气阀开度，以避免不必要的热量流失（梁关明，1999）。排气阀的开度可以设计成可自动调节的，依空气湿度的变化自动调节。

5）干燥机的保温气密性。尽量减小干燥机单板进出口处的开口尺寸，减少高温干燥介质泄漏，从而降低热能损失。根据使用环境及干燥工艺，选择合适的保温材料及其厚度，以减少由设备自身散热引起的能量损失。测试发现，当环境温度为 21℃时，喷气辊筒单板干燥机外壁表面温度较环境温度高 11~15℃。计算表明，壁面温度比环境温度提高 1℃，散热量就会增加 1.432kJ/（m^2 · h）。

6）含水率监控。当前普遍采用电阻式含水率测定仪，在干燥机的出口处人工测量单板含水率，通过控制单板进给速度控制单板干燥速度，以避免由单板含水率过低造成的能量浪费。

7）干燥热源。通常采用蒸汽或导热油作为加热介质，与蒸汽相比，导热油的传热效率高，传热平稳，单板干燥质量也更加稳定（葛尽和曲雪岩，2004），使用蒸汽的温度越高需要的压力越高，运行阻力越大，在输送过程中节流造成的能量损失越大；而使用导热油的温度与运行的压力无关，压力只由热油泵决定，可在低压状态下完成热量的传递，工作效率较蒸汽传热提高40%，节能44%（陈纪均和张福源，1997）。近年来，随着能源价格的提高，有些单板干燥机采用燃烧木材加工剩余物的热风炉的炉气，作为单板干燥介质，节省了电能和煤炭资源。

（2）多层热压式单板干燥机

a. 多层热压式单板干燥特点

多层热压式干燥就是把单板夹在热压板之间，通过接触传热的方式使单板快速干燥（图 3-29）。相对于喷气式连续单板干燥机，热压式单板干燥机干燥的单板平整度高、横纹干缩率小、终含水率均匀、胶合性能好。

图3-29　多层热压式单板干燥机

此类设备采用接触加压传热方式，迅速提高单板温度，并按照不同单板的工艺要求，交替进行加压加热和释压排气，大大提高了热效率，较常规喷气式单板干燥机节省了大量电能和蒸汽。热压干燥的单板具有诸多优点，但也有缺陷存在，主要缺陷是板面撕裂，在单板干燥初期，含水率很高的单板与热板接触后，获取了大量热能，使单板中的水分剧烈汽化，这时热压板应及时张开，以排除单板中的水蒸气；若热压板张开太迟，大量的水蒸气积聚在单板两个表面附近，一旦热压板张开，会产生猛烈冲击，同时会将单板爆裂；虽然干燥中期、后期产生的水蒸气比初期少，但这时单板的干缩率大，中后期也应及时张开压板，以使单板及时自由干缩，以免因单板的干缩受到抑制而撕裂（顾炼百等，2000）。

b. 多层热压式单板干燥机节能技术应用

将多层热压板干燥过程中的油缸全程开启/闭合调整为短程开启/闭合，减少了能量损失，提高了干燥效率（康熹和李振献，2001）。

为干燥机配置带活动叉头的进出单板机构，保证较薄的单板能够顺利进出热压机，设置了可动式短间距搁脚板，方便操作，以缩短非工作时间，提高工作效率（康熹和李振献，2001）。

在热压板上附着柔性垫网进行单板热压干燥时，单板干燥过程中生成的水蒸气容易导出，使单板干燥的弦向干缩率下降，提高了单板含水率分布的均匀性和单板干燥速度，单板等级率提高，也提高了资源利用率（Hua，2005）。

三、单板干燥工艺

虽然单板干燥速度也由表面蒸发和内部扩散两个因素决定，但在单板干燥时，表面蒸发面积大，内部扩散阻力小，表面蒸发作用和内部扩散作用都很剧烈，它们可以彼此相适应。因此，在单板干燥时，通常选用高温快速干燥工艺，较少使单板产生开裂、变形等缺陷。但应依单板的树种、厚度、初含水率等制定相应干燥工艺，在保证单板干燥质量的前提下提高干燥效率。

（一）单板干燥终含水率

单板干燥后的终含水率决定干燥过程的终点，与干燥工艺密切相关。终含水率直接影响单板胶合质量。若单板终含水率过高，不仅胶合强度不高，而且胶合板在使用中也容易产生脱胶、变形、表面裂隙等缺陷；若单板干燥后终含水率过低，单板表面的木材活性基团将减少，表面纤维的物理性能将受到损伤，从而影响胶合强度。因此，单板干燥后的终含水率应根据所使用的单板树种、胶种和胶合板的性能要求进行确定。

树种不同，胶合板生产时对单板含水率的要求不同。例如，水曲柳旱材管孔粗大、透气、透水性好，含水率稍高一点对胶合强度影响不大；松木单板内含有大量松脂，热压时透气性差，若含水率较高，则容易引起鼓泡等缺陷。

胶黏剂种类不同，对单板含水率的要求也不一样。目前常用的有脲醛树脂胶、酚醛树脂胶和蛋白质胶等。一般合成树脂胶黏剂要求单板的含水率低一些，而使用蛋白质类胶黏剂时则稍高一些，特别是酚醛树脂胶黏剂对单板含水率的要求更为严格。在我国胶合板生产中，脲醛树脂、酚醛树脂通常要求单板干燥后的终含水率为 6%~12%；豆胶、血胶则要求单板干燥后的终含水率为 8%~15%。

胶合强度是衡量胶合质量的一项重要指标。常用的脲醛树脂，单板含水率为 5%~15%，均能得到较好的胶合强度；含水率为 7%~8% 时胶合强度最好。如果涂胶量减少，则单板含水率应提高一些，防止胶黏剂过度渗透，才能保证足够的胶合强度。从胶合板变形和表面裂隙方面来看，当单板含水率为 5%~8% 时，产生的胶合板的变形量和裂隙最少（周晓燕等，2012）。

（二）单板预干燥

由于单板旋切后的初含水率很高，直接进行人工高温干燥时，干燥介质条件强度高，容易产生干燥缺陷且能耗较高。采用预干燥处理单板技术，可降低能耗并减少干燥初期的干燥缺陷，提高干燥质量。

1. 挤压预处理

通过挤压木材细胞，使木材细胞的容积减小到一定程度，当挤压到一定程度时细胞腔无法再保持住它所容纳的自由水，部分自由水就被挤出来，因此挤压预处理所脱掉的一定是自由水。用辊筒挤压对湿单板进行预处理，降低单板含水率，由于辊筒表面有若干凹槽，利用辊筒输送并挤压单板，凹槽使单板中的水分容易导出。通过挤压预处理可使单板含水率趋于一致，为单板均匀干燥创造条件（王金林等，1995）。预处理后，单板含水率大幅度降低；在高含水率阶段，挤压法所消耗的机械能与常规干燥法所消耗的热能相比，微乎其微（低于 0.5%），因此可以节省大量热能。此外，挤压过程中的水压也会使单板微观构造发生变化，从而形成更多的水分通道，渗透性可提高 40%~200%，单板的干燥性能得到改善，在干燥机中的干燥速度提高，从而降低干燥能耗（蔡杰，2004）。

2. 气干预处理

气干使用大气环境中的能量，干燥强度低，可使单板中的水分缓慢蒸发，有利于提高单板干燥初期的干燥质量，且节省大量干燥过程中的能量消耗。研究表明，将桉木单板先进行气干使单板的含水率干燥至 30% 左右再进行人工干燥，较直接进行人工干燥时可节约干燥能耗 50% 以上（孙锋，2013）。这样可减少完全气干导致单板缺陷的发生，且可避免终含水率受气候条件影响所导致的终含水率不达标或均匀性较差问题。

（三）单板干燥工艺参数

影响单板干燥的主要因素包括树种、厚度、初含水率、干燥介质温度、相对湿度及湿空气流过单板表面的风速等，干燥工艺直接影响单板的干燥质量、能耗及企业的经济效益。目前喷气式单板干燥机干燥工艺相对简单，干燥介质温度在 140~170℃，风速控制在 15~27m/s，相对湿度在 12%~20%（裴志坚，2007）。需要依据单板初含水率等调节单板的进给速度，以使单板在干燥机出料端的含水率达到生产要求。

四、干燥工艺及几种桉木单板干燥质量

（一）气干

天然干燥（气干）利用太阳光辐照提供的热能和空气流动，蒸发单板中的水分使其干燥，天然干燥易受气候条件和环境影响的制约，因此季节变换和天气变化对单板干燥时间、干燥质量都有显著影响，导致单板含水率难以控制及不均匀、单板易产生开裂、变形等缺陷。但由于气干成本低，仍然是桉木产区普遍采用的单板干燥方式。

1. 试验材料及方法

试验用树种为单板旋切广泛使用的尾巨桉（*E. urophylla* × *E. grandis*），原木采自广西国有黄冕林场，树龄为 4 年，胸径为 14~15cm，树高为 18~19m。原木旋切成厚度分别为 1.7mm、2.0mm、2.3mm 的单板，剪切成的幅面规格为 1270mm × 640mm，进行气干试验。

气干试验：在广西上思县分别进行立式、卧式气干试验。其中，立式气干中单板间距为 3cm；卧式气干场地为平整的水泥地。单板干燥过程中记录各时段的温湿度及风速等干燥环境条件。

2. 结果与讨论

尾巨桉不同厚度单板气干试验于 2012 年 12 月 6 日上午 8:30 开始，2012 年 12 月 7 日下午 14:30 结束。单板干燥期间空气的温度、相对湿度变化如图 3-30 所示，风速始终在 1m/s 左右。根据温湿度计算出的当天最低平衡含水率分别为 7.3%、7.1%。

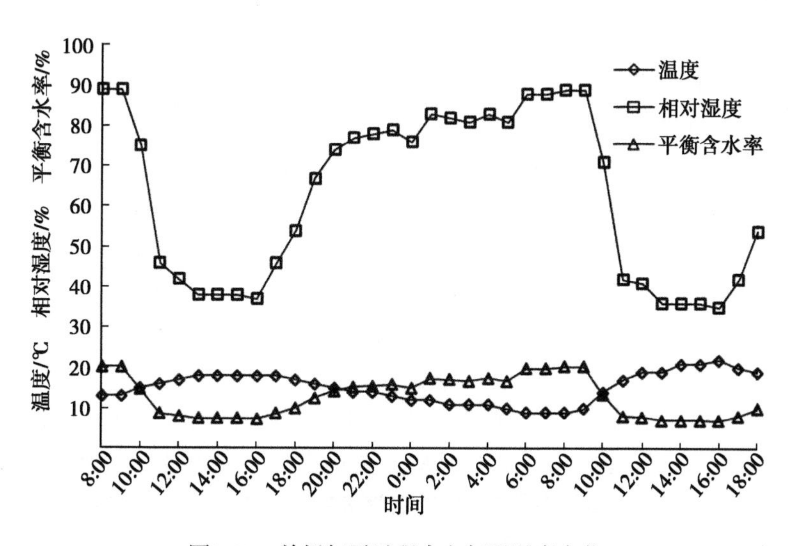

图3-30　单板气干过程中空气温湿度变化

（1）单板气干过程中含水率的变化

尾巨桉3种厚度单板在2种气干方式干燥过程中的含水率变化如图3-31所示。

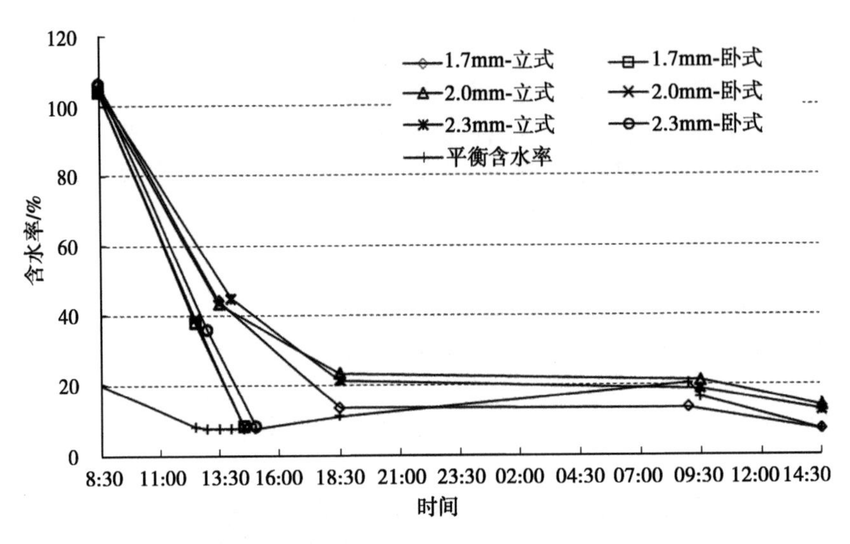

图3-31 不同厚度尾巨桉单板气干过程中含水率的变化

由图3-31可知：①卧式单板干燥速度远高于立式单板干燥，主要是由于卧式干燥接触阳光的面积大，同时在阳光照射下地面温度比环境温度高，有利于单板水分的蒸发与扩散。②3种厚度单板的卧式干燥速度相差不大，2.3mm厚单板的干燥速度稍慢一些；1.7mm厚单板的立式干燥速度明显要快于2.0mm和2.3mm厚单板，后两者之间的干燥速度相差不大。

气干方式会导致单板不同部位的干燥速度不一致。3种厚度单板不同气干方式下单板不同部位含水率变化情况如图3-32~图3-34所示。

从图3-32~图3-34可知：①卧式干燥时，3种厚度单板不同位置（上侧、中部、下侧）的干燥速度差异较小，中部的干燥速度稍慢于两端，主要是由于卧式干燥单板上侧、下侧的干燥速度差异较大，会产生向上的弯曲变形，致使单板周围的空气流动加快，而中部的空气流动较慢。②立式干燥时，单板不同位置的干燥速度是有差异的，上侧干燥最快，中部干燥较慢，下侧干燥最慢。主要是由于上侧空气流通好，中部较差，而下侧与地面接近空气流通最差。以1.7mm厚单板立式气干为例：由于试验是从上午8:30开始到下午18:30时，这为干燥最快阶段，含水率迅速下降，单板上侧、中部、下侧3个位置的含水率分别达到了7.3%、14.5%和18.1%，但由于晚上至早晨空气的平衡含水率较高，到第2天早晨9:00，此3个位置的含水率分别为8.9%、13.4%和16.0%，即含水率较低的上侧又从空气中吸收了水分，使含水率升高，这个过程起到了均衡含水率的作用。单板再干燥到第 2 天下午 14:30 时，空气条件较好，3 个位置的含水率均达到了 7.1%、7.1% 和 7.5%，整个单板的含水率比较均匀，即空气条件合适时应用气干完全能够满足胶合板对单板含水率的要求。

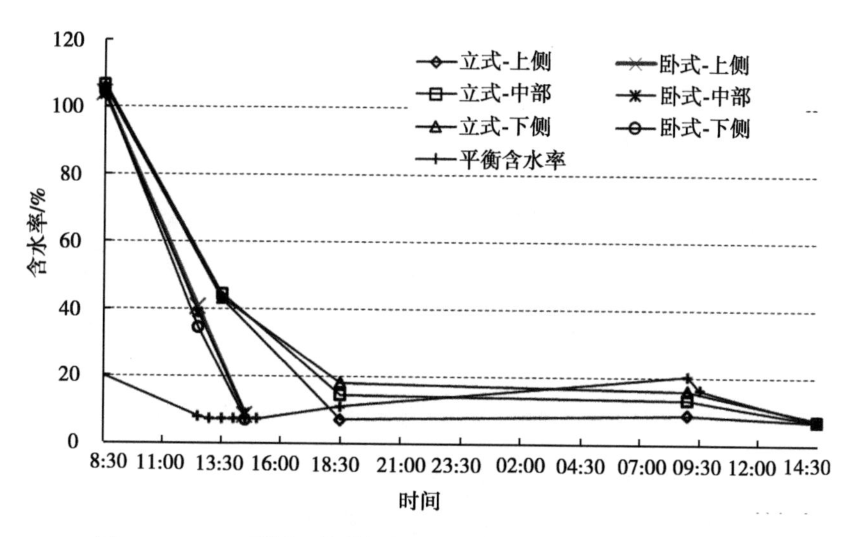

图3-32　1.7mm厚尾巨桉单板气干过程中单板不同部位含水率变化

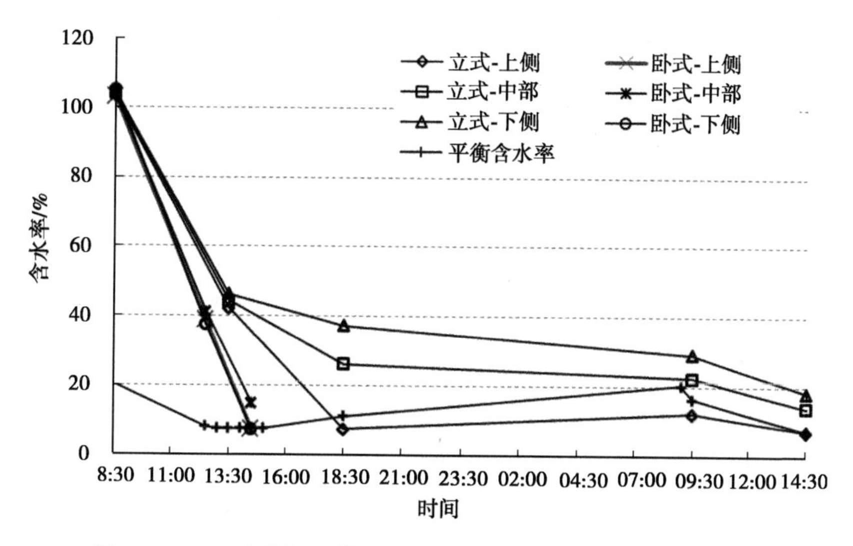

图3-33　2.0mm厚尾巨桉单板气干过程中单板不同部位含水率变化

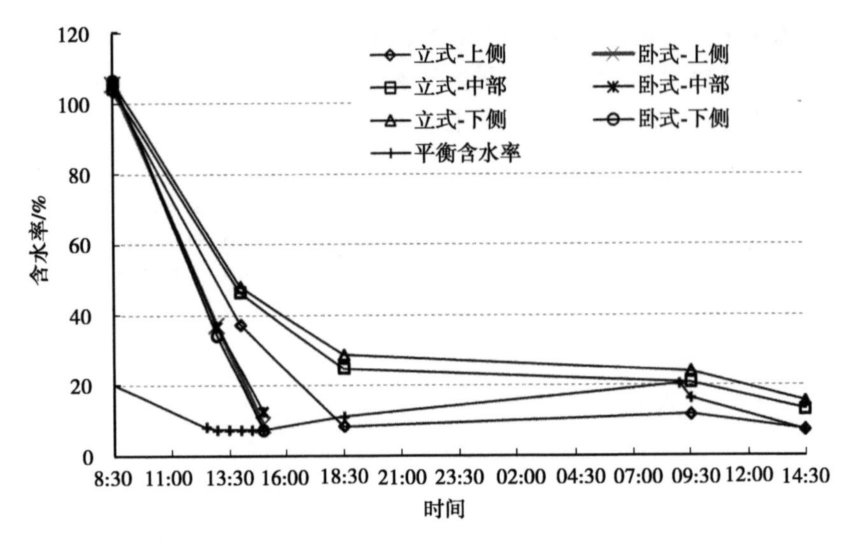

图3-34　2.3mm厚尾巨桉单板气干过程中单板不同部位含水率变化

（2）气干对不同厚度单板干燥质量的影响

3 种厚度单板对应的 2 种不同气干方式的干燥质量变化见表 3-10。

表 3-10　3 种厚度尾巨桉单板干燥前后质量变化

单板厚度 / mm	气干方式	开裂增加数 / 条			开裂增长量 /cm	翘曲		孔洞增加数 / 个
		上侧	下侧	合计		干燥前	干燥后	
1.7	卧式	—	—	5 ± 3.1	1.0 ± 1.0	0.026 ± 0.006	0.057 ± 0.025	1 ± 0.9
	立式	1 ± 1.0	1 ± 1.3	2 ± 1.5	0.6 ± 0.5	0.022 ± 0.005	0.032 ± 0.015	0 ± 0.4
2.0	卧式	—	—	3 ± 1.6	0.6 ± 0.7	0.042 ± 0.011	0.062 ± 0.028	0 ± 0.8
	立式	1 ± 1.1	3 ± 2.1	4 ± 2.3	0.7 ± 0.6	0.039 ± 0.010	0.063 ± 0.031	0 ± 0.5
2.3	卧式	—	—	2 ± 1.3	0.4 ± 0.4	0.025 ± 0.007	0.099 ± 0.040	0 ± 0.8
	立式	2 ± 1.5	2 ± 1.4	3 ± 2.2	0.5 ± 0.5	0.022 ± 0.004	0.034 ± 0.009	0 ± 0.0

由表 3-10 数据可知：由于气干的干燥环境较温和，干燥后开裂增加数、开裂增长量及孔洞增加数均较小。立式和卧式的干燥质量差异不大，但单板进行卧式气干后的变形随单板厚度增加而有所增大，这主要是由于卧式气干所占用面积大，白天阳光照射接受的能量较多，干燥快，且单板厚度大，单板上面、下面的干燥速度差异较大，导致干燥变形逐渐增大（孙锋，2013）。

3. 桉木单板气干建议

1）单板采用立式气干比卧式气干场地利用效率显著提高，且立式气干的单板干燥质量较卧式气干好，因此建议采用立式气干的方法进行干燥。

2）规范桉木单板气干工艺：从天气昼夜温湿度变化情况来看，白天温度高、相对湿度低，而夜晚温度低、相对湿度高达 90%。对应的平衡含水率白天最低至 7% 以下，而夜晚最高可达 20%，因此合理地选择单板干燥的起始时间对于保障单板干燥质量、提高干燥效率有着重要的意义。由于单板在一天之内即可完成干燥过程，因此建议企业进行气干在 18:00 以后进行单板摆放，晚上平衡含水率较高时单板干燥不太剧烈，且整个干燥过程平衡含水率逐渐降低，符合木材干燥规律，到达次日接近中午后平衡含水率在 10% 以下，有利于保证单板干燥后处于低含水率状态，18:00 之前完成单板的收集入库工作。

3）试验时为当地气候干燥季节，单板干燥质量较理想。若处于雨季，在有遮雨棚的条件下最低含水率也只能达到 20% 左右，气干只能作为单板的预干燥处理，在生产胶合板前需要进行人工干燥。例如，采用热压干燥，可同时对桉木单板的含水率和平整度进行调整。

（二）喷气式单板干燥机干燥

1. 试验材料及方法

选取当前种植及应用最广泛的尾巨桉（*E. urophylla* × *E. grandis*），以及为胶合板生产进行定向培育、具有应用潜力的柳叶桉（*E. saligna*）、巨桉（*E. grandis*）、大花序桉（*E. cloeziana*）、邓恩桉（*E. dunnii*）和粗皮桉（*E. pellita*）等 6 个树种进行试验，原木均采自广西国有黄冕林场，其相关参数列于表 3-11。原木造材时截成长度为 1.3m 的木段，木段径级为 7~18cm。

表 3-11　桉树树种及相关参数

树种	树龄 / 年	胸径 /cm	树高 /m
尾巨桉 *E. urophylla* × *E. grandis*	4	14~15	18~19
柳叶桉 *E. saligna*	10	19~25	19~25
巨桉 *E. grandis*	10	17~21	19~22
大花序桉 *E. cloeziana*	10	18~21	18~20
邓恩桉 *E. dunnii*	10	17~19	14~21
粗皮桉 *E. pellita*	10	17~22	15~19

将 6 种桉树原木用无卡轴旋切机旋切成 2.3mm 厚的单板，之后剪切成 1270mm × 640mm 幅面规格的单板。本试验采用苏州市永祥机械有限公司制造的 BG1333 型喷气辊筒式单板干燥机进行单板干燥，干燥机的工作宽度 2800mm，干燥总长度 32m，传动速度为 1~10m/min，额定功率 216kW，加热介质为热油。前半区干燥温度为 150℃，后半区干燥温度为 170℃，单板干燥的进给速度为 4.8m/min。

干燥前测量单板的初含水率，单板质量检测包括由开裂及活节脱落造成的孔洞数，用卷尺测量开裂长度，干燥前将开裂标记好；干燥后的质量检测包括单板终含水率、开裂、翘曲及孔洞数。

2. 结果与讨论

（1）干燥对不同树种桉木单板含水率的影响

图 3-35 为 6 种桉树单板旋切后初含水率和干燥后终含水率情况，可以看出，虽然 6 个树种原木均采伐自同一个林场，但单板的初含水率差异很大，其中单板初含水率最大的为邓恩桉，达到 111.5%，最小的为大花序桉，单板初含水率只有 70.8%，且变异性最大。不同树种间单板初含水率在 α=0.01 水平下存在极显著差异。这主要是不同树种的生长性状不同，且含水率与木材密度有关，即同样的水分含量条件下密度大的表现为含水率较低。

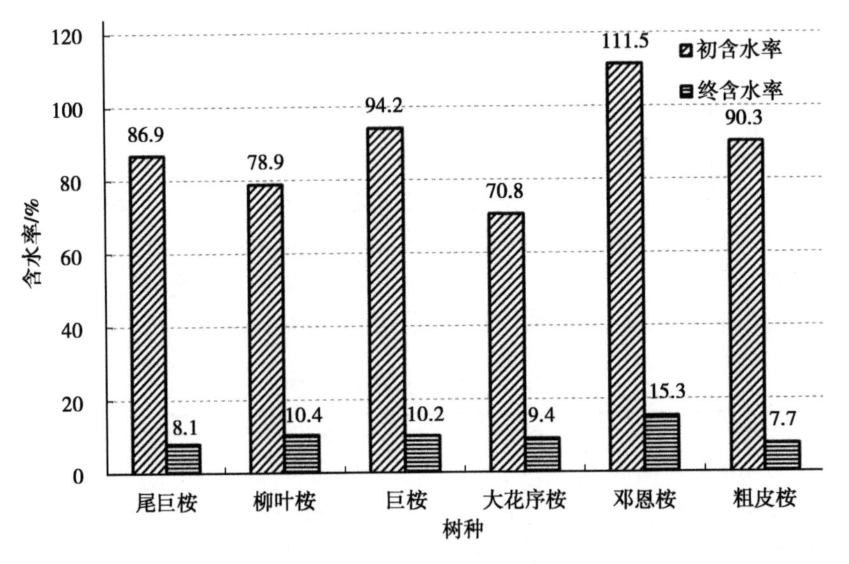

图3-35　6种桉树单板旋切后初含水率及干燥后终含水率情况

从干燥后单板终含水率结果来看，邓恩桉单板终含水率在 6 种桉木单板中最高，为 15.3%，且偏差最大，为 4.86%；粗皮桉单板终含水率最低，只有 7.7%，这主要与单板的密度及渗透性有直接关系；邓恩桉基本密度在 0.50g/cm^3 以上（任世奇等，2010a），密度较大且初含水率高，表明邓恩桉木材中的绝对水分含量大，导致同样的干燥工艺时终含水率较高，虽然邓恩桉终含水率均值（15.3%）低于标准要求（16%），但许多单板终含水率超过了规定值，因此邓恩桉单板干燥质量未达标；尾巨桉树龄为 4 年，基本密度只有 0.40g/cm^3，较易干燥，单板终含水率也较低。研究表明，单板终含水率控制在 8%~12%，胶合质量较好，因此除邓恩桉外，其他 5 种桉树单板干燥后的终含水率均能满足胶合板生产要求。

方差分析结果表明，不同树种间单板终含水率在 α=0.01 水平下存在极显著差异。从单板初含水率和终含水率的对比来看，大小顺序不尽相同，表明不同树种单板干燥特性是有差别的。邓恩桉初含水率和终含水率均为最高，表明 6 个树种中邓恩桉单板最难干燥，干燥速度最低；而粗皮桉初含水率也较高，但终含水率最低，表明粗皮桉较易干燥。6 种桉树单板的干燥从难到易程度的排序为：邓恩桉＞柳叶桉、巨桉＞大花序桉＞尾巨桉、粗皮桉。

（2）干燥对不同树种桉木单板开裂的影响

表 3-12 为 6 种桉树单板干燥后开裂增加数及差异性数据，虽然方差分析结果表明几个树种间单板开裂增加数不存在显著性差异，但均值仍显示出一定的不同，邓恩桉为 9 条，在 6 种桉木单板中开裂增加数最多，与其密度大、渗透性差直接相关，同时对照其终含水率为几个树种单板中最高，进一步表明邓恩桉为 6 个树种中最难干燥的，而粗皮桉与尾巨桉相近，开裂增加数均较低。

表 3-12　6 种桉树单板干燥后开裂增加数及差异性数据

树种	平均值 / 条	标准差	Duncan 分组
尾巨桉 *E. urophylla* × *E. grandis*	6.17	5.44	A
柳叶桉 *E. saligna*	8.27	4.38	A
巨桉 *E. grandis*	6.55	4.08	A
大花序桉 *E. cloeziana*	6.95	4.89	A
邓恩桉 *E. dunnii*	9.00	6.73	A
粗皮桉 *E. pellita*	5.85	3.66	A

注：“Duncan 分组”列中字母不同表示差异显著，下同

从表 3-13 单板干燥后开裂延长量及差异数据的对比来看，开裂延长量最大的为尾巨桉，可能与树龄较短有关，而开裂延长量最低的为邓恩桉，这可能与单板终含水率较高有关。总体来看，开裂延长量均较小，对胶合板生产的影响较小。

表 3-13　6 种桉树单板干燥后开裂延长量及差异

树种	平均值 /cm	标准差	Duncan 分组
尾巨桉 *E. urophylla* × *E. grandis*	1.19	1.78	A
柳叶桉 *E. saligna*	0.60	1.01	AB
巨桉 *E. grandis*	1.10	1.23	AB
大花序桉 *E. cloeziana*	0.65	0.60	AB
邓恩桉 *E. dunnii*	0.28	0.76	B
粗皮桉 *E. pellita*	0.94	1.53	AB

（3）干燥对不同树种桉木单板翘曲变形的影响

翘曲变形是桉木类单板在干燥过程中较易出现的现象，单板翘曲程度（翘曲度）也是评价单板质量的一个重要因素，直接影响着胶合板组坯的效率及质量。表 3-14 及表 3-15 分别为 6 种桉树单板的大头（原木段大头）和小头处单板的翘曲程度数据及差异性。总体来看，同一树种单板的大头和小头处干燥后翘曲度相近；而不同树种间比较发现，尾巨桉、大花序桉和巨桉单板干燥后翘曲均较大，在 2.3% 以上；邓恩桉和粗皮桉单板翘曲度较接近，在 1.6%~1.9%，但邓恩桉终含水率较高，可比性不足；柳叶桉单板翘曲度最低，在 1.1% 左右。单板干燥导致翘曲主要是由径向、弦向干缩差异及单板厚度上含水率差异形成的干燥应力所造成，由于单板厚度较小，干燥应力释放较易引起变形。方差分析结果显示，不同树种间单板干燥后的翘曲度在 α=0.01 水平上存在极显著差异，单板干燥后翘曲度顺序为：大花序桉＞尾巨桉、巨桉＞邓恩桉＞粗皮桉＞柳叶桉。

表 3-14　6 种桉树单板干燥后大头翘曲度及差异

树种	平均值 /%	标准差	Duncan 分组
尾巨桉 *E. urophylla* × *E. grandis*	2.47	1.31	A
柳叶桉 *E. saligna*	1.10	0.50	D
巨桉 *E. grandis*	2.31	0.73	AB
大花序桉 *E. cloeziana*	2.58	0.76	A
邓恩桉 *E. dunnii*	1.87	0.73	BC
粗皮桉 *E. pellita*	1.66	0.88	C

表 3-15　6 种桉树单板干燥后小头翘曲度及差异

树种	平均值 /%	标准差	Duncan 分组
尾巨桉 *E. urophylla* × *E. grandis*	2.32	0.96	AB
柳叶桉 *E. saligna*	1.19	0.69	C
巨桉 *E. grandis*	2.38	1.14	AB
大花序桉 *E. cloeziana*	2.51	0.78	A
邓恩桉 *E. dunnii*	1.82	0.90	B
粗皮桉 *E. pellita*	1.84	1.04	B

（4）干燥对不同树种桉木单板孔洞的影响

通常人工林桉木采伐时径级较小，因此节子较多，单板中的节子在单板旋切及干燥过程中会引起脱落，可能会影响后续的胶合性能而造成产品质量问题，有研究表明孔洞是影响单板质量等级的主要因素（任世奇等，2010b）。表 3-16 为干燥前 6 种桉树单板中脱落节子造成的孔洞数及差异情况，巨桉节子脱落造成的孔洞数最大，均值达到4.25个；粗皮桉次之，为2.25个；其他4种桉树单板孔洞数较少，均值不足1个。这主要是树种不同，正常纹理与节子附近材质差异不同，从而引起原木在旋切过程中节子脱落形成的孔洞数不同。

表3-16　6种桉树单板干燥前孔洞数及差异

树种	平均值/个	标准差	Duncan分组
尾巨桉 *E. urophylla* × *E. grandis*	0.31	0.72	C
柳叶桉 *E. saligna*	0.53	1.25	C
巨桉 *E. grandis*	4.25	3.40	A
大花序桉 *E. cloeziana*	0.80	1.11	C
邓恩桉 *E. dunnii*	0.25	0.72	C
粗皮桉 *E. pellita*	2.25	2.02	B

表3-17为单板干燥后孔洞增加数及不同树种间的差异性数据，巨桉单板的孔洞增加数最大，均值达到了5.65个；大花序桉和粗皮桉次之；尾巨桉最低，均值只有1.06个，这可能与尾巨桉树龄较小有关。节子处的材质与木材主体的差异性不太大，单板干燥后孔洞的增加主要是由于节子处木材的纹理方向与单板木材主纹理方向垂直，在剧烈的干燥条件下节子的弦径向干缩比节子邻近部位单板正常纹理处收缩大，使节子与周边木材间产生拉应力造成裂隙的发生；而且节子顺纹方向（单板的厚度方向）上的干缩小于单板厚度方向上的干缩，节子处厚度尺寸较正常单板厚度大些，干燥过程中干燥机输送辊的压力导致活节脱落形成孔洞。节子处的材质与正常材质差异越大，越易产生孔洞。方差分析结果显示，不同树种间单板干燥后孔洞增加数在α=0.01水平下存在极显著差异，单板干燥后孔洞增加数顺序为：巨桉、大花序桉、粗皮桉＞柳叶桉、邓恩桉、尾巨桉。

表3-17　6种桉树单板干燥后孔洞增加数及差异

树种	平均值/个	标准差	Duncan分组
尾巨桉 *E. urophylla* × *E. grandis*	1.06	2.00	B
柳叶桉 *E. saligna*	1.97	2.03	B
巨桉 *E. grandis*	5.65	4.30	A
大花序桉 *E. cloeziana*	5.05	4.03	A
邓恩桉 *E. dunnii*	1.40	1.79	B
粗皮桉 *E. pellita*	4.35	2.89	A

3. 结论与建议

桉树单板主要用作多层实木地板基材胶合板的制造，对产品质量影响最大的因素为单板含水率和孔洞，基次是翘曲和开裂。研究结果表明，干燥过程对单板含水率及质量有着极重要的影响。总体来看，在本试验工艺条件下粗皮桉、尾巨桉、大花序桉和柳叶桉的单板干燥质量较好（周永东等，2014），可以满足胶合板生产质量的要求；但邓恩桉和巨桉的单板干燥质量较差，需要进一步对干燥工艺进行研究。

（三）单板热压干燥

多张单板热压干燥通常用于企业购买的预干单板，广东、广西等地桉木单板加工企业多采用气干，终含水率不稳定，含水率不能满足胶合板产品制造的要求，因此需要进行二次干燥。针对这种情况，企业通常将多张预干单板层叠在一起，放在多层热压机上进行干燥。

1. 试验材料及方法

试验材料：广西某胶合板企业生产的柳叶桉（*E. saligna*）预干单板，幅面规格为 1270mm × 640mm × 2.3mm（长 × 宽 × 厚），含水率为 20%~22%。裁成 300mm × 300mm 规格的单板备用。

试验设备：恒温恒湿箱；DHG-9053A 型电热恒温鼓风干燥箱；天平（精确至 0.001g）；YM-50A 型两用含水率测试仪；幅面规格为 300mm × 300mm 的导热油加热热压机。

2. 结果与讨论

（1）多张预干单板热压干燥过程曲线

在压力为 0.2MPa、热板温度为 120℃、两热板间单板张数为 10 张（NO.1~NO.10）、干燥时间为 30min 的条件下，预干单板含水率的变化趋势如图 3-36 所示。

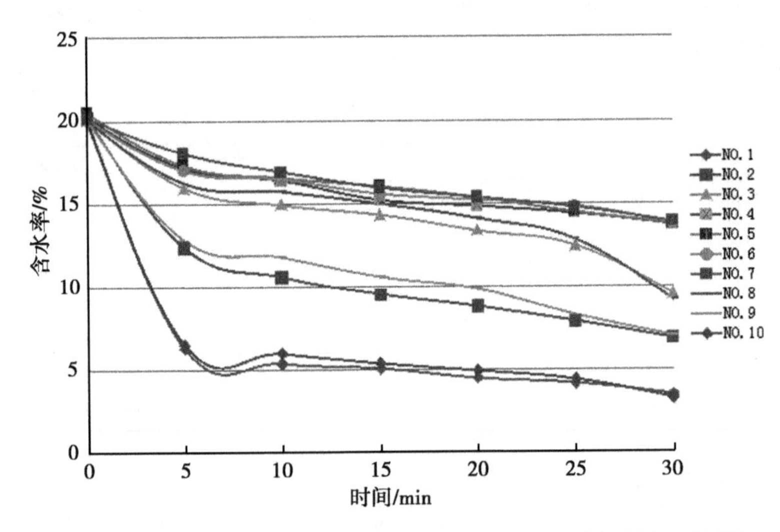

图3-36 热压干燥过程中10张单板含水率变化（彩图请扫封底二维码）

预干单板含水率变化曲线基本呈两两对称状态。不同位置的单板，含水率变化趋势明显不同。靠近热板处单板（NO.1、NO.10）及其相邻单板（NO.2、NO.9）在干燥开始 5min 内，含水率急剧下降；之后的 25min 内，含水率下降速率减慢，变化不大。位于中间的 6 张单板，其含水率在整个热压干燥过程中下降缓慢。在 5~25min，10 张单板的含水率变化曲线可以分为 3 组，NO.1、NO.10 单板为第一组，含水率最低；NO.2、NO.9 单板为第二组，含水率明显高于 NO.1、NO.10 单板，但低于中间 6 张单板；中间 6 张单板为第三组，含水率下降速率最慢。在 30min 时，NO.3、NO.8 单板含水率有了较大幅度的下降，此时 10 张单板按含水率的高低可分为 4 组。

图 3-37 为靠近热板处单板（NV）与中间单板（MV）在热压干燥过程中的温度（T）变化和含水率（MC）变化过程。从图中可以看出，靠近热板处单板在热压干燥开始时快速升温，之后逐渐平缓（NV-T）；相应地，其含水率先迅速下降，后下降缓慢（NV-MC）。中间单板升温速率明显小于靠近热板处单板，且在整个过程中逐渐变小，至 14min 时，升温曲线趋于水平（MV-T）；中间单板的含水率曲线则一直处于平稳下降状态（MV-MC）。预干单板含水率较低，且多张单板一起干燥时，靠近热板处单板与中间单板的干燥程度明显不同。若按干燥速度进行划分段，中间单板含水率的变化则明显滞后于靠近热板处单板，且靠近热板处单板含水率降至 5% 时，中间单板的含水率仍保持在 18% 左右。因此，可根据木材中水分的蒸发温度将多张单板热压干燥过程分为 3 个阶段：初始阶段（I），热压干燥开始至靠近热板处单板中心温度达到 100℃；中间阶段（M），中间单板中心温度达到 100℃；结束阶段（E），至干燥最终时刻。

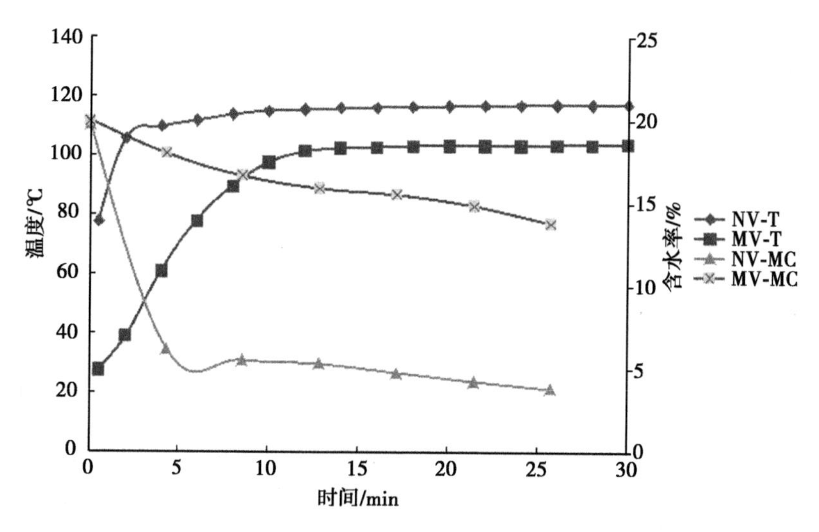

图3-37　多张单板热压干燥过程中不同位置处单板的温度（T）变化和含水率（MC）变化

（2）单板含水率水平和竖直方向的分布

用6个时刻单板水平方向、竖直方向的含水率变化分析整个热压干燥过程中水平方向和竖直方向的含水率分布。图3-38为每张单板的边缘和中心在5min（图3-38A）、10min（图3-38B）、15min（图3-38C）、20min（图3-38D）、25min（图3-38E）、30min（图3-38F）时含水率的分布图。在水平方向，每张单板的中心含水率略高于边缘，但差异不显著。在竖直方向，NO.1、NO.10单板的含水率下降迅速，而NO.4、NO.5、NO.6、NO.7单板的含水率下降较慢。竖直方向上热压干燥前（0min），10张单板间含水率无显著差异（$P > 0.05$），热压干燥开始后（5~30min），10张单板的含水率在0.05水平上存在极显著差异。

（3）热压因子对热压干燥单板质量的影响

1）单板干缩率。不同压力、热板温度、单板张数下单板干缩率如表3-18所示，单板的宽度干缩率随压力的增加略有减小，厚度干缩率则随压力的增加而增大。热板温度对单板干缩率的影响不明显，宽度干缩率和厚度干缩率总体

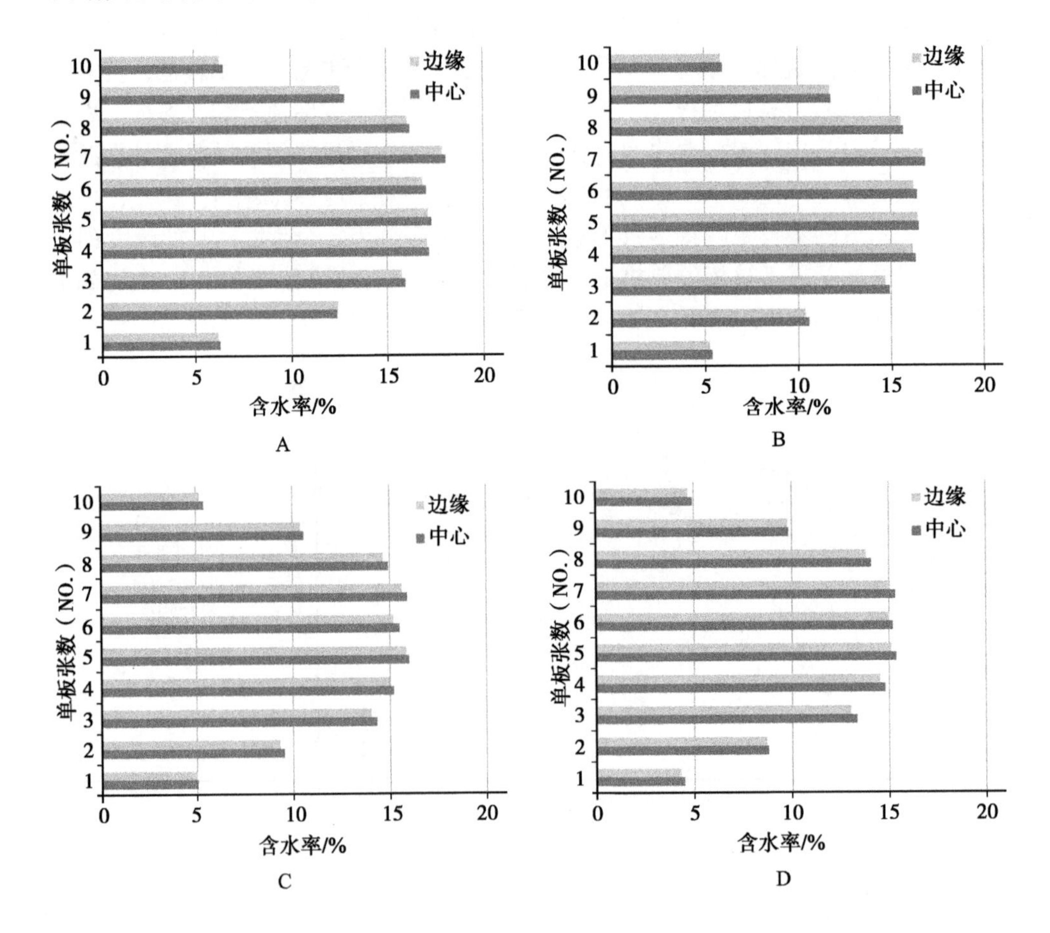

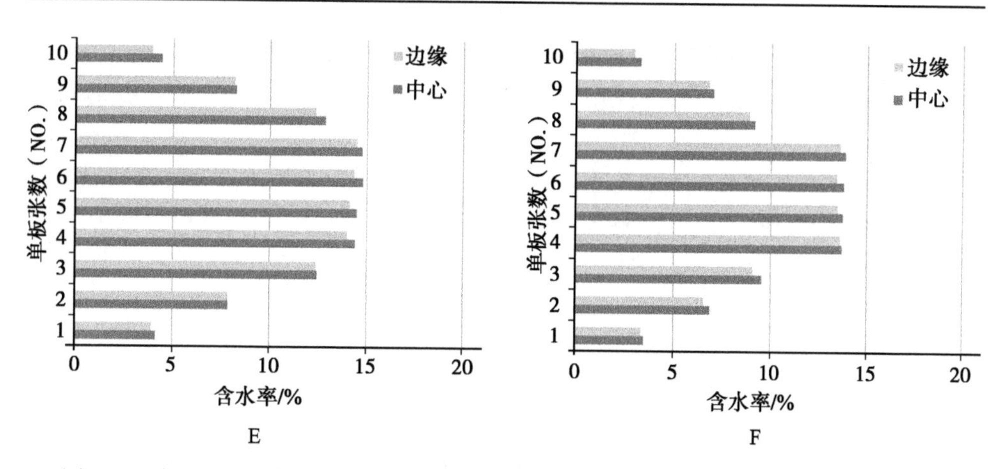

图3-38　热压干燥不同时间时每张单板边缘与中心的含水率分布（彩图请扫封底二维码）
A. 热压干燥 5min，单板水平方向含水率分布；B. 热压干燥 10min，单板水平方向含水率分布；C. 热压干燥 15min，单板水平方向含水率分布；D. 热压干燥 20min，单板水平方向含水率分布；E. 热压干燥 25min，单板水平方向含水率分布；F. 热压干燥 30min，单板水平方向含水率分布

趋势上随温度的升高而有所增大。单板张数越多，宽度干缩率越大，而厚度干缩率则呈减小状态。

表 3-18　不同压力、热板温度、单板张数下单板干缩率

压力 /MPa	干缩率 /%		热板温度 /℃	干缩率 /%		单板张数	干缩率 /%	
	宽度	厚度		宽度	厚度		宽度	厚度
0.1	1.40	5.34	120	1.37	7.42	5	1.09	8.46
0.2	1.34	7.48	140	1.47	7.37	10	1.32	7.46
0.3	1.30	10.02	160	1.40	7.64	15	1.45	7.32

2）单板平整度。多张单板热压干燥后，单板平整度随压力的增加而增大，即平整度因压力增加而增大（表 3-19）；热板温度升高，单板张数增多，单板平整度均增大。

表 3-19　不同压力、热板温度、单板张数下单板平整度

压力 /MPa	平整度 /%	热板温度 /℃	平整度 /%	单板张数	平整度 /%
0.1	1.21	120	1.29	5	0.42
0.2	1.36	140	1.38	10	1.07
0.3	1.43	160	1.32	15	1.51

3）单板终含水率。如表 3-20 所示，多张单板热压干燥后，其终含水率标准差为 0.56~1.77，变异系数小于 8.00%。热压工艺因子对其影响并无一定规律（表 3-20）。

表 3-20　不同压力、热板温度、单板张数下单板终含水率的变异系数

压力 / MPa	标准差	变异系数 / %	热板温度 / ℃	标准差	变异系数 / %	单板张数	标准差	变异系数 / %
0.1	0.56	7.20	120	1.77	8.00	5	0.98	7.35
0.2	1.53	6.87	140	1.54	6.32	10	1.03	5.28
0.3	1.31	7.25	160	1.71	5.37	15	1.61	6.68

3. 结论与建议

1）多张单板热压干燥过程根据不同位置单板温度达到 100℃分为 3 个阶段：热压干燥开始至靠近热板处单板中心温度达到 100℃的初始阶段（I）；至中间单板中心温度达到 100℃的中间阶段（M）；至干燥最终的结束阶段（E）。

2）压力越大、热板温度越高、单板张数越少，单板的升温速率越快。压力对单板干燥速度的影响较小，单板的干燥速度随热板温度的升高、单板张数的减少而加快。

3）单板的宽度干缩率随压力的增加略有减小，厚度干缩率则随压力的增加而增大。宽度干缩率和厚度干缩率均随温度的升高而有所增大。单板张数越多，宽度干缩率越大，厚度干缩率则呈减小状态。单板的平整度随压力的增加、热板温度的升高、单板张数的增多而降低。多张单板热压干燥后，需要晾晒 30min 以上，以保证每张单板的终含水率是均匀的（韩晨静，2014）。热压干燥后的晾晒也会由于单板温度较高继续向环境中散失水分，单板含水率下降，有些企业正是利用这一点，在热压干燥后将单板分散开并利用鼓风机等使单板周边环境空气流动起来，以加速单板的干燥进程。

第三节　单板质量评价

桉树木材销售以木材重量为计价标准，对于营林者来说注重单位面积的产量和单株的材积，但是单板生产企业更关注单位材积原木生产的单板等级和价值（彭彦等，2011），单板出材率及等级越高，价值就越高，收益也越多。单板质量评价对于单板加工及单板旋切企业等具有重要作用。

一、单板质量评价标准

（一）桉木单板质量分级行业标准

中华人民共和国林业行业标准 LY/T 1599—2011《旋切单板》对单板的规格尺寸和允许偏差，以及阔叶材旋切单板外观质量评价指标进行了规定。本节对桉

木单板相关质量指标进行简要介绍。

1. 规格尺寸和允许偏差

1）规格尺寸如表 3-21 所示。

表 3-21　规格尺寸

宽度 /mm	长度 /mm	厚度 /mm
640，850，970，1270	970，1270，1930，2235，2540	0.55~6.00

注：特殊尺寸由供需双方协议

2）宽度和长度允许偏差，宽度允许偏差为 +15/–5mm；长度允许偏差为 +5/–30mm。

3）厚度允许偏差如表 3-22 所示。

表 3-22　厚度尺寸允许偏差

名义厚度 /mm	单板内允许偏差	单板间允许偏差
$t \leqslant 1.5$ mm	± 0.05mm	± 0.1mm
1.5mm $< t \leqslant$ 3.5mm	± 4%	± 8%
3.5mm $< t \leqslant$ 6.0mm	± 3%	± 6%

4）垂直度允许偏差为 1.5mm/m。

2. 外观质量

表板外观质量分为 5 个等级，具体要求按表 3-23 规定，其中Ⅳ等和Ⅴ等一般用作背板。芯板分为Ⅰ、Ⅱ两个等级，具体要求按表 3-24 规定。

表 3-23　表板用阔叶材旋切单板按外观分等要求

<table>
<tr><th rowspan="2">序号</th><th rowspan="2">缺陷名称</th><th rowspan="2">检量项目</th><th colspan="5">单板等级</th></tr>
<tr><th>Ⅰ</th><th>Ⅱ</th><th>Ⅲ</th><th>Ⅳ</th><th>Ⅴ</th></tr>
<tr><td>1</td><td>针节</td><td>最多允许个数 / 个</td><td colspan="5">允许</td></tr>
<tr><td>2</td><td>活节</td><td>最大单个直径 /mm</td><td>10，不允许开裂</td><td>20，允许轻微开裂</td><td>35</td><td>50</td><td>允许</td></tr>
<tr><td rowspan="4">3</td><td>半活节、死节、夹皮</td><td>每平方米板面上允许个数</td><td>不允许</td><td>4</td><td>6</td><td>6</td><td>不限</td></tr>
<tr><td>半活节</td><td>最大单个直径 /mm</td><td>不允许</td><td>10
小于 5 不计</td><td>20</td><td colspan="2">允许</td></tr>
<tr><td>死节</td><td>最大单个直径 /mm</td><td>不允许</td><td>5
小于 2 不计</td><td>10</td><td>15</td><td>允许</td></tr>
<tr><td>夹皮</td><td>最大单个长度 /mm</td><td>不允许</td><td>20
小于 2 不计</td><td>30</td><td colspan="2">允许</td></tr>
</table>

续表

<table>
<tr><th rowspan="2">序号</th><th rowspan="2" colspan="2">缺陷名称</th><th rowspan="2">检量项目</th><th colspan="5">单板等级</th></tr>
<tr><th>I</th><th>Ⅱ</th><th>Ⅲ</th><th>Ⅳ</th><th>Ⅴ</th></tr>
<tr><td rowspan="2">4</td><td rowspan="2" colspan="2">虫孔、钉孔、孔洞</td><td>最大单个直径 /mm</td><td rowspan="2">不允许</td><td>5</td><td>10</td><td>20</td><td rowspan="2">允许</td></tr>
<tr><td>每平方米板面上允许个数</td><td>4</td><td>6</td><td>不呈筛状不限</td></tr>
<tr><td>5</td><td colspan="2">腐朽</td><td>—</td><td colspan="3">不允许</td><td colspan="2">允许有轻微不影响木材强度的初腐</td></tr>
<tr><td rowspan="4">6</td><td rowspan="4">裂缝</td><td rowspan="3">开放</td><td>最大单个宽度 /mm</td><td rowspan="3">不允许</td><td>1.5</td><td>3</td><td>10</td><td rowspan="3">允许，需良好填补</td></tr>
<tr><td>最大单个长度占板长的百分比 /%</td><td>10</td><td>20</td><td>33</td></tr>
<tr><td>每米板宽允许条数</td><td>4</td><td>4</td><td>4</td></tr>
<tr><td>闭合</td><td>—</td><td>不允许</td><td colspan="4">允许</td></tr>
<tr><td>7</td><td colspan="2">变色</td><td>占板面面积的百分比 /%</td><td>不允许</td><td>5，轻微变色</td><td>30，轻微变色</td><td colspan="2">允许</td></tr>
<tr><td>8</td><td colspan="2">污染</td><td>占板面面积的百分比 /%</td><td colspan="2">不允许</td><td>3，不影响胶合质量</td><td colspan="2">5，不影响胶合质量</td></tr>
<tr><td>9</td><td colspan="2">毛刺沟痕</td><td>累积面积占板面面积的百分比 /%</td><td>不允许</td><td>1，轻微</td><td>5，轻微</td><td colspan="2">允许</td></tr>
<tr><td>10</td><td colspan="2">刀痕</td><td>—</td><td>不允许</td><td>极轻微，手感不明显</td><td colspan="3">轻微</td></tr>
<tr><td rowspan="3">11</td><td rowspan="3" colspan="2">拼接叠离</td><td>每米宽内允许拼接条数</td><td rowspan="3">不允许</td><td>1</td><td>2</td><td>3</td><td>不限</td></tr>
<tr><td>单个最大叠离宽度 /mm</td><td>0.5</td><td>1</td><td>1.5</td><td>2</td></tr>
<tr><td>单个最大叠离长度占板长的百分比 /%</td><td>10</td><td>30</td><td>40</td><td>50</td></tr>
<tr><td rowspan="3">12</td><td rowspan="3" colspan="2">补片、补条</td><td>每平方米板面允许条数</td><td rowspan="3">不允许</td><td>3</td><td>不限</td><td>不限</td><td rowspan="3">允许，需良好修补</td></tr>
<tr><td>累积面积占板面面积的百分比 /%</td><td>0.5</td><td>3</td><td>5</td></tr>
<tr><td>缝隙 /mm</td><td>0.5</td><td>1</td><td>2</td></tr>
<tr><td>13</td><td colspan="2">纵向斜接或指接</td><td>每米板长内允许个数</td><td colspan="3">不允许</td><td colspan="2">1，平整且严密</td></tr>
</table>

3. 含水率

标准规定，表板用旋切单板含水率不大于 16%，内层单板用旋切单板含水率不大于 12%。

表 3-24 内层单板用旋切单板按外观分等要求

<table>
<tr><th rowspan="2">序号</th><th rowspan="2" colspan="2">缺陷名称</th><th rowspan="2">检量项目</th><th colspan="2">芯板等级</th></tr>
<tr><th>Ⅰ</th><th>Ⅱ</th></tr>
<tr><td>1</td><td colspan="2">针节、活节</td><td>—</td><td colspan="2">允许</td></tr>
<tr><td rowspan="2">2</td><td rowspan="2" colspan="2">死节、半死节、节孔和虫孔</td><td>最大单个直径 /mm</td><td>15，8 以上孔洞需修补</td><td>25，8 以上孔洞需修补</td></tr>
<tr><td>每平方米板面上允许个数</td><td>不密集</td><td>不限</td></tr>
<tr><td>3</td><td colspan="2">腐朽</td><td>—</td><td colspan="2">允许有不影响木材强度的初腐</td></tr>
<tr><td>4</td><td colspan="2">夹皮、树胶道和树脂囊</td><td>—</td><td colspan="2">轻微，不影响胶合强度的不限</td></tr>
<tr><td rowspan="4">5</td><td rowspan="4">裂缝</td><td>闭合</td><td>—</td><td colspan="2">允许</td></tr>
<tr><td rowspan="3">开放</td><td>最大单个宽度 /mm</td><td>2</td><td>3</td></tr>
<tr><td>最大单个长度占板长的百分比 /%</td><td>20</td><td>30</td></tr>
<tr><td>每米板宽条数</td><td>3</td><td>不限</td></tr>
<tr><td>6</td><td colspan="2">毛刺沟痕</td><td>累积面积占板面面积的百分比 /%</td><td>3，轻微允许</td><td>5，不穿透</td></tr>
<tr><td>7</td><td colspan="2">刀痕</td><td>—</td><td colspan="2">无明显手感允许</td></tr>
<tr><td>8</td><td colspan="2">污染</td><td>—</td><td colspan="2">影响胶合质量的污染不允许</td></tr>
<tr><td rowspan="3">9</td><td rowspan="3" colspan="2">补条、补片</td><td>每平方米板面上允许条数</td><td>不限</td><td rowspan="2">允许</td></tr>
<tr><td>累积面积占板面面积的百分比 /%</td><td>3</td></tr>
<tr><td>缝隙 /mm</td><td>1</td><td>3</td></tr>
<tr><td rowspan="3">10</td><td rowspan="3" colspan="2">拼接叠离</td><td>每米宽内允许拼接条数</td><td>2</td><td>不限</td></tr>
<tr><td>单个最大叠离宽度 /mm</td><td>1</td><td>2</td></tr>
<tr><td>单个最大叠离长度占板长的百分比 /%</td><td>30</td><td>不限</td></tr>
</table>

（二）桉木单板质量分级企业标准

从中华人民共和国林业行业标准 LY/T 1599—2011《旋切单板》单板外观质量评价指标和单板分级指标来看，由于桉木单板由小径原木旋切而成，单板中节子、孔洞、虫眼、树胶道、开裂等缺陷较多，严格按上述标准分等，几乎所有单板均属于Ⅳ级（任世奇等，2010b），大多只能作为芯板使用。且当前桉木单板多用于生产基材用胶合板，作为初级产品，因此与传统意义上的胶合板产品相比对单板等级的要求要低一些。再考虑到胶合板企业的生产工艺，许多企业生产中并不采用行业标准作为单板分级标准。而是根据胶合板生产的实际制定单板质量等级企业标准，主要依单板幅面规格及目测单板表面质量对单板进行分等，再参考外观质量区分为表板、背板或芯板。表 3-3 为某胶合板生产企业生产多层实木复合地板基材用胶合板时，采用的桉木单板质量分级标准，按表面质量及幅面规格共分为 5 个等级（孙锋等，2012a）。

二、评定单板质量的主要指标

桉木单板质量的常用评定指标有 4 个：单板厚度偏差，即加工精度；单板背面裂隙率；单板表面粗糙度；单板横纹抗拉强度。其中前两个是最主要的，因为单板背面裂隙越多、深度越大，单板的表面粗糙度就越差，横纹抗拉强度也就越小。而且单板厚度偏差和背面裂隙率的测定方法和测定仪器较为简单，生产中便于采用，因此，通常只根据这两项评定单板质量的好坏（周兰美和金维洙，2003；余养伦和于文吉，2009；叶忠华，2012）。

1. 单板厚度偏差

由于受到切削条件、树木本身构造、设备精度等影响，旋切的单板厚度存在偏差。厚度偏差大导致单板涂胶时各处涂胶量不均匀，胶固化干缩时产生不均匀的内应力，从而造成产品变形；且由于各处压缩率不一致，胶合强度不均匀。此外，厚度偏差大也不利于胶合板的后期加工。

评价单板厚度均匀性的指标包括：实际平均厚度与名义厚度的差值，单板各处实际厚度的不均匀性可用厚度变异系数（V）表示。

$$单板厚度变异系数V=\frac{S}{\overline{X}}\times 100\%$$

式中，$S=\sqrt{\frac{\sum w^2}{n-1}}$，其中 $w=X_i-\overline{X}$，X_i 为单板各处厚度实测值，$\overline{X}$为单板厚度实测值的平均值，n 为单板数。

2. 单板背面裂隙率

单板旋切时由原始的圆弧状变为平面状，在单板背面出现了很大的横纹拉应力。当此拉应力超过木材横纹抗拉强度时就在单板背面形成了很多细小裂缝，这就是背面裂隙，它降低了单板的质量。裂隙的密度、深度和形状在一定程度上反映了旋切工艺的合理性。观察时可在连续单板带长度上和宽度上取若干块幅面规格为 100mm × 100mm 的检测试件，使单板气干至含水率接近 30% 时，再在单板背面涂以适量的绘图墨水，干后用锋利的刀片沿垂直于试件纹理方向切开，即可在断面上看到染有墨水的裂缝。可采用 10 倍放大镜测定 30mm 长度范围内单板断面上的裂隙深度和条数。评价的指标有：裂缝最大和最小深度、平均裂隙率、裂缝形状、裂缝与单板旋出方向间的夹角等。

平均裂隙率是各裂隙深度与单板厚度之比的平均值（叶忠华，2012）。

$$单板裂隙率 = L/S \times 100\%$$

式中，S 为单板厚度（mm）；L 为裂隙顶端到板边的平均垂直距离（mm）。

3. 单板表面粗糙度

表面粗糙度指单板表面留下的切削痕迹。由于旋切产生裂隙，因此在单板表面留下许多高低不平的凹凸痕迹，从而形成了单板表面粗糙度，影响表面粗糙度的因素包括切削条件、材性（如密度、早晚材变化、年轮）等。

4. 单板横纹抗拉强度

生产中只要单板不易破损，则不对此项进行测定（周晓燕等，2012）。旋切后的单板封边能提高单板横纹抗拉强度，即在单板旋切出来时在单板带两端各贴上一条胶纸带；此外还可用热熔树脂线黏结或用玻纤线缝纫；使用最为普遍的是再湿性胶纸带封边。单板封边还可防止单板干燥过程中的端裂，从而减少单板破裂，提高单板出材率。

三、影响单板质量的因素

影响单板质量的因素很多，如木材材性、原木缺陷、木段处理温度、含水率等工艺条件，旋刀的研磨角及安装位置（刀刃高度、切削角和后角）、旋刀的后角变化程度、压尺的角度和安装位置（压榨百分率、压尺相对于刀刃的水平和垂直距离）等切削条件，以及设备精度与切削及机床的磨损等，而且各因素之间也相互关联。因此，只有协调好单板旋切的工艺条件、切削条件等参数，才能得到高质量的桉木旋切单板。

（一）材性对桉木单板质量的影响

密度和硬度是材性的两个重要指标，尾叶桉、尾巨桉的气干密度分别为 $0.578g/cm^3$、$0.647g/cm^3$，属于中等密度木材，适于旋切单板；尾叶桉密度比尾巨桉低、硬度较小，更易于旋切单板。尾巨桉的气干密度较高，单板旋切时容易出现裂隙，裂隙也比尾叶桉深。尾叶桉弦面、径面的硬度分别比尾巨桉小 6.7%、3.4%，在旋切时阻力相对较小。从单板背面裂隙率情况来看，尾巨桉单板背面裂隙率比尾叶桉大，单板质量较差（叶忠华，2012）。木材密度大、硬度高且变异较大，其旋切单板的厚度变异系数也大，单板质量也相对较差。

（二）生长缺陷对单板质量的影响

木材中存在的天然缺陷，是由于树木生长的生理过程、遗传因子作用或在生长期中受外界环境的影响，主要包括节子、斜纹、应力木、立木裂纹、树木的干形缺陷，以及对外伤反应而产生的缺陷（成俊卿，1985）。原木的生长缺陷会对旋切单板的出材率及质量产生显著影响。

1. 干形缺陷的影响

干形缺陷指原木树干形状差异，包括弯曲度和尖削度。树干变形使原木中轴线偏离两端面中心连接的直线所产生的缺陷，称为弯曲（成俊卿，1985），用弯曲的原木旋切单板时，会显著降低单板的出材率，且单板会由于斜纹多、毛刺等缺陷的发生导致单板质量下降。尖削度指原木两端直径相差较大，其直径从大头至小头逐渐减小的程度。尖削度大的原木旋切单板时，不仅会降低出材率，还会增加单板的斜纹缺陷，降低单板质量。

研究显示，旋切原木的弯曲度和尖削度等干形缺陷直接影响单板的出材率及质量等级（任世奇等，2010b）。

2. 夹皮的影响

夹皮是指生活的树干受伤后，以至这部分树干因形成层死亡而停止生长，但周围的组织生长仍然继续，将树皮的一部分包进木材中所形成的缺陷，又称为树皮囊（成俊卿，1985）。夹皮部分的原木在旋切后形成单板时成为颜色、强度与周围组织差异显著的部分，破坏了单板的完整性和均匀性，对单板的质量、等级和加工产品的影响较大。

3. 节子的影响

节子是指在树干或主枝木质部中的枝条部分。活节是指节子年轮与周围木材紧密连生，质地坚硬，构造正常，由树木的活枝条所形成的节子。死节是指节子年轮与周围木材脱离或部分脱离，由树木的枯死枝条所形成的节子。节子多含树脂，较硬、较重，切削不易，容易形成缺陷（图 3-39），并影响旋切单板的质量。

1）在节子周围，木材纹理产生局部紊乱，并且颜色较深，破坏单板外观的一致性。

2）节子硬度大，在单板旋切过程中易造成单板局部厚度的变异大。

活节

死节

孔洞

图3-39 单板中节子的形态

3）由于节子的纹理和密度与相邻木材不同，木材干燥时收缩方式与相邻木材不一致，活节干燥后造成节子周围的木材易产生裂纹，而死节干燥后容易脱落，使单板产生孔洞，破坏单板的完整性。

4）节子的存在，虽然降低了木材顺纹拉伸、顺纹压缩和弯曲强度，但可以提高横纹压缩和顺纹剪切强度。

4. 扭转纹的影响

具斜纹理的树干或原木，木纤维的排列与树干纵轴方向不一致，而是沿螺旋的方向围绕树干轴向生长，因而木材的表面纹理呈扭曲状，称为扭转纹，也称为斜纹或螺旋纹（成俊卿，1985）。纤维的斜度越大，木材的强度越小，斜纹对木材的顺纹抗拉强度影响最大，且干燥时容易产生扭曲变形缺陷。具有扭转纹的原木旋切单板时容易使木纤维斜向厚度方向上形成单板的毛刺（图 3-40），影响单板质量，且使单板强度下降。

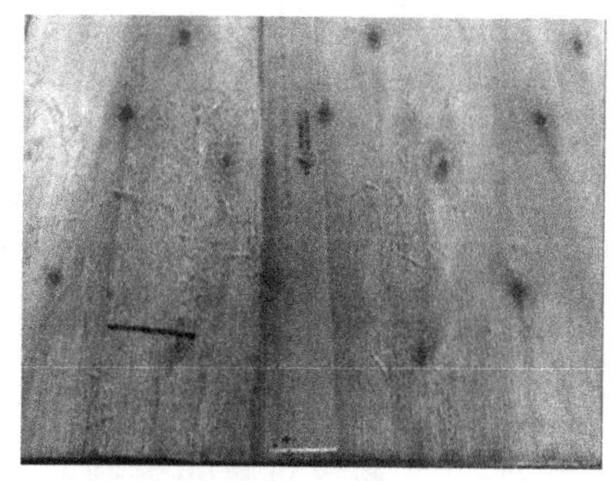

图3-40 扭转纹在单板中的形态(扭纹理毛刺)

5. 开裂的影响

有些树木由于生长应力较大，在伐倒时原木的端面即发生开裂现象，有的则是采伐后气候干燥导致端面开裂的发生（成俊卿，1985）。这种开裂通常沿树木的半径方向发生，加工单板后会直接在单板的端部形成端裂。原木心材、边材比例也会影响单板的端裂，如尾巨桉心材比例较高，木材出现端裂也较多。研究表明，材质硬、结构粗的木材，其开裂程度大于材质软、结构密实的木材（邓玉华等，2013）。开裂（图 3-41）破坏了单板的完整性，影响了后续加工，明显降低产品的力学性能。

图3-41 单板的开裂（彩图请扫封底二维码）

（三）旋切条件对单板质量的影响

1. 旋切角度参数

切削后角一般为 40′~1°，后角过大或过小都会使刀尖变形，在木段表面产生凹凸波浪纹，不仅造成单板厚度不均匀，还可能使木段弯曲，甚至造成木段局部劈裂或折断，因此后角应随木段半径的减小而减小。旋切的研磨角若太小，则刀刃薄而锋利，但其刚性差，旋切时易颤动，单板呈波纹状，并易磨损；若研磨角过大，刚性大，单板离开木段时反弯变形大而产生背裂，降低了单板质量。一般单板厚度为 5mm 以下时，旋刀研磨角为 19° ~20°，旋硬木或厚单板时取大值；当单板厚度为 10mm 时，研磨角应选 20° 30′，切削后角为 30′（周兰美和金维洙，2003）。

2. 单板压榨率

压榨率是单板被压尺压缩的尺寸和单板厚度之间的百分比。一般压榨率为 10% 左右。通常单板旋切厚度随压榨率的变化规律为：压榨率大的单板厚度变化小，薄单板的厚度变异系数大于厚单板；同一旋切厚度的单板，压榨率大的厚度变异系数小。但压榨率过大，旋切单板的厚度变薄，并发生单板初薄现象。压榨率相同时，旋切单板厚度大的初薄量较大；单板厚度相同时，压榨率大的初薄现象较明显。此外，对于不同厚度的单板，在压榨率相同时，背面裂隙率也不相同（周兰美和金维洙，2003）。

（四）含水率对单板质量的影响

含水率较高木段的塑性要好些，单板旋切时可以降低单板的厚度偏差、背面裂隙率和表面粗糙度。小径桉树原木通常在种植区进行旋切，采用生材直接旋切，但要求原木采集后尽快进行单板旋切加工，以避免干燥导致含水率下降过多，降低单板旋切质量。

（五）刀具材料对单板质量的影响

刀具是影响单板质量的重要因素之一，如果刀具的硬度不够，或者磨损较快都会降低单板质量；同时还会加大刀具的维护成本费用。刀具切削性质由刀具的几何形状、材料，以及木段的机械特性和表面性质所决定。在单板生产中，旋切湿木材时使用的刀具大部分是由低合金工具钢制成的，虽然成本较低，但刀具磨损较快，耐用性差，因此必须对刀具进行表面处理。用离子 - 等离子复合处理高速钢和硬质合金刀具足够有效，经过若干次刃磨后仍有较高的耐用度（李良福，2001）。

1. 刀具表面低温离子渗氮

低温离子渗氮的刀具表面硬度从 730HV 提高到 1084HV。摩擦系数（μ）从 0.21~0.53 下降到 0.28~0.34。由于刀具的磨损只有原来的一半，提高了刀具的稳定性，单板厚度的均匀性显著提高，进而提高了单板的质量。一般径向切削力变成负值时，刀刃推向木材，倾向于拒绝切削。普通工具钢刀具切削单板长度为 1200m 时出现此情况，而经过处理的刀具切削长度可增加至 2000m，使刀具的使用寿命显著提高（周兰美和金维洙，2003）。

2. 刀具表面镀铬

将已用的刀具进行热处理后，再在刀具的表面涂上耐研磨层，这种耐研磨层的硬度很高。单板旋切加工时，覆盖氮化铬（CrN）涂层刀具与普通合金钢刀具比磨损量非常小。当旋切单板长度为 4000m 时，刀刃的磨损量只是普通合金钢刀具的 1/2，并且 CrN 涂层刀具磨损不规则，这种不规则是涂层能长时间参与切削从而延时磨损的原因。径向切削力在普通合金钢刀切削单板长度为 1500m 时出现负值，但经过处理的刀具在 3800m 时才出现负值。由于摩擦系数小，切削稳定性好，单板厚度偏差较小（周兰美和金维洙，2003）。

四、几种桉树旋切单板外观质量评价

（一）试验材料及方法

试验用桉树原木采自广西国有黄冕林场，树种为柳叶桉（*E. saligna*）、巨桉（*E. grandis*）、大花序桉（*E. cloeziana*）、邓恩桉（*E. dunnii*）、粗皮桉（*E. pellita*）、本沁桉（*E. benthamii*），以当前生产上广泛使用的尾巨桉 G9 无性系为对照（邓玉华等，2013）。林分密度邓恩桉 1、邓恩桉 2、邓恩桉 3 的株行距分别为 2.5m × 3.5m、2.5m × 3m 和 2m × 3m，其他树种造林的林分密度规格为 2m × 3m。

试验时邓恩桉分别选取 3 株，其他树种分别为 5 株，并截成长度为 1.3m 的原木段。

表 3-25　试验用桉树信息

树种	林龄 / 年	树高 /m	胸径 /cm
邓恩桉 1	10	15.3	14.2
邓恩桉 2	10	15.0	15.6
邓恩桉 3	10	12.9	11.2
大花序桉	10	18.1	15.6
本沁桉	10	19.2	14.6
粗皮桉	10	14.5	14.3
巨桉	10	18.0	17.4
柳叶桉	10	16.5	14.2
尾巨桉	4	18.9	13.3

首先用 BP13 型倒圆设备（最大倒圆长度为 1350mm）进行原木的剥皮、倒圆加工，然后用 BXQS1813A 型旋切机将原木段旋切成厚度为 2.3mm 的单板，最后经剪板机裁剪成长 × 宽为 127cm × 70cm 规格单板，依据原木编号进行顺序标记，最后用剪板机进行规格裁剪，依原木标号对单板进行顺序标记。

参照中华人民共和国林业行业标准 LY/T 1599—2011《旋切单板》表板用阔叶材旋切单板外观质量评价指标，分别对规格板的针节、死节、活节、孔洞、端裂、毛刺、颜色等主要指标进行测量记录，最后将各单板外观质量分为 5 个不同等级（Ⅰ ~ Ⅴ）进行评估。

（二）结果与分析

表 3-26 为几种桉树单板缺陷总体情况，具体分析如下。

1. 针节

分别对不同桉树单板针节情况统计，结果表明，在单板幅面（127cm × 70cm）直径小于 2mm 的针节中，以巨桉（平均 36.44 个）为最多，最少的是尾巨桉，为 7.46 个，树种平均为 22.34 个，其中大花序桉（14.64 个）、本沁桉（18.36 个）、粗皮桉（10.02 个）均低于平均值。尽管针节不影响单板的外观等级，但不同树种之间的针节数存在显著差异。

2. 死节

死节是影响木材质量和等级的重要缺陷之一。小于 6 mm 死节中邓恩桉 1、邓恩桉 3（0.10 个）和本沁桉最少，而尾巨桉平均为 5.75 个；小于 15mm 死节中各树种平均值达到 30.06 个，其中柳叶桉表现突出，仅为 16.99 个，而粗皮

表 3-26　不同树种桉木单板部分缺陷总体情况表

树种	活节 / 个	活节最长径 / mm	夹皮 / 个	小于 20mm 孔洞 / 个	孔洞最长径 / mm	大头端裂数 / 条	大头端裂最长径 / mm	小头端裂数 / 条	小头端裂最长径 / mm	最大毛刺面积 / cm^2
邓恩桉 1	21.0	27.1	8.2	0.3	7.9	6.5	81.0	3.8	58.0	2.37
邓恩桉 2	25.2	24.6	12.8	0.3	1.3	7.8	147.6	5.5	150.5	2.94
邓恩桉 3	40.3	18.7	9.4	0.0	0.0	7.6	54.5	1.6	61.7	1.35
大花序桉	4.9	9.3	2.7	1.1	6.5	8.5	120.2	6.0	88.3	4.40
本沁桉	14.4	27.6	6.4	0.2	1.4	9.0	126.4	5.5	92.5	3.18
粗皮桉	2.9	6.1	0.3	1.6	18.5	9.2	248.4	8.8	212.0	6.95
巨桉	8.7	21.4	20.7	3.3	14.5	6.2	118.2	8.6	168.2	6.98
柳叶桉	21.6	41.7	3.2	0.2	4.9	4.3	111.8	3.6	105.5	2.82
尾巨桉	0.5	0.4	0.0	0.0	0.0	4.6	102.1	4.0	93.5	3.20
树种平均	13.3	21.8	7.1	0.9	6.6	6.6	124.5	5.5	118.8	4.09

桉（49.06个）和尾巨桉（44.33个）处于前列；小于30mm死节中仅尾巨桉具有1.16个。进一步统计各树种的死节最长径，发现平均死节最长径最大的是粗皮桉（53.17mm），其次是巨桉（38.48mm）、大花序桉（36.11mm），最低为邓恩桉，由多至少的顺序为邓恩桉1（21.24mm）、邓恩桉2（18.59mm）、邓恩桉3（17.76mm）。总的来说，死节缺陷上各树种间也存在显著差异。

3. 活节

活节是由树木的活枝条形成的，也是影响木材加工和质量的重要性状。对树种单板的活节情况统计，发现邓恩桉3的活节数最多，平均为40.3个，邓恩桉1为21.0个，不同林分密度之间差别较大，其他树种中也表现出明显的不同（F=13.7），以尾巨桉最少（0.5个），大花序桉、粗皮桉、巨桉均少于10个。进一步对活节最长径进行统计，发现柳叶桉具有最大活节最长径（41.7mm），尾巨桉活节最长径最小（0.4mm）。在邓恩桉中，随着林分密度的增加，其活节最长径呈减少趋势。

4. 夹皮和孔洞

夹皮为树木生长中被木材包围着的树皮碎块，其存在也会影响木材材质。从不同树种的夹皮数量来看，最多的是巨桉，为20.7个，平均为13.0个，按照树种夹皮数量排序：巨桉＞邓恩桉＞本沁桉＞柳叶桉＞大花序桉＞粗皮桉＞尾巨桉。

孔洞对胶合板单板质量影响较大。本研究有孔洞的树种以巨桉最多，平均为3.3个，而邓恩桉1和邓恩桉2两种林分密度之间差异不大，高林分密度（2m × 3m）的邓恩桉3和尾巨桉均不含有孔洞。从孔洞最长径来看，粗皮桉最大，其次是巨桉。邓恩桉3个林分密度表现：随着林分密度增加，其孔洞随着变小，说明林分越密，林分易于立木自然整枝，从而抑制其孔洞的形成。

5. 端裂

端裂多数是原木的生长应力和干缩时出现的裂纹，反映出其木材力学特性。从端裂条数来看，每个树种大头端裂数均比小头端裂数多，在所有树种中以粗皮桉最多，其大头端裂数为9.2条，小头端裂数为8.8条；相对来说，柳叶桉的端裂数比较少，其大头端裂数为4.3条，小头端裂数为3.6条；不同林分密度之间的端裂数均以邓恩桉2最大，邓恩桉3的大头端裂数与邓恩桉2差别不大，但小头端裂数相差明显，说明林分密度会显著地影响木材材性。对大头端裂最长径进行比较，除了邓恩桉和巨桉外，其他树种大头端裂最长径均比小头端裂最长径大，总的来说，树种平均大头端裂最长径（124.5mm）也比小头端裂最长径（118.8mm）大。

6. 毛刺

毛刺反映单板旋切后的情况，其存在会影响单板表面的平整和光滑性。对各树种的毛刺个数和最大毛刺最大长宽进行测量，计算出最大毛刺面积。各树种的平均最大毛刺面积为 4.09cm^2，超过树种平均值的有巨桉和粗皮桉，而柳叶桉、尾巨桉、邓恩桉、本沁桉几个树种基本一致，3 种林分密度中以邓恩桉 2 最大。

（三）结论

1）桉树的栽培措施会对单板质量产生显著影响。对不同桉树树种的单板外观质量进行比较，发现不同树种间的单板外观质量均具显著差异。对 3 种不同林分密度的邓恩桉单板外观质量比较发现，林分密度会对其单板外观特性产生显著影响。

2）桉树种类对单板质量影响显著。根据对不同树种的单板外观质量分析，邓恩桉、本沁桉、粗皮桉、巨桉、柳叶桉、尾巨桉单板材性相近，而粗皮桉和巨桉显著地区别于其他树种，其外观质量综合评价结果也是如此。根据单板外观质量综合评价，适于冷寒地区发展的桉树胶合板材培育可选柳叶桉、邓恩桉、大花序桉、本沁桉，其中柳叶桉最好（邓玉华等，2013）。

参 考 文 献

蔡杰．2004．加拿大杨木单板的挤压脱水干燥．南京林业大学硕士学位论文．

曹曦明，付琼，马志远，等．2009．环式剥皮机配套动力的选择及功率匹配．林业机械与木工设备，37（8）：24-25．

陈光伟，花军，姚翔．2014．单板干燥机的工艺原理与分类．中国人造板，（12）：29-32．

陈宏．2001．分析单板干燥规律完善单板干燥机的设计．林业机械与木工设备，29（10）：18-19．

陈纪均，张福源．1997．热油炉供热在木材单板干燥机上的应用．林产工业，24（3）：32-35．

陈磊．2006．原木无卡轴旋切机自动控制系统的研究．南京林业大学硕士学位论文．

成俊卿．1985．木材学．北京：中国林业出版社．

邓玉华，杨明武，陶再平，等．2013．桉树旋切单板外观质量研究．桉树科技，30（3）：42-46．

丁攀，赵大旭，王群，等．2012．新型无卡轴木材旋切机结构分析与设计．沈阳建筑大学学报，28（1）：162-167．

付琼，曹曦明，张明远．2011．环式剥皮机的刀盘设计．林业机械与木工设备，39（7）：33-34．

葛尽，曲雪岩．2004．高温导热油炉在木材单板干燥中的应用．林业科技，29（4）：36-37．

顾继友，胡英成，朱丽滨．2009．人造板生产技术与应用．北京：化学工业出版社．

顾炼百，李大纲，承国义，等．2000．杨木单板连续式热压干燥的研究．林业科学，36（5）：78-84．

关晓平，李辉，任长清．2014．基于 ANSYS 的铣削式小径木剥皮机刀轴强度分析．木材加工机械，（1）：24-26．

韩晨静．2014．多张单板热压干燥中的传热传质及工艺优化．中国林业科学研究院博士学位论文．
洪辉南．2005．液压无轴木材旋切机的研究与设计．鹭江职业大学学报，13（2）：62-65．
花军，孟庆军．2014．我国单板干燥机制造技术的发展与趋势展望．中国人造板，（11）：21-24，28．
华毓坤．2002．人造板工艺学．北京：中国林业出版社．
康熹，李振献．2001．节能型单板干燥机：中国，ZL00216863.4．
李成全，李昌海，曾凡军．2008．小径木无卡轴旋切机的改进．中国人造板，（8）：35-36．
李良福．2001．国内外涂层刀具的研究状况．机械设计与制造工程，30（3）：4-6．
梁关明．1999．改善单板干燥机热能利用率的途径．林业劳动安全，（1）：33-34．
林业机械与木工设备．2015．百圣源集团新产品“上海木工展”受青睐．林业机械与木工设备，43（5）：35．
刘芳．2012．小径桉木旋切智能剪板系统的研发．北京林业大学硕士学位论文．
刘球．2010．3 年生托里桉修枝效应研究．中南林业科技大学硕士学位论文．
陆仁书．1993．胶合板制造学．2 版．北京：中国林业出版社．
茆光华，陆安进，朱典想．2013．浅谈无卡轴旋切机的技术进展．木工机床，（1）：8-12．
裴志坚．2007．基于 PLC 的单板干燥自动控制系统的研究．南京林业大学博士学位论文．
彭科峰．2015．我国桉树人工林年产木材超 3000 万立方米．http ://news.sciencenet.cn/htmlnews/2015/10/329338.shtm?id=329338 [2015-10-26]．
彭彦，陈少雄，Washusen R，等．2011．5 个尾巨桉无性系材性、单板生产与价值的研究．桉树科技，28（2）：1-9．
齐自成．2011．智能数控无卡轴旋切机的开发与应用．木工机床，（1）：14-17．
任世奇，罗建中，彭彦，等．2010a．17 年生邓恩桉两个种源木材密度与干缩性研究．亚热带植物科学，39（2）：5-9．
任世奇，罗建中，彭彦，等．2010b．桉树无性系的单板出材率与价值研究．草业学报，19（6）：46-54．
沈彦武．2014．无卡轴旋切机和特种旋切机概述．中国人造板，（6）：17-20．
孙锋，周永东，贺志强，等．2012a．无卡轴旋切桉木单板出材率的研究．木材加工机械，（4）：36-39．
孙锋，周永东，贺志强．2012b．我国单板干燥节能技术现状及发展趋势．木材工业，26（6）：35-38．
孙锋，周永东，李晓玲，等．2013．桉木单板出材率的研究．北京林业大学学报，35（4）：128-133．
孙锋．2013．桉木单板干燥及能量利用的研究．中国林业科学研究院硕士学位论文．
孙义刚．2011．数控液压双卡轴旋切机的原理与结构．中国人造板，（1）：19-21．
王金林，李春生，冷跃龙．1995．生材单板挤压脱水的研究．木材工业，9（6）：1-6．
王平，陈光伟，佟晓平，等．2002．圆木力学性质和圆木旋切力与圆木密度之间的关系．东北林业大学学报，30（5）：53-55．
王瑞灿，缪宗华，徐锦强．2001．无卡轴旋切机变速进给理论的研究与计算公式．林业机械与木工设备，29（3）：10-11.
王瑞灿．2001．丝杆驱动式无卡轴旋切机智能数控技术研究．林业科技通讯，（5）：17-18.
吴英豪，朱苗群．2001．国产单板旋切设备的现状与发展．木材加工机械，（2）：28-30.
肖小兵．2017．我国人造板产业发展现状．木材工业，30（2）：11-14，28.
须小宇．1991．新型单板干燥机 BG183A 的设计研究．林产工业，18（4）：21-24.
许伟才，宋修财，丛习军．2009b．小径木单板生产线成套设备催生人造板行业可持续发展．林业机械与木工设备，（12）：14-16.
许伟才，宋修财，孙义刚．2009a．旋切单板生产线的创新设计．林业机械与木工设备，37（10）：38-42.
杨天平，易平，肖斌辉，等．2014．桉木旋切单板经营问题简析及其应对策略．桉树科技，31（3）：54-58.
叶忠华．2012．桉树木材旋切单板质量以及制造胶合板工艺的研究．福建林业科技，39（1）：35-40，52.
余养伦，于文吉．2009．桉树单板高值化利用最新研究进展．中国人造板，（5）：7-12.
张璧光，高建民，伊松林，等．2005．实用木材干燥技术．北京：中国林业出版社.
张清，冯长富，崔启慧，等．2002．连续旋转式剪板机及其应用．林业机械与木工设备，30（2）：27-28.
张少纯．1997．单板旋切厚度均匀性分析及改进措施．东北林业大学学报，（3）：75-77.
张涛．2011．数控旋切机典型件三维造型设计及有限元分析．河北工业大学硕士学位论文.
中华人民共和国林业行业标准．2011．LY/T 1599—2011 旋切单板.
周兰美，金维洙．2003．影响旋切单板质量的因素分析．林业机械与木工设备，31（12）：37-39.
周晓燕，王欣，杜春贵，等．2012．胶合板制造学．北京：中国林业出版社.
周永东，孙锋，吕建雄，等．2014．6 种桉木单板干燥质量的比较．林业科学，50（11）：104-108.
朱典想，李绍成．2011．我国单板加工主要设备的开发及其特性分析．木材工业，25（1）：19-22.
朱典想，俞敏．1999．胶合板生产技术．北京：中国林业出版社.
Hua J．2005．Productive test of a newly drying technology of veneer：intermittent-contact drying of veneer with flexible screen belt．Journal of Forestry Research，16（2）：155-157.

第四章

桉树木材胶合板

桉树木材常用来生产木片，用于造纸工业，也有部分用于木材加工和人造板工业。桉树人造板工业以前主要用于纤维板，也有部分用于胶合板和刨花板，随着天然林的减少和木材需求的增大，木材工业正经历着由应用天然林资源向应用人工林转变的历史转折点。桉树木材由于生长快、木材密度高、刚度大、强度好等特点，引起了人们的重视，国内外对于桉树单板化利用进行了一系列的研究。Ozarska（1999）分析了用桉树代替热带雨林阔叶材生产胶合板和单板层积材（LVL）的可行性；研究结果表明单板等级、树种、热压工艺和胶种对桉树单板层积材物理力学性能有显著的影响（Aydın et al.，2004；Wang et al.，2005）；Mathieu 等（2014）用黑基木（*Eucalyptus pilularis*）生产的层积材胶合性能达到了耐久性结构用材料性能要求；Moura 和 Rocco（2004）用从海狸香 [大戟属（*Euphorbia*）] 植物中提取出的海狸香油（castor oil）合成的油基聚氨酯胶和桉树试验生产 7 层 14mm 厚胶合板，胶合强度超过欧洲人造板标准（EN314-2，1993），静曲强度和弹性模量超过巴西胶合板标准（NBR9532）；中国林业科学研究院木材工业研究所探讨了桉树解剖构造、收缩率、桉树 pH、缓冲容量、热压工艺（热压压力、热压时间、热压温度）和涂胶量等对胶合性能的影响，结果表明，通过合理的工艺，桉树胶合板的胶合强度超过国家一类胶合板胶合强度的要求（余养伦等，2006）。目前，我国南方各省以桉树为原料，生产桉树胶合板，用于制备浸渍胶膜纸饰面胶合板，产品质量良好。目前我国桉树原木径级普遍较小，树木生长应力大，旋切时单板易出现端裂，干燥时出现皱缩、开裂，单板厚薄不均，木材耐腐性较弱，不易进行防腐处理；桉树心材导管中存在侵填体和硬壳状物质，桉树渗透性很差，有脆心、应拉木和节疤等缺陷，极大地限制了桉树的高附加值、高效利用。本章将介绍桉树胶合板的制造工艺及其性能和应用技术。

第一节　桉树胶合板制造工艺

一、木材胶合基本理论概述

（一）木材胶黏剂的发展

早在远古时代，人类开始利用动物蛋白凝固的特性制造胶黏剂，直到 21 世纪初，木材的胶合方式都是采用动物胶；第一次世界大战后，乳酪胶（casein glue）成为胶合板及其他木工业的主要用胶；1928 年，大豆蛋白胶（soybean protein glue）商业化之后，广泛地与乳酪胶并用于木材胶合；20 世纪 30 年代，由酚醛树脂制成的含浸胶合纸（tego film）为第一种木材用耐水型胶黏剂，与此同时，脲醛树脂大量应用于室内用木材胶合；1941 年，木材工业界引进三聚氰胺树脂；第二次世界大战期间，间苯二酚胶被用于胶合飞机机翼、船身等所需集成材与胶合板；第二次世界大战之后，聚醋酸乙烯树脂（PVAc）成为木工家具的主要胶黏剂；1970 年之后，异氰酸酯树脂开始应用于木材胶合。

（二）胶合理论

1. 胶合原理

依照美国材料与试验协会（American Society for Testing and Materials，ASTM）的定义，胶黏剂（adhesive）是指能将表面接触在一起的物体黏合在一起的物质；被胶材（adherend）是指因使用胶黏剂而产生相黏结的物体；而胶合（adhesion）则是指两物体因表面的化学力、机械力或两者皆具之力而黏合在一起的状态。由定义可知，胶合力产生的原因主要可由分子吸引力、机械力、化学结合等学说来解释。

分子吸引力：理论上当分子与分子间极为接近时，就会产生吸引力而互相吸引结合，此种分子间的吸引力为范德瓦耳斯力（van der Waals force）。

机械力：支持此论述的学者认为胶黏剂因渗透至被胶材内、因投锚作用产生机械性的支持力。

化学结合：指胶合体与胶黏剂表面因原子、电子或分子之间的结合而产生胶合性，当两物体因化学结合时，会完全结合成一体，这样结合的力量极强。

究竟胶合力是源自化学力量或是机械力量并无定论，但此两种力量都是可以接受的。以往多认为木材、纸等多孔性材料主要依靠胶黏剂渗透后产生的机械力，而表面结构平滑的金属则主要仰赖化学的吸引力。但是事实上胶黏剂渗透进入木材内部时，一般达2~6个细胞深，除了机械力外，胶黏剂的化学成分与细胞壁之间纤维素、半纤维素产生的化学键结合力也不可忽视，因此木材胶合力应包括化学力与机械力。

2. 胶合破坏五环说

将胶合的木材剖开时，可假定胶合的木材是由5个环接合在一起，当胶合部破坏时，破坏点会发生在最脆弱的环节上。

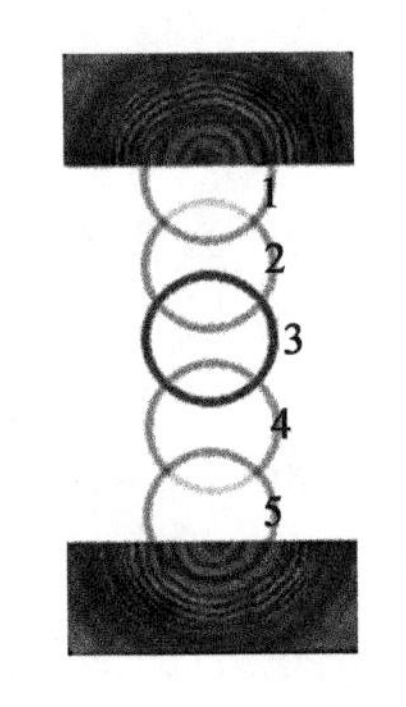

图4-1 胶合五环图(彩图请扫封底二维码)

图4-1中第1环和第5环代表木材的强度，也就是木材分子间的凝聚力（cohesion force of wood）；第2环和第4环代表木材和胶黏剂之间相互吸引的界面胶合力（surface adhesion）；中心第3环即胶合层，也就是胶黏剂硬化后所形成的胶膜，代表着胶黏剂的凝聚力（cohesion of adhesive film）。当胶黏剂的凝聚力及木材和胶黏剂之间相互吸引的界面胶合力大于木材分子间的凝聚力时，可获得良好的胶合。这是在被胶合体木材和胶黏剂以平面接触不引起应力集中的理想条件下发生的。

3. 胶层的形成

胶黏剂从原本的液体状态至胶合完成后形成固体状态，期间胶合层需经过数个阶段的变化，才能形成具有胶合强度的胶合层。

流动（flow）：液态的胶黏剂流动扩散至木材表面。

转移（transfer）：一般多采用单面涂胶，因此胶黏剂必须转移到另一个没有布胶的胶合面。

渗透（penetration）：胶黏剂由木材表面的空隙向内部渗透，胶黏剂渗透进入木材内部孔隙时，则会因投（抛）锚作用，提供胶合力。胶黏剂渗透良好时，可加强第2、第4环的强度，但过度渗透产生欠胶，因而降低第3环的强度。

湿润（wetting）：液态的胶黏剂由于湿润作用而与木材间产生化学性的结合力。

固体化作用（solidification）：液态胶黏剂固化完全而产生最大的凝聚力（第3环）及界面胶合力（第2环、第4环）。

（三）胶黏剂的比较

常用胶黏剂的基本性质如表4-1所示。

表 4-1　常用胶黏剂的基本性质对比

名称 / 基本性质	脲醛树脂（UF resin）	三聚氰胺 - 甲醛树脂（MF resin）	酚醛树脂（PF resin）	间苯二酚树脂（RF resin）	聚醋酸乙烯树脂（PVAc）	异氰酸盐树脂（Isocynate adhesive，MDI）
特性	热固性树脂	热硬化性树脂	热硬化性树脂	热硬化性树脂	热塑性树脂	热塑性胶黏剂
状态	液态或粉末状	液状	液状或粉末状	溶液状	乳液状	溶液状
固化条件	室温硬化或加热硬化	热压后硬化	热压后硬化	室温或中温干燥硬化	室温下溶剂消失后即可硬化	室温或中温下产生交联反应而硬化
用途	半结构用木材	可用于结构用木材	可用于结构用木材	相当适于结构用木材	非结构用胶	用于结构用木材
耐水性	中度耐水	高耐水	高耐水	高耐水	不耐水	高耐水
其他名称	—	—	红胶	—	白胶	—

除以上 6 种胶黏剂外，比较常用的胶黏剂还有通过改性的两种胶黏剂。

1. 三聚氰胺 - 尿素 - 甲醛共缩合树脂（MUF resin）

此胶黏剂是为了改善脲醛树脂胶（UF 胶）的不耐水性及降低三聚氰胺 - 甲醛胶（MF 胶）的使用成本，遂将 UF 胶与 MF 胶共缩合成三聚氰胺改性脲醛树脂胶（MUF 胶），此胶黏剂兼具两者的优点。

2. 酚 - 尿素 - 甲醛共缩合树脂（PUF resin）

此胶黏剂是为了改善 UF 胶的不耐水性及降低酚醛胶（PF 胶）的使用成本，遂将 UF 胶与 PF 胶共缩合成 PUF 胶，此种胶黏剂兼具两者的优点。

二、施　　胶

（一）胶黏剂调配

胶黏剂调配是为了使施胶后制备的人造板具有较高的胶合强度和耐水、耐久及耐老化性能；调制胶液在胶合过程中达到较快的固化速度，提高生产效率；调制胶液有较好的操作性能，具有一定活性期，一般调制后胶液可使用时间达 3～4h。

桉树单板被胶接单元施胶时，要求胶液黏度高、初黏性好，以满足涂胶和预压工艺需求；对于薄表背板厚芯板工艺及薄木贴面，为适应快速胶压工艺需求，胶液的固化速度要快。因此，调胶时除了添加固化剂外，还需要添加填料等助剂。

使用脲醛树脂等时，添加填料可以减少胶黏剂用量；改善胶接性能；降低胶黏剂固化时的收缩应力；改善胶黏剂的使用性能。添加面粉可起到保水、增黏作用，通常用量在10%~30%。膨润土具有吸水、降低成本的作用，通常用量在9%~10%。砂光木粉可降低成本，其用量在3%~5%，水可调整胶液黏度。

调胶后胶液的性能，通常黏度为1200~1800Pa·s，黏度过大导致涂胶不均，可通过添加面粉、水进行调整；固化速度根据热压温度与热压时间要求，通过固化剂用量调整；适用期根据涂胶要求确定，一般应大于4h，最短也不应低于1h；pH一般在4.8~5.2，夏季高一些（5.0~5.2），可调到5.4，冬季要低一些（4.8~5.0），低摩尔比脲醛树脂的pH在4.2~4.3（适用期1.4h）。

目前国内使用酚醛树脂时，多用面粉、树皮粉、核桃壳粉等作填料，再加入一定量的固化促进剂，如DPF水溶性酚醛树脂胶用于制造胶合板时调胶实例如下（酚醛树脂分两次加入）：水为26.5%（以下均为质量比）、树皮粉为3.35%（120~140目）、稳定剂为0.1%、酚醛树脂为37.4%（第一次加入量）、面粉为4.4%、50% NaOH为3.1%、固体Na_2CO_3为0.5%、酚醛树脂为25.1%（第二次加入量）。

涂胶后单板应进行闭口陈化。一般陈化60~90min，然后预压30min左右。陈化作用：水分向单板与空间移动，从而提高了胶层黏度（固体含量增加），水分移动速度与温度、湿度有关，聚乙烯醇（PVA）增黏剂的黏性只有当含水率适当时才能体现出来，水分过多或者过少都不能充分体现出PVA的黏接作用；预压时胶黏剂重新分布，适当向木材中渗透，单板含水率高时，陈化时间要长；可在一定程度上提高胶接强度。

以往调胶多使用低速搅拌的翼板式调胶罐，搅拌效果不好，在加入面粉量较大时易出现面疙瘩，影响涂胶效果。最好使用高速搅拌调胶罐，其搅拌器的搅拌原理与洗衣机叶轮相同，既有旋转剪切作用，又有垂直翻滚混合作用，转速在1000r/min左右，搅拌叶轮直接与转轴相连，通过电动机直接驱动，调胶罐的大小可依据生产量确定（顾继友和包学耕，1995）。

（二）单板施胶

单板类大面积被胶接材料的施胶方法，按胶黏剂的状态划分为干法施胶和液状施胶两类。干法施胶是指使用胶膜和胶粉，但胶粉很少在生产上应用，主要是胶粉的留存问题。液状施胶主要采用辊涂、淋胶和喷胶等方法。

1. 胶膜施胶

胶膜通常使用热固性酚醛树脂预浸渍的薄纸（如硫酸盐特种纸），浸渍纸经干燥制成胶膜。使用时按规格剪裁，加入各层被胶接材料中，热压时靠胶膜纸中树脂将被胶接材料胶合在一起。这种施胶方法可在单板厚度较小、采用涂胶时易破损的情况下使用。其特点是胶黏剂分布均匀，胶合质量高，但胶膜纸的制造成本较高，因此广泛大量的应用受到限制。

2. 辊涂施胶

辊涂属于接触式施胶，常见的有双辊筒涂胶机和四辊筒涂胶机，其涂胶原理如图 4-2、图 4-3 所示。

双辊筒涂胶机辊筒上的胶液是靠下辊筒传递上来的，涂胶时单板从两辊筒中间通过，靠接触使辊筒上的胶液涂在单板上，涂胶量的大小主要通过调节辊筒之间间隙、辊筒上沟纹形式和沟纹数量来实现。不同胶种对辊筒沟纹有不同的要求，合成树脂胶黏剂多使用平辊筒表面包覆有带螺纹的橡胶类涂胶辊，胶面高度以达到下辊筒 1/3 为宜，液面太高或太低都会影响涂胶量。

双辊筒涂胶机结构简单，便于维护，但其工艺性差，涂胶量不易控制，单板厚度偏差大时易被压坏，涂胶效率低。

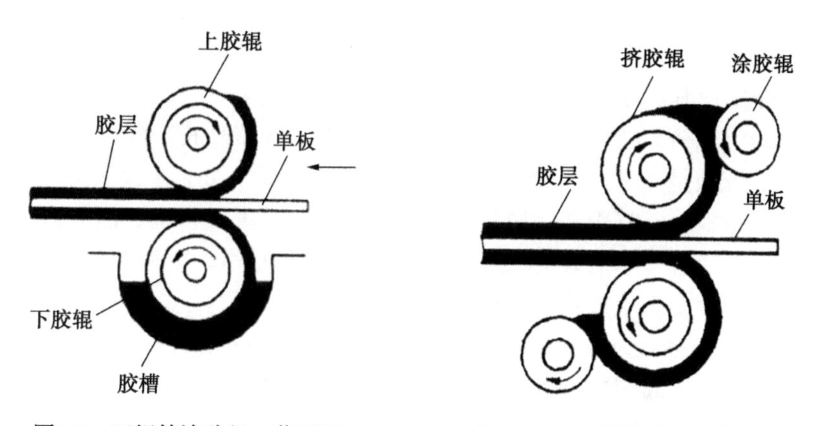

图4-2　双辊筒涂胶机工作原理　　图4-3　四辊筒涂胶机工作原理

四辊筒涂胶机在一定程度上克服了双辊筒涂胶机的缺点，增加了两个钢质的挤胶辊（定量辊），挤胶辊的速度低于涂胶辊 15%~20%，起着刮胶定量的作用。挤胶辊与涂胶辊之间的间隙是可调的，用以控制涂胶量。由于四辊筒涂胶机的上、下同时供胶，故施胶均匀性好。

为了保证涂胶机良好的工作性能，应注意机器保养，使用时应注意各处进料均等，以避免辊筒不均匀磨损，定期用温水清洗，如遇到胶在辊筒上局部固化，可用 3%~5% NaOH 溶液和毛刷去垢，然后用酸中和。辊筒沟纹磨损后要注意及时修复。

随着胶合板生产技术的发展，配合芯板整张化，四辊筒涂胶机增加了辊筒的长度，为了施胶均匀性，防止压坏单板，则在硬橡胶覆面的滚筒外加一层肖氏硬度为 40~60 HS 的软橡胶，涂胶速度也可以提高到 90~100m/min。

3. 淋胶

淋胶是一种高效率单板施胶方法，它借鉴油漆涂饰原理。其工作原理，首先使胶液形成厚度均匀的胶幕，基材通过胶幕在表面淋上一层胶液，淋在基材上的胶层厚度与胶液的流量、黏度、材料表面张力和基材的进给速度有关。增加胶液的流量、提高胶液的黏度、降低单板的进给速度都能使胶层增厚。为了回收多余的胶液，淋胶头下边的单板输送带装置是断开的，中间设有回收槽，回收的胶液经过过滤回到胶槽再用泵打到淋胶头中，淋胶头距离单板的高度为60~100mm，淋胶头与单板呈 60° ~85°，淋胶头内部压力为0.1MPa，进料速度为1.5~3.3m/s。

淋胶的特点是设备结构简单，使用方便，便于清除余下的胶液，胶黏剂损失量为3%~5%。这种方法虽然是单面施胶，但比辊筒施胶方法生产效率高得多。采用此法单板不能过分翘曲不平，否则施胶不均，对胶液的温度和性能也应很好地控制，在技术上要求较高。淋胶时胶液的温度略高于20℃，不影响胶层厚度的均匀性。淋胶在集成材生产中应用较多。

4. 挤胶

挤胶机是由贮胶槽和装在下部的一排圆柱形挤胶孔组成。贮胶槽的胶液受到一定压力作用使其不断流下，压力来自压缩空气或胶泵。挤胶机分固定式和移动式两种，固定式挤胶机的工作原理如图4-4所示。施胶时胶槽固定不动，单板移动，留下的胶液呈条状均匀地分布在单板表面。移动式挤胶机为单板固定不动，胶槽移动进行施胶。挤胶法涂胶量的大小由胶液的黏度、密度、压力，以及挤胶孔的大小及孔距和单板移动速度等来决定，挤胶法流到单板表面的胶液呈条状，为使胶条以后容易扩展成均匀的涂层，胶条应垂直于木材纹理，并注意单板进料方向。胶条可以在板坯加压过程中展开，有时用装在挤胶机后的辊涂机使其展开。辊涂机上的辊筒包覆硅橡胶层，以防止辊筒黏胶。

挤胶法所用的胶黏剂为泡沫胶或加有大量填料的高黏度胶液。使用泡沫胶可以降低胶的用量，起泡后胶液的密度为0.25~0.3g/cm^{3}时，胶量可下降到55~60g/m^2。涂布高黏度胶液时施胶效果也很理想。用此法施胶，进料速度可高达70m/min，胶液损失低于5%。

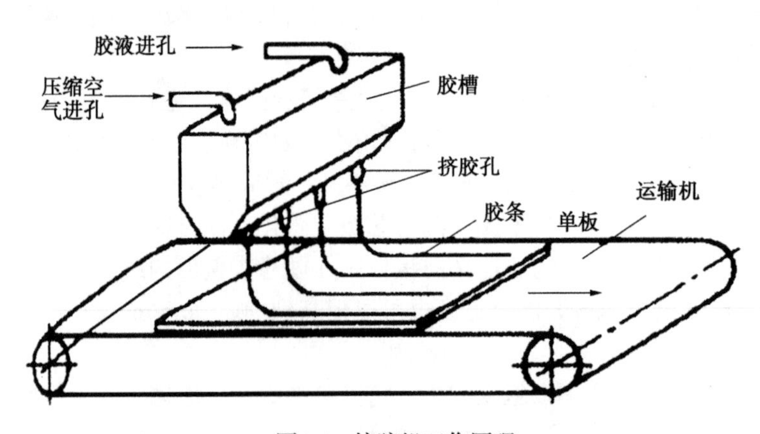

图4-4　挤胶机工作原理

5. 喷胶

普通喷胶法是利用压缩空气使胶液在喷头内雾化，然后再喷出，这种方法胶液损失大。压力喷胶法是给胶液施加一定的压力，使其从喷嘴中喷出，喷出的胶液旋转前进，胶液的分散性好。为了施胶均匀，喷嘴直径应尽量地小，一般仅为0.3~0.5mm，为防止喷嘴堵塞，要求胶液清洁，黏度要小。压力喷胶法效率高，但涂胶量控制较难。喷胶法工作原理与淋胶法相似，也是单板在前进中施胶。

上述几种施胶方法的比较见表4-2，可以看出淋胶和挤胶有明显的优越性，但目前在国内还是辊筒施胶用得最多。

表4-2　各种施胶方法的比较

指标	辊筒施胶	淋胶	挤胶	普通喷胶	压力喷胶
生产率	中	高	中	高	高
施胶均匀性	中	高	高	中	中
胶量调节	能	能	能	能	较困难
胶液回收	能	受限制	能	不能	不能
黏度对胶层影响	能	能	不能	能	能
单板粗糙影响	能	能	不能	不能	不能
胶液过滤	不用	不用	用	用	用
经济性	中	好	好	不好	好

我国胶合板生产由于生产规模小、规格多变及材质等问题，普遍使用辊筒式涂胶机。淋胶法、挤胶法和喷胶法的共同特点是生产效率高、施胶质量好、便于实现涂胶和组坯连续化。在选用施胶方法时，应注意与生产能力相适应及工序之间的配合。

（三）涂胶量

涂胶量是指单板涂胶后单位面积上胶黏剂的质量，用g/m^{2}表示。由于我国桉树胶合板生产涂胶主要采用辊筒式涂胶机，单板是双面同时涂胶，因此计算涂胶量常以双面涂施的胶量表示（有些国家是以单面涂胶量计算的）。涂胶量是影响胶接质量的重要因素，胶量过大，使胶层厚度增加，造成胶层相对收缩量加大，引起较大的胶合应力，而导致胶接强度下降，并且浪费胶液，增加成本。胶量过小，则形不成连续胶层，也不利于胶液向另一个胶合面转移，严重时出现缺胶而影响胶接强度。涂胶量大小是由胶液浓度、涂胶速度、施胶辊的结构等控制的。

涂胶量的大小由胶种、树种、单板厚度和质量决定。对厚度为1.25~1.50mm的桉树单板涂胶，如采用酚醛树脂胶黏剂（固体含量45%~50%），涂胶量为200~320g/m^2；采用脲醛三聚氰胺改性胶黏剂，涂胶量为250~350g/m^2。

三、成型与预压

（一）胶合板的组坯

桉树单板涂胶后，根据胶合板的构成原则、产品厚度和层数要求组成板坯。胶合板的单板组坯，其面板和背板等级的搭配应符合胶合板标准的规定，芯板的缺陷只要在表板上反映不出来都是允许的。胶合板各层单板可以是等厚的，也可以是不等厚的，目前普遍采用薄表板、厚芯板的组坯方式，其目的是合理利用木材，有利于提高优质表板木材的出材率，提高胶合板的等级率。胶合板的组坯分为手工组坯和机械组坯两种，目前我国以手工组坯为主。

1. 手工组坯

手工组坯应注意胶液中水分在涂胶后向单板内扩散，致使芯板膨胀，容易使胶合板产生叠芯、离缝等缺陷。因此在使用小片芯板涂胶后直接组坯时要根据单板的吸水后膨胀规律预留缝隙，涂胶后的小片芯板经开口陈化胀足后再组坯；组坯时芯板与表板纹理应相互垂直，为以后锯边准确定位确定基准，因此组坯要做到"一边一头齐"；采用小片芯板组坯时，窄芯板应放在板坯中间位置，防止搬运时错位、歪斜，造成次品，芯板在板坯中不应露在外边太长；掌握陈放时间，防止局部干胶。

涂胶后的单板要放置一段时间称为陈化。组坯以后陈化，称为闭口陈化；涂胶后单板放置一段时间再组坯，称为开口陈化。陈化的目的是使胶中一部分水分蒸发及向单板内渗透，从而相对提高胶液的固体含量，同时增加胶黏剂的聚合度，提高黏度，改进胶黏剂预压性能，避免热压时胶液过度挤出产生缺胶或透胶等缺陷。陈化时间要适当，陈化时间太短或过长都会使胶合强度低下。陈化时间太短，由于加压，具有流动性的胶黏剂易向木材组织中深度渗透或被挤出板边，造成缺胶。陈化时间过长，胶黏剂的水分被木材吸收而失去流动性，材面胶黏剂干燥或发生局部固化，即使加压，向非涂布面的接触及渗透不能充分进行，产生干燥胶合面，胶合强度严重下降。陈化时间应根据胶种、胶液浓度、单板含水率、气候条件等因素的变化，掌握适宜的陈化时间，通常闭口陈化时间在30min左右。

2. 机械组坯

为提高胶合板的劳动生产率，组坯需要机械化、连续化。要实现组坯机械化，首先要有芯板整张化。芯板整张化较为成功的办法，是用3条、4条热熔胶线将芯板拼成整张单板。有了整张化单板，可采用四辊筒涂胶机，最好采用淋胶、喷胶等涂胶方法，协调整个作业线。芯板翘曲不平会妨碍正常涂胶与组坯，可使用整平机整平芯板，配备升降台、吸板器、运输机等设备，即可实现涂胶、组坯的机械化连续化。机械组坯方案较多，如半自动单面淋胶组坯及辊筒涂胶机涂胶组坯等。

（二）单板层积材的组坯

单板层积材（LVL）的单板是顺纹组坯，由于剪切后的厚单板长度一般不超过 2.5m，要想满足一定结构长度要求的 LVL，必须进行单板的纵接。目前主要结合方式有对接、斜接、指接等。不同的接合方式及单板层积材的组坯时，接长板放置在外层还是内层对产品的性能有不同程度的影响。对接性能比斜接差，对接接头分布对静曲强度（MOR）、弹性模量（MOE）的影响显著，分布在外层时，强度较低。斜接接头的分布对 MOR、MOE 影响较小。从接头加工工艺、木材消耗量及产品性能出发，外层宜采用斜接方式，内层可采用对接方式，因为对接生产简单。在接合方式上，还有指接、搭接等，LVL 生产中可以选用上述几种接合方式中的一种或两种组合。

LVL 最重要的结构性质之一就是要通过控制单板质量和组坯来保证产品质量。如果外层配置质量好、强度高的单板，内层可配置一些质量差的单板，这种配置不但能保证板材的强度性能，做到有效利用资源，而且也能提高外观质量。因此，在组坯前进行单板分级是非常必要的。

（三）胶合板板坯的预压

在桉树胶合板生产中，为了提高热压机产量和劳动生产率，普遍使用多层压机，一般为 20~30 层，最多达 90 层。压机每个间隔只放一张板坯，并采用快速固化胶黏剂，为加速热压机闭合、方便板坯运输和装卸，板坯在热压前先进行预压，即在室温下将板坯加压，靠胶黏剂的初黏性使单板黏合在一起，这时胶黏剂并没有固化。采用这种生产方式有利于产品质量的提高。缩短热压过程中的辅助时间，提高热压机生产率，减少热压板间距，省去了垫板回空设备，节约能源。

研究表明，经预压后胶层厚度变薄，胶层扩散区加大，胶层气泡和裂隙减少，有利于提高胶接质量。有的工厂在板坯预压之后增加荒修工序，在板坯进入装板架前逐张检查，发现透胶、缺胶缺陷进行修补。由于胶黏剂还未固化，容易消除缺陷，可提高胶合板热压一次合格率，减少胶合板修补量。

在两次预压工艺中，为适应预压工艺要求，特别是第一次预压修板后再次适应涂胶工艺要求，要提高胶黏剂的初黏性，尤其是提高低甲醛释放脲醛树脂胶黏剂的初黏性，对胶黏剂进行改性。酚醛树脂胶黏剂陈化后黏度增长快，一般可满足预压工艺要求，对于脲醛树脂、三聚氰胺 - 尿素共缩合树脂胶黏剂，除对胶黏剂本身进行改性外，通过加入适量的填料如面粉、豆粉等提高其预压性能。

预压工艺条件随胶黏剂种类的不同性能而异。板坯加压陈化时间为20~40min，预压压力为0.8~1.2MPa。预压可采用一般的冷压机。

四、热　　压

（一）热压的基本原理

热压是胶合板生产的关键工序，它既关系到产品的质量、成品率，又关系到产品的生产效率。胶合板热压是将涂胶单板组坯后或再经预压成型的板坯在一定温度、压力、时间下，使胶黏剂固化胶接并达到预定规格要求成板的过程。

热压工段的主要任务：①胶黏剂固化。主要是芯层胶黏剂的固化，要求芯层温度达到胶黏剂固化温度后要保持一段时间（胶黏剂的固化时间），即热压时间必须保持芯层胶黏剂能过凝胶固化。②排水。热压结束前必须将板内部的高压水有效排除，否则突然快速卸压，处于高压状态的水分会因压力突然降低迅速转化为蒸汽，产生强大的突发冲击力而破坏板的结构，造成分层鼓泡。如果芯层胶黏剂固化不好，突然快速卸压会造成分层；当热压时间充分、芯层胶黏剂固化程度较高时，突然快速卸压会造成鼓泡或放炮。③控制板厚。由压力与厚度规控制板的厚度，但热压后板的厚度稳定性，特别是卸压后板的厚度回弹量与胶黏剂的固化程度、木材的塑化程度相关。

桉树胶合板热压实质是胶黏剂的胶接固化过程和被胶接单元在水、热及压力作用下的物理化学变化过程。胶合板热压过程涉及传热、传质、胶黏剂的界面润湿和浸润、化学反应和物理吸附，以及被胶接单元的压缩、流变、弹塑性变形、水热降解、定型等诸多问题，十分复杂。不同被胶接单元、热压工艺、热压设备其变化不尽相同，其中最主要的影响因素有热压温度、热压压力、热压时间、板坯含水率、板材厚度及胶黏剂种类及其性能、被胶接单元、气候因子条件，综合协调热压温度、热压压力、热压时间和板坯含水率之间的变化关系，制定出适宜、可行的具体热压工艺。

1. 热压温度

桉树胶合板生产绝大部分采用接触式加热方式，板坯热量的获得来自热压板。在压机合拢前，板坯下表面受接触传热作用受热，而板坯上表面受辐射和对流传热作用受热；在压机合拢后，热量要经过热压板板面传递给垫板，垫板再传递给板坯表层，然后逐渐传递到板坯中心部位。因此，板坯在热压过程中的受热程度是不均匀的，存在温度场的温度梯度问题，特别是在热压初期，随着热压的进行温度梯度在逐渐缩小。由于板坯中温度分布不均，必然带来胶黏剂固化不同步、形成含水率分布梯度、被胶接原料因水热作用程度不同，导致弹塑性变化和水热解程度不同等问题。这是接触式传热热压工艺固有的问题，在制定具体热压工艺时，必须充分考虑这一问题并合理解决。

接触式传热压机，当压制厚度大的板材时，芯层达到胶黏剂固化温度需要的时间长，不能压制厚度过大的板材，适于薄板和中厚板；当板坯传热效率低时，如单板层积材所需传热时间长，对于特厚板，最好采用高频、微波等辅助加热与接触加热联合的方法为好，因为高频与微波是内外同时加热，能有效地解决温度梯度和升温速度问题。

热压温度主要是为胶黏剂固化和单板的塑性变形，以及板坯水分蒸发外排提供热能。通常，酚醛树脂胶黏剂的固化温度大于 139℃；脲醛树脂胶黏剂理论上为 100℃时 20~30s 即固化。然而，板种不同，温度差异很大。胶合板在达到规定的胶合强度下，不宜选择较高的温度。温度越高，板内的水蒸气压力越高，而一层层单板因阻碍水分的迁移，易产生鼓泡等工艺缺陷，又使板内温度在板堆放过程中难以释放，造成胶层热分解；胶合板的板坯含水率也稍高于刨花板和中密度纤维板，温度高易造成板的变形；从出材率角度来看，生产上希望胶合板有较少的塑性变形；桉树碱缓冲容量较大，生产酚醛树脂胶合板时，热压温度高，产生鼓泡和分层；对板厚度大和层数多的胶合板不宜选用较高温度。考虑到上述原因，即使使用酚醛树脂胶黏剂生产胶合板，热压温度也不宜超过 150℃。

温度也影响胶黏剂的缩聚过程。在加热板坯的同时，胶黏剂受到热量的作用，内摩擦力开始减小，在 60~80℃时黏度下降到最小值，这样改善胶与原料之间的接触。这种流动时间很短，随着板坯内温度增加，几秒钟之后胶的内摩擦力迅速增加，最后胶黏剂全部固化。在内摩擦力开始减小时，胶黏剂的表面张力也减小，使邻近被胶合材料表面容易湿润，胶液也容易从这一表面转移到另一表面。加热板坯使水和胶在汽化、扩散和毛细管作用下移动，在单板表面融化和扩散。

2. 热压压力

胶合板板坯加压目的是使板坯中单板与胶黏剂紧密结合，胶黏剂部分渗入木材细胞中为胶接创造必要的条件。对板坯施加压力的大小用板坯单位面积所受压力的大小表示。

胶合板板坯在热压时，所受压力的大小影响单板之间的接触面积、板材的密度、板坯的压缩率、板的厚度和单板之间胶黏剂的传递能力。桉树胶合板热压压力取决于单板表面状况、胶黏剂的性能、板坯含水率及其他一系列因素，也因单板厚度偏差和热压机压板不平而不同。木材密度越大，含水率越低，单板表面粗糙度越大，胶黏剂黏度越高，热压的单位压力越大。单板之间接触好的板材的强度高，从加压初期到压力逐渐升高到最大值，接触也增大到最大值。

涂胶量对桉树单板的接触有重要作用。涂胶量低时要用较高的压力，才能使界面很好地接触。增加压力，尽管会使单板之间的空隙变小，但也会使胶合板的密度增大。在大多数情况下，胶合板密度总是大于单板密度。一旦胶合板密度超过桉树单板密度，木材中的细胞会压缩，压力超过木材的抗压强度后，木材就会被压溃。

由于木材是弹塑性材料，在湿热作用下，木材逐渐被压缩，板坯厚度逐渐减少。在压力作用下，板坯厚度的减少称为总压缩。卸压后能恢复的那部分压缩称为弹性压缩。另外一部分产生塑性变形不能恢复的部分变形称为残余压缩。卸压后残余压缩与板坯厚度之比，用百分率表示，称为压缩率。在有厚度规条件下，板坯厚度达到厚度规厚度后，大部分压力由厚度规承担；在无厚度规条件下，残余压缩率大小与树种、含水率变化、温度、压力和热压时间有关。在相同胶合条件下，由薄单板制成的胶合板比由厚单板制成的压缩率要大一些。同一间隔板坯放在表面的要比放在中间的压得实一些，板坯厚度越大差别就越大。如果长时间在高温作用下，这个差别反而会减小，这是因为在温度作用下，整个板坯厚度方向塑性趋于一致，所以当热压时间很长时，相对压缩与板坯厚度无关。

板坯压缩率 ΔC 计算公式为

$$\Delta C=\frac{d_0-d_1}{d_0}\times 100\% \quad (4.1)$$

式中，d_0 为板坯厚度（mm）；d_1 为热压后板的厚度（mm）。

3. 热压时间

一般来说，加压时间极为重要，因为它对板材的性质，如厚度剖面的密度分布、厚度控制、板面外观质量、胶接的耐久性和预固化等都有显著的影响。除影响胶合板质量外，闭合时间、加压时间、加压工序辅助时间（装板、卸板）、压机升压直到加压中的其他时间间隔都有经济上的意义。缩短加压时间可以提高产量，降低成本。

闭合时间对板材厚度剖面的密度有直接影响。用一般闭合时间生产的胶合板，其剖面密度分布介于两个极限之间。闭合时间的快慢也可用闭合速度表述，要提高压机合拢后的高压闭合速度，必须提高高压泵的输油量。在实际生产中想要提高闭合速度，一是提高高压泵的输油量，二是增加高压泵的数量，这两者体现了压机的性能。时间参数为生产不同性能的板材，可通过调整闭合时间和压力及加压时间来实现提供了依据。

胶合板热压时间的长短，还与采用甲醛类胶黏剂制造的胶合板的甲醛释放量大小有关。在其他条件一定的条件下，延长热压时间可适当减小成品胶合板的甲醛释放量。

在桉树胶合板生产中，压机闭合时间和主要加压时间都会影响板材的厚度公差。压机闭合时间较长且压机温度较高时，卸压后板材的厚度会产生较大的回弹。如果压机闭合时间过长，由于胶黏剂受热后的缩聚程度加大，即使板坯进一步压缩，也不会提高胶接强度；解除压机的压力，表层的密实化作用因胶黏剂的胶接效能丧失而随之消失，厚度的控制失去作用，结果导致厚度的增加。当采用快速固化树脂胶黏剂和高温时，要精确地控制厚度，则应采取快速升压。主要加压时间也间接影响胶合板回弹，因为它影响板材从热压机卸出时的含水率，采用较长的加压时间（或较高的热压温度）会使板材的终含水率降低，使回弹变小。这是因为经压缩的板坯其胶黏剂充分固化，可以保持胶合板的密实程度。胶接耐久性随固化时间的延长而增加到一定限度。

加压时间不能太短，否则会影响胶合板的质量。因此，在缩短热压时间时应注意对胶合板质量性能的影响。合理的加压时间能使胶黏剂固化良好，同时也适宜水分蒸发。

4. 板坯含水率

板坯含水率及其分布是影响胶合板性能的一个重要工艺参数。水分在板坯热压时具有传递热量和塑化单板的作用，有时还影响胶黏剂的固化行为。在热压结束后水分必须有效排出，否则会导致胶合板分层或鼓泡，甚至放炮，成为废板。

（1）胶合板板坯中水分来源及其分布

热压前胶合板板坯中的水分来自 3 个方面。首先是单板干燥后剩余的水分，单板干燥后的含水率在 8%~12%。其次是单板涂胶时胶液带入的水分。生产胶合板用的脲醛树脂胶黏剂通常不脱水，其固体含量为 48%~52%，常用酚醛树脂胶黏剂的固体含量为 40%~45%，异氰酸酯树脂胶黏剂不含水分，水性高分子异氰酸酯胶黏剂的固体含量为 40%~45%。单板涂胶时所用混合胶液的固体含量为 55%~60%。最后是树脂固化时缩聚反应产生的水分。脲醛树脂胶黏剂增加固体树脂 6%，能使板坯含水率增加 0.9%。在胶接过程中，过量的水分存在于胶层中。胶合板板坯的平均含水率通常为 6%~15%。过高的含水率会延长热压时间，而含水率过低则因单板的弹性过大，在压机升压时板坯难以压缩，使板材厚度达不到要求。

热压时胶合板板坯内形成温度梯度，其变化是热压时间的函数。热压板合拢后，板坯表面立即与热压板接触，板坯表面温度迅速上升。热压开始时板坯的内层仍处于冷却状态，随着热压时间延长，表层水分转化的蒸汽很快向中心移动，芯层温度上升，板坯表层与芯层温度梯度逐渐缩小，使胶黏剂迅速固化。含水率梯度和温度梯度不仅在板坯厚度方向存在，还在平面方向也存在，也就是说在胶合板板坯的芯层和边部之间也有含水率梯度和温度梯度。板坯长时间在热压机中，温度梯度可逐渐减小。

（2）胶合板板坯含水率与板材性能的关系

胶合板板坯含水率及其结构对板材的性能有显著影响。例如，压机和单板的参数不变，则板坯含水率会影响压机的闭合时间和整个固化时间、板材的厚度公差、板坯中的热传导及被胶接单元的塑性；用含水率高的板坯制成的胶合板吸水性较大，且会影响尺寸稳定性。板坯含水率高，热压时升压时间短、热传导速度较快，缺点是当表层含水率过高时，会发生表面剥离和分层，且容易粘垫板。在板坯表面喷水（如整块板坯含水率低），是为了产生蒸汽冲击效应，从而获得较平滑的表面和快速传热，并且仍可保持整块板坯具有较低含水率的优点。用较高含水率单板作为三层或多层胶合板的表层，也是为了获得蒸汽冲击效应。

表层剥离和分层现象与板坯含水率有关。表层剥离或表层鼓泡是在靠近板材表面处发生的局部破裂或鼓起。分层是指在接近板厚一半的位置发生的芯层分离。板坯含水率与板材密度和单板密度之间在热压时相互作用，是产生表层剥离的根本原因。使用低密度木材，再加上高的含水率，势必形成高度封闭的板坯结构，阻碍或者严重地阻滞水分的扩散，容易造成局部的鼓泡，破坏单板之间的胶接，胶合板就会发生表面剥离。

胶合板板坯含水率对表面剥离的影响较大，而对分层的影响则较小。产生分层的因素很多，包括热压板温度过低、对胶黏剂固化所用热压时间太短、压力不足及涂胶量过低等。如果芯层的胶黏剂缩聚固化程度不够，同时含有水分，卸压时板材容易产生分层现象。

5. 原料与气候因子

单板的性能，如树种、密度、pH 缓冲容量等对热压工艺也有一定的影响。单板的密度大小与热压时闭合速度的快慢有关，单板密度低，在制造一定密度的胶合板时板坯厚度比高密度单板板坯的厚度大，热压时升压闭合时间长，同时板坯的传热和传质性能相对较差。不同树种木材其 pH 缓冲容量不同，对于桉树木材胶合板来说，桉木整体的 pH 为 3.3~5.0，呈酸性和弱酸性，对脲醛树脂胶黏剂的固化胶接有利。

气候因子对胶合板的热压胶接有较大影响。夏季气温高，板坯的温度也相对较高，在热压时需要由热压机传递的热量相对减少，可适当缩短热压时间；冬季气温低，板坯的温度也低，热压时需要由热压机传递的热量相对增加，致使热压时间相对延长。当空气的相对湿度大时，板坯从成型到热压前散失的水分少，有利于减小单板表面与固化程度；而当空气的相对湿度低时，成型后板坯表层水分蒸发量大，失水多，如不采取措施则会造成表面粗糙，预固化程度加大。

（二）典型热压曲线

三段热曲线在热压机中板坯受压情况如图 4-5、图 4-6 所示。当压机闭合压力沿 OA 迅速上升达到工艺规程要求的压力值（P_1），在 P_1 保持一段时间（A~B），这段时间是胶层固化所需要时间。图中 A~B 段压力值是恒定的，实际生产中这段压力是不断波动的，这是因为板坯在压力下产生塑性变形，引起压力下降并不断补压，直到压力稳定。以后要卸压，典型的降压曲线分三段。

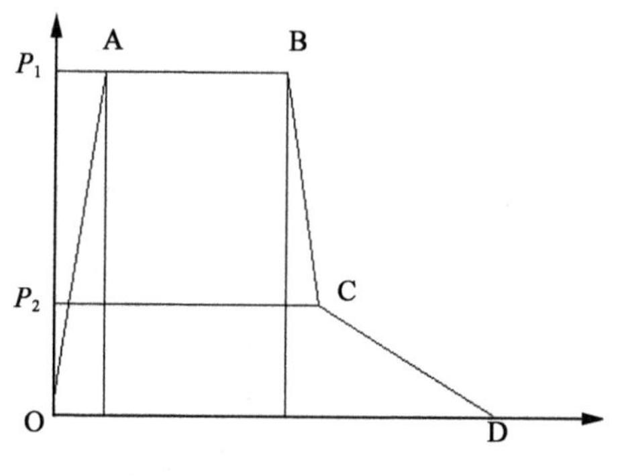

图4-5　三层胶合板压力变化曲线

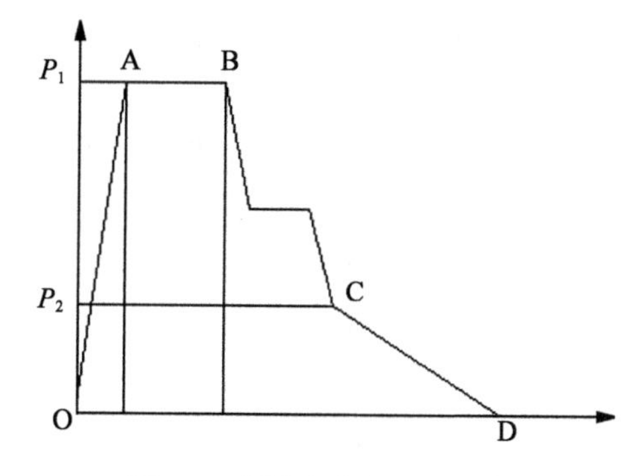

图4-6　多层胶合板压力变化曲线

第一阶段由工作压力 P_1 降到板坯内蒸汽压力与热压板压力相等的平衡压力 P_2，即从 B 降到 C。

第二阶段由平衡压力 P_2 降到单位压力为 0，这一段压力下降要缓慢，使板坯中水分和蒸汽徐徐排除，这样不致因板坯内蒸汽压力骤然变化而使胶层和木材遭到破坏，即由 C 降到 D。

第三阶段压板张开。

对于原胶合板，为减少木材不必要的压缩可提早缓慢降压或分段降压。

胶合板胶合时板坯单位压力值可用下式

$$P_1=\frac{\pi d^2 m P_0 \cdot K}{4F} \tag{4.2}$$

式中，d 为热压机油缸直径（cm），m 为热压机油缸数目，P_0 为热压机表压力（MPa），F 为板坯面积（cm^2），K 为压力损失系数，一般取 0.9~0.92。

平衡压力值 P_2 可用下面经验公式计算

$$P_2=1.15P_i \cdot \frac{F}{md^2} \tag{4.3}$$

式中，d 为热压机油缸直径（cm），m 为热压机油缸数目，P_i 为加热热板的蒸汽压力（MPa），F 为板坯面积（cm^2）。

第一阶段降压时间 10~15s，第二阶段降压时间取决于胶种、板坯含水率、胶合板层数和胶合温度等。

（三）周期式热压工艺

板坯在固定状态下受热、受压进行热压的方式，称为周期式热压。周期式热压主要有两种类型，即单层和多层。加压多采用垂直于板坯表面的平压方式，桉树胶合板生产主要采用多层热压机。多层热压机是平压阀热压机的一种，其特点是生产效率高、压制板材的厚度范围广、设备易于控制和调整。但其结构复杂而庞大，必须配备装卸板系统，一般情况下还需配备预压机，且板材厚度公差大，热压周期长。

热压机主要技术性能指标：热压板的尺寸（长 × 宽 × 厚）、热压机层数、热压板间距、公称压力、闭合速度、加热介质、油缸数量、油缸直径、液压系统预定工作压力、主机外形尺寸和主机净重等。热压机生产量，主要取决于热压机层数和尺寸。对于胶合板生产，热压机的工程压力可以选低一些。加热介质利用蒸汽、热水和热油加热，蒸汽加热的热稳定性差，很难维持整个压板板面所需的恒定温度。用热油作热载体，其热惯性大、热稳定性好。图 4-7 为有垫板坯多层热压机装卸板过程。

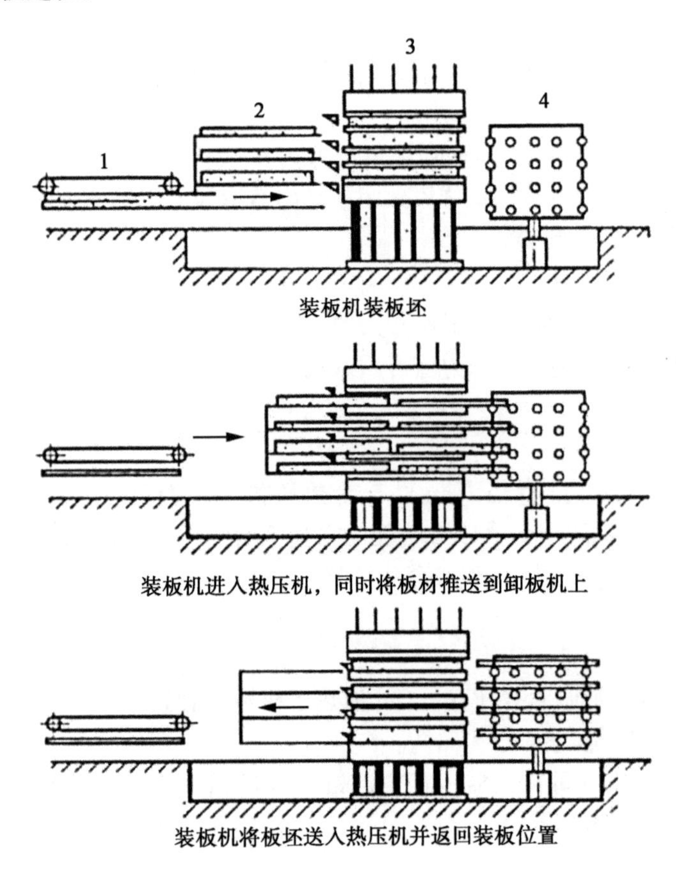

图4-7 有垫板坯多层热压机装卸板过程

1. 预装机；2. 装板机；3. 热压机；4. 卸板机

在原始工作位置，热压机压板全部开启，装板机顶层位于板坯运输机的水平面。当板坯经运输机送入装板机时，装板机上升一层，如此每装一层上升一层，当每层均装上板坯后装板机（或其他装置）将板坯一起送入热压机。然后热压机油缸通过下顶式运动将热压板全部合拢、闭合，对板坯进行热压。在热压的同时，装板机快速下降至顶层与板坯运输机的水平面，继续装板坯。当热压结束时，压机开启，装板机刚好全部到位。装板机（或其他装置）再次将板坯送入热压机，同时将压制好的板材推出热压机，送入卸板机（或在卸板机上采用特殊的方法将板材拉出热压机）。热压机再次合拢、闭合，装板机快速下降，卸板机向下一层一层地运动，卸出所压制的板材，以此周而复始，形成连续自动化的生产。

热压工艺条件随胶黏剂条件变化而不同。利用脲醛三聚氰胺改性胶黏剂，热压时间为1.9min/mm，热压压力为1.4MPa，热压温度为115℃。利用酚醛树脂胶黏剂，热压时间为0.8~1.1min/mm，热压压力为1.2MPa，热压温度为140℃左右。

桉树胶合板热压成板后，其基本物理力学性能已经形成。基于产品性能要求、后续生产工艺需求及其提高生产率要求，需要对热压后的胶合板进行一系列后期加工，并进行分等和质量检验。

桉树胶合板的后期加工是胶合板生产中最后一道重要的生产工序，这道工序对于提高桉树胶合板质量，以及扩大其用途和应用价值等具有重要的实际意义。此外，主要的后期加工工艺包括冷却、裁边、表面加工及其他处理等。

五、冷　却

冷却是指采用专用的冷却装置，在预定的时间内，将从热压机中卸出的板材冷却至60℃以下。冷却的目的：降低板材表芯层的温度梯度和含水率梯度，缓解以至消除板内的残余热压应力，使板材内部的温湿度与所置大气环境的温湿度趋于平衡，最大限度地避免板材翘曲变形。此外，冷却还有利于降低板材的游离甲醛释放量。

冷却的方式包括堆放冷却和装置冷却两类，后者多用于干法纤维板和刨花板生产。由于桉树胶合板热压温度相对较低，厚度小，容易散热，一般不用专门的冷却设备，堆放冷却即可。

堆放冷却的基本做法是板材离开热压机后，立即进行堆垛，然后任其自然冷却降温。这种方法最终可以达到降低温度和平衡含水率的目的，对于采用酚醛树脂类后固化时间长的胶黏剂制造的胶合板来说，其可以促进胶黏剂进一步固化。

六、裁　边

桉树胶合板热压后毛边板的长宽尺寸都比成品板材规定的长宽尺寸大，以供裁边时裁切，此部分被称为裁边余量。通常胶合板的裁边余量为50~60mm。裁边的目的是将板材4个边疏松部分去除，使板材的长宽尺寸符合规定要求。裁边时，必须保证板材长宽对边平行，四角呈直角。裁边后的板材边部应平直密实，不允许出现松边、裂边、塌边、缺角或焦边的现象。国家标准对胶合板裁边的质量要求为：长宽偏差≤ +5mm，边缘不直度 0，两对角线长度之差＜ 3~6mm，翘曲度＜ 0.5%~2%。

（一）切割刀具

裁边质量的优劣在很大程度上取决于切割刀具。除了必须保持刀具锋利外，更多地则是要选择合理的刀具材料和刀刃参数。

桉树胶合板裁边使用的切割刀具是有齿刀具。有齿刀具主要是指圆锯片，分为单锯片和组合锯片两种类型。单锯片仅具有切割功能，组合锯片除可切割齐边外，还具有将切割边条再度打碎回用的功能。打碎装置包括打碎铣刀结构和打碎锯片两种形式。组合锯片主要用于板材长度和宽度方向的裁边，裁边边条被加工成碎料后，通常送往能源车间作燃料。

有齿锯片根据所切割的对象不同，如板材密度和厚度、纵向或横向切割、胶黏剂及板材组成结构等，采用不同的直径、齿形及齿数。为了保证锯路整齐、锯边光滑及保持锯齿有尽可能长的工作寿命，通常在锯齿上镶有硬质合金。

圆锯片的齿形应选用混合型齿形结构，如图 4-8 所示，目前大多数工厂采用硬质合金圆锯片，针对胶合板，圆锯片齿形结构参数如下。

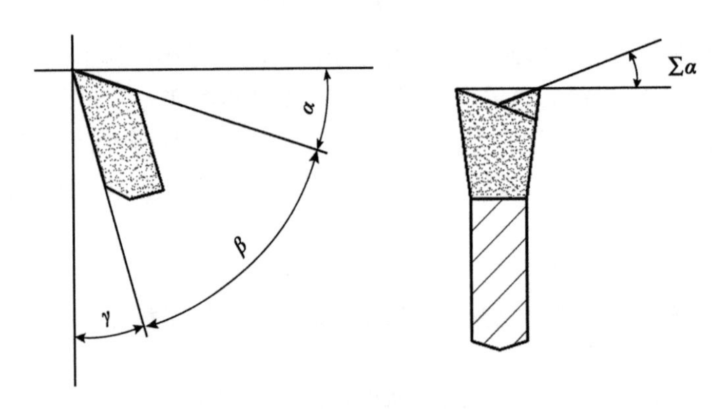

图4-8　圆锯片混合型齿形结构

前角 γ=10°~20°，后角 α=15°，后齿面斜磨角 ζ=10°~15°，楔角 β=55°~65°，锯片直径 Φ=250~350mm，齿数 Z=40~96。

（二）裁边机

裁边机按进料方式和进料结构分类如表 4-3 所示。在胶合板实际生产中，裁边机有两种，即纵横联合裁边机和裁边 - 剖分联合裁边机。

表 4-3　裁边机的类型与特点

分类方法	进料形式	特点
按进料方式分	纵向裁边机	传送长度长，机器宽度窄，用于裁切毛边板长度方向的两条边
	横向裁边机	传送长度较短，机器宽度较大，用于裁切毛边板宽度方向的两条边
按进料结构分	履带式裁边机	履带式进料机构，进料平稳，夹紧力大，齐边精度较高
	辊筒式裁边机	进料机构由压辊和托辊组组成，夹紧力不如履带式均匀，要求有较高的加工精度和安装精度

1. 纵横联合裁边机

纵横联合裁边机是由纵向裁边机、横向裁边机和运输机布置成直角的联合裁边机，这种布置方式主要用于单块 1.3m × 2.5m 幅面板材的纵横裁边。

2. 裁边 - 剖分联合裁边机

目前胶合板生产中，常常采用特殊幅面的压机，如板宽为 2.44m 或板长度成 1.22 倍数的超长压机或超宽压机。在所有单层压机和少数多层压机中均会出现这种情况，即裁边与整板剖分是同时进行的。生产中，常见裁边 - 剖分联合裁边机的主要技术参数如表 4-4 所示。

表 4-4　常见裁边 - 剖分联合裁边机的主要技术参数

项目		BC1112 型纵向齐边机	BC2124/2 型横向齐边机	BC2124/3 型横向齐边机
锯板（长 × 宽）/mm		宽 1220	2440 × 12 202 张	2440 × 12 203 张
规格（厚度）/mm		2~40	2~40	2~40
进料速度 /（m/min）		2.23（辊筒）	10.05（推板）	10.05（推板）
锯轴电动机功率 /kW	（1 号）	5.5	5.5	5.5
	（2 号）	—	4	5.5
	（3 号）	—	5.5	5.5
	（4 号）	—	—	5.5
进料电动机功率 /kW		3	1.5	1.5
锯片直径 /mm		350	—	—
打碎刀数		12	每组 6 把	每组 6 把
打碎宽度 /mm		50	50	50
锯片之间可调间距	（1 号）	—	固定	4 个锯片均可向左向右调 10mm

续表

项目		BC1112 型纵向齐边机	BC2124/2 型横向齐边机	BC2124/3 型横向齐边机
锯片之间可调间距	（2 号）	—	可移动 610mm	4 个锯片均可向左向右调 10mm
	（3 号）	—	可移动 100mm	
	（4 号）	—	—	
外形尺寸（长 × 宽 × 高）/mm		1000 × 2480 × 1649	4000 × 6630 × 2118	9890 × 4225 × 2250
质量 /t		1.91	5.04	5.90

七、表面加工

表面加工的目的是，首先通过表面处理，提高胶合板的质量等级和应用档次；其次弥补前工序中遗留下来的产品缺陷；最后为后续的板材二次加工创造必要条件。

热压后的胶合板都存在不同程度的厚度公差。在热压后的胶合板板面上存在许多缺陷，如胶纸条、污迹、板面沟痕等。因此，采用板面处理可以除去板面缺陷，使板面坚实光滑，同时使整张板材的厚度公差减小。

（一）表面修补

桉树胶合板热压后，一般都要逐张进行外观检测，对存在的各种缺陷进行修补。例如，表面有微小裂缝、微细孔洞或脱落节，可以用腻子填平，所用的腻子颜色应当与板面木材颜色相近，腻子必须与木材有牢固的结合力；对于比较大的裂缝，可以先将裂缝边部修齐，嵌入一条木纹和颜色与板面近似的木条，涂上胶后再用熨斗加热胶合；局部不光滑，可用砂纸或手工刨刨平；边角开胶，可用相应的胶黏剂填充后再热压。

（二）表面刮光

刮光是胶合板表面加工的一种传统方式。通过刮光，可显著提高胶合板的表面质量，但刮出大量带状刨花，木材损失较大，降低了原木出材率。目前，工业生产中由于表板的厚度已降至 0.6mm 以下，不允许采用刮光的方式来改善表面质量。因此多数胶合板厂已不再使用刮光处理。

（三）表面砂光

砂光是目前人造板工业中提高板面表面质量所采用的一种最基本做法。对于桉树胶合板来说，要求表面砂光。砂光的目的是降低板材的厚度公差、去除板材表面的胶斑，提高板材的表面质量等级。

普通多层压机所压制胶合板的厚度公差大于 ±0.5mm，单层压机所压制的胶合板厚度公差大于 0.3mm。这样的公差范围不适于二次加工的贴面处理工艺要求，必须进行砂光处理，通过砂光处理还可提高板材的表面质量。

在桉树胶合板生产中，热压后的板材先裁边，一般要堆放一段时间后再进行砂光。如果对冷却平衡处理不够的板材进行砂光，将导致板面粗糙。同时，还会因砂带过热而导致砂带变松，砂粒脱落。

砂光余量因板种、板厚、所用砂光方式的不同而异，不同的热压机生产的板材也会形成不同的砂光余量要求，一般胶合板砂光余量为 0.15~0.2mm。

砂带分为布质砂带和纸质砂带两种，是用特殊的方法将金刚石砂粒黏结在基材上而做成的一种磨削材料，砂带用目数来表示其砂削特性。砂削分为三段，即粗砂、细砂和精砂。胶合板用砂带：粗砂 40~60 目/英寸[①]，细砂 70~90 目/英寸，精砂 90~100 目/英寸。

砂光损失率（S）是衡量热压后板材厚度公差状况的一个参数，可用式（4.4）计算。

$$S=\frac{T_s}{T}\times 100\% \tag{4.4}$$

式中，T_s 为双面砂削量（mm）；T 为未砂光毛板的厚度（mm）。

根据大量的数据统计，可以得到桉树胶合板的砂削损失率，为 10%~15%。

如表 4-5 所示，砂光机的种类繁多，形式多样，按照不同的分类方式，可以将砂光机分成各种类型。目前，砂光机向着宽带、多头、双面、高效和控制计算机化发展。

表 4-5　砂光机分类

分类方法	类型	特点
按砂头形式分	辊式砂光机	①砂布缠绕在铸铁辊筒上，更换砂布较麻烦 ②一次只能砂光板材的一个面 ③进料速度慢，生产率低 ④砂光质量不如宽带式砂光机
	宽带式砂光机	①砂带是密闭环形砂带，套装在砂辊、张紧辊和轴向窜动辊上，更换方便 ②砂光精度高 ③进料速度快，生产率高 ④磨削量大 ⑤砂带使用寿命长

① 1 英寸 =2.54cm，下同

续表

分类方法	类型		特点
按砂光面数和砂带布置分	单面砂光机	辊筒式砂光机	参见辊式砂光机部分
		单面单带式宽带砂光机	一次只能砂光一个面，其余特点同宽带式砂光机
	双面砂光机	双面单带式宽带砂光机	一次可砂光两个表面，能耗较低，价格便宜，但杀光精度和生产率不如多带式砂光机
		双面四带式宽带砂光机	上下各布置两个砂光带，一次可砂光两个表面，精度、生产率和能耗较高
		双面三带式宽带砂光机	上面一个砂带，下面两个砂带或相反布置，一次可砂光两个表面，精度、生产率和能耗较高

1. 辊式砂光机

辊式砂光机是最原始的一种砂光装置，大多应用于胶合板的砂光。三辊式砂光机分为上辊式和下辊式两种结构形式，上辊式砂光机靠循环的橡胶履带进料，下辊式砂光机靠辊筒进料。三个辊筒转动方向一致，砂辊上用砂布缠绕，按先后顺序砂布粒度一个比一个细。由第一、第二砂辊担任粗细砂，承担大部分砂削量，第三辊进行精砂。

为消除砂粒在加工表面留下沟痕，要求砂辊在转动的同时还应进行轴向摆动。完成砂光后的胶合板用刷辊清除表面木粉，用洗尘装置排除。

砂带常用螺旋缠绕法和平绕法两种方法固定在砂辊上。螺旋缠绕法操作时先在金属砂辊上用氯丁橡胶粘上一层毛毡，在毛毡外螺旋形缠绕一层砂布，两端用金属带固定。用该法缠绕的砂辊砂削均匀，普遍被采用。为了获得良好的砂削效果，一般要求砂辊的转速要高，压辊上的弹簧压力要适中，同时要注意及时更换砂布。

2. 宽带式砂光机

辊式砂光机由于存在一个严重的缺点而在应用上受到限制，即进料速度不能超过 18m/min，否则生产能力受到影响；如果提高转速会产生过多热量，不易散发容易损坏砂带，因此，宽带式砂光机应运而生。

宽带式砂光机的最大特点是砂削工作面为套在辊筒上的封闭循环砂带，工作面积增加，散热条件改善，进料速度可提高到 90m/min，砂削量可超过 0.5mm。宽带式砂光机以生产率高、机床操作简便、砂带更换方便、砂削质量好等优点而受到广大用户的欢迎。宽带式砂光机一般成组配套使用，如最早一台用单机砂板材的上表面，另一台用单机砂板材的下表面，中间用运输机将其联合在一起。在现代生产中，常将上、下两个砂带同时装在一台机床上制成双面宽带砂光机，可一次同时完成板材上、下两个表面的砂光。砂光机的工作头多一些为佳，如上下各有 4 个砂带的砂光机，被称为四砂架双面宽带砂光机。

八、降低甲醛释放量处理

在桉树胶合板生产中，95% 以上的产品采用脲醛树脂胶，热压后板材的甲醛释放量相对比较高，据测定，国产胶合板的游离甲醛穿孔值一般很难达到 E1 级要求，极大地限制了板材的使用范围。降低胶合板的甲醛释放量已经成为一个关系到环境保护和人造板工业持续发展的重要课题。降低胶合板甲醛释放量的措施常用的有饰面处理、氨气处理和尿素溶液处理，也有使用甲醛捕捉剂处理的，还可以采用热处理。

（一）饰面处理

饰面处理包括涂料涂饰、贴装饰材料，涂饰涂料和贴装饰材料被认为是有效的措施。Kazckvicz 1984 年对甲醛气体于各种涂料的穿透性做了研究，结果表明涂料对甲醛的“包裹”性能远远优于木材单板。值得一提的是，一些涂料或贴面材料可以内含甲醛捕捉剂。例如，Kawashima 等 1974 年用 NH_4Cl 和尿素水溶液浸渍装饰板后贴面（Myers，1986）。这种方法“包裹”与“捕捉”并举，值得借鉴。

（二）氨气处理

氨可以与板材中的游离甲醛反应生成六次甲基四胺（乌洛托品），这种方法可以有效地捕捉游离甲醛。在反应过程中，氨还能同板材中的游离酸反应，促使板材的 pH 发生变化，从而提高板材的 pH，改进板材的耐酸水解老化性能。工业化生产中，通常采用 FD-EX 工艺和 RYAB 工艺进行氨处理。

$$6CH_2O+4NH_3 = C_6H_{12}N_4+6H_2O-339$$

FD-EX 工艺是用前后串联的三个室对胶合板进行三级处理，如图 4-9 所示。在第一室（吸收室）内，胶合板在 35℃的气态氨中进行处理。在第二室（脱吸室）内，存在于板表面的氨经鼓风而脱吸。在第三室（固定室）内，使仍留在板内的游离氨和甲酸反应生成甲酸胺。

$$H\cdot COOH+NH_3 = H\cdot COONH_4$$

甲酸胺可以与氨基类树脂发生水解，借助这种反应可以增强氨处理对降低甲醛释放量的作用效果。实际效果取决于板材在吸收室内与氨接触的时间、板材的密度和厚度、板材处理前的甲醛释放量及其他相关因素。FD-EX 工艺也可以只采用两级处理，即省掉固定室。

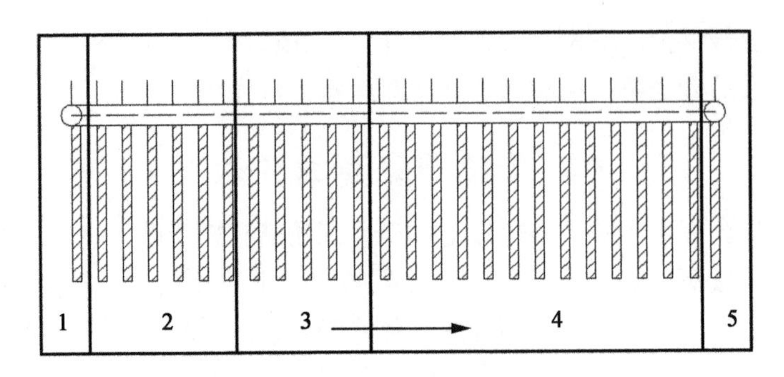

图4-9 FD-EX氨处理工艺

1. 入口；2. 吸收室；3. 脱吸室；4. 固定室；5. 出口

RYAB 氨处理工艺如图 4-10 所示，在被处理板材上方配置半合罩，在板材的下部也配置一个半合罩，氨或氨 - 空气混合气体由入口进入板材上部，用真空泵在板材下部抽真空，真空度为 10 000~60 000Pa。借助真空作用，氨或氨 - 空气混合气体被板材所吸收，未被吸收的氨在抽真空时被吸走。在持续一定时间后，处理后的板材被送出处理室，下一块待处理板材进入处理室。

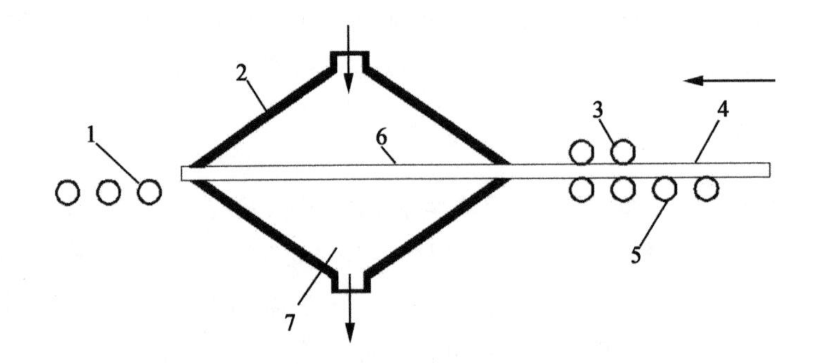

图4-10 RYAB氨处理工艺

1. 运输辊；2. 上罩；3. 驱动辊筒；4. 待推入的板材；5. 支撑辊；6. 板材；7. 下罩

RYAB 工艺可以是连续的，也可以是间歇的。经 RYAB 处理后的板材，其甲醛释放量降低的幅度取决于多方面的因素，如板材与氨接触的时间、板材的密度和处理前板材的甲醛释放量等。

采用氨处理后的板材，其甲醛释放量显著降低，经历一段时间后，其甲醛释放量有某种程度上升的现象，但低于处理前的水平，这是回升滞后现象。经处理后的板材贮存 3 个月以后，板材的甲醛释放量降低率为 57%~71%。

(三) 尿素溶液处理

将尿素溶液喷洒在板材表面，可以降低板材的甲醛释放量。具体操作方法是在板材堆放前，处于温热状态，将尿素溶液喷洒到板面上。尿素溶液处理可使板材的甲醛释放量降低 30%~50%。

尿素的作用，一是可以与甲醛发生化学反应；另外在水溶液下分解，尤其在酸性条件下形成氨离子，氨离子可以与甲醛发生化学反应生成六次甲基四胺。尿素溶液的配制：将 100g 尿素溶于 10L 水中，每平方米板面喷洒 400g 尿素水溶液。

也有研究采用铵盐化合物溶液对板材进行喷洒处理降低板材的甲醛释放量。通过处理可以使板材（穿孔法）的甲醛释放量从 25~30g/100g 降低到 5~10g/100g。

（四）热处理

将桉树胶合板进行热处理，可以显著降低其甲醛释放量。胶合板在热压后，堆放于后续热处理室，深化树脂的交联固化，降低游离甲醛含量，增强树脂抗水解的能力。但必须注意，要防止脲醛树脂在热处理过程中的逆向水解。

九、分等和质量检验

在桉树胶合板生产中，由于原料质量、操作工艺水平和设备精度等各种因素的影响，制造出的人造板不仅有等级差别，还有合格与不合格之分，因此，要求对成品板材进行分等和质量检验。

（一）胶合板分等

根据 GB/T 9846. 4—2004《胶合板　第 4 部分：普通胶合板外观分等技术条件》，普通胶合板按面板上可见的材质缺陷和加工缺陷分成 4 个等级：特等、一等、二等、三等，其中一等、二等、三等为普通胶合板的主要等级。

普通胶合板的各等级主要按面板上的允许缺陷进行确定，并对背板、内层单板的允许缺陷及胶合板的加工缺陷加以限定。

各等级普通胶合板的简单等级描述和主要用途如下。

特等：外观上除允许少量微小材质缺陷（如针节）外，不允许有其他缺陷。适用于做高级建筑装饰、高级家具及其他特殊需要的木制品。

一等：允许有个别轻微缺陷（如针节、死节、虫孔、裂缝、凹陷、压痕等）。适用于做较高级建筑装饰、中高级家具、各种电器外壳等制品。

二等：除允许少量轻微缺陷外，允许有个别稍严重的缺陷（如补片、补条、板边缺损）。适用于做家具、普通建筑、车辆、船舶等的装修、装饰。

三等：允许较多、较大缺陷，但缺陷数量和严重程度要确保在相应的限度以内且不得影响其用途。适用于低级建筑装修及包装材料等。

以上 4 个等级的面板应砂（刮）光，特殊需要者可不砂（刮）光或两面砂（刮）光。

背板等级要求很低，允许有不少缺陷存在。

（二）成品检验

成品检验包括规格尺寸检验、外观质量检验和物理力学性能检验 3 个方面。

规格尺寸检验的内容包括：厚度公差、幅面公差、对角线公差和翘曲度。

外观质量检验包括的内容较多，具体参照相关标准 GB/T 9846.4—2004《胶合板　第 4 部分：普通胶合板外观分等技术条件》。

物理力学性能检验包括的项目较多，胶合板检验参照相关标准。物理力学性能检验属于破坏性检验，必须先将样板锯成小试件才能进行检验。在胶合板生产中，要经常对分等的板材进行检验，一般每批次都要检验一次，主要是检验物理力学性能。

在成品入库、质量监督及成批拨交时，要按照规格尺寸、外观质量和物理力学性能 3 个方面进行检验。不管哪项检验，都必须从产品中随机抽样，抽样数量根据国家标准确定。经检验全部项目合格者，则判定该批次产品为合格品，否则以不合格品论处或降等级处理。

经检验后的桉树胶合板，分类贮存于仓库内（顾继友等，2009）。

第二节　桉树胶合板性能与评价

一、桉树单板表面润湿性能

桉树胶合板是以桉树单板为主要原料，施胶后经过组合、胶接等相应加工工艺制成的一种板材。桉树胶合板的性能除了与单板性能和胶黏剂性能有关外，还受单板和胶黏剂形成的界面性能影响，甚至从某种意义来说，界面性能决定桉树胶合板性能的发挥。不同的单板、胶黏剂有不同的界面性能；即使同样的单板、胶黏剂，其界面性能也可能不同；作为生物质体材料，桉树单板的表面化学性质处于动态变化之中，受加工工艺、温度变化、暴露时间、光辐射、湿度及各种污染的影响（于文吉，2001）。

界面技术是研究复合材料的关键技术之一，润湿是一种界面现象，用来描述当液体与固体表面接触时所发生的一切现象；润湿性与木材的胶合性能呈正相关，是评价材料表面性能最有效的手段之一（Zisman，1961）。桉树单板的润湿性所表征的是液体与桉树木材表面分子间的紧密接触程度，是发生胶合的必要条件。润湿涉及液体与固体在接触界面分子间的相互作用，其作用形式包括：①在润湿液和固体的界面形成接触角；②润湿液在固体表面的铺展；③润湿液在多孔性材料表面的渗透。接触角的形成与液体 / 固体的界面热力学性能相关；铺展是由固体表面能量状态的改变、吸附和润湿动力学引起；渗透主要与固体的表面结构有关，液体在无孔材料表面是不会发生渗透的。竹、木材是木质素纤维多孔材料，其润湿具有多孔固体表面的渗透性质，毛细管渗透现象是竹、木材渗透过程的重要因素。

为了得到良好的界面胶合或高强度的胶结接头，以及具有良好润湿性的胶黏剂，适宜固化的条件和充分抗变形能力的胶层（减少胶层的变形而引起应力）是非常重要的（Baier et al.，1968）。胶黏剂的渗透和铺展是桉树胶合板胶合效果的有效评估依据，如胶黏剂的渗透性与桉树胶合板的机械胶合理论直接相关，基于上述原因，湿润性成为预测桉树胶合板胶合好坏的一个重要因子。因此，在研究桉树胶合板时，有必要探讨胶黏剂在桉树单板表面的润湿性。

（一）表面润湿性的表征方法

1. Young 方程

固体表面的表面能与接触角的关系一般用 Young 方程表示，如图 4-11 所示的三相体系中，其中液滴定义为流体 *L*，环绕介质定义为流体 *G*，固体表面为 *S*，Young 方程可以表示为

$$\gamma_{LG} \cdot \cos\theta = \gamma_{SG} - \gamma_{SL} \tag{4.5}$$

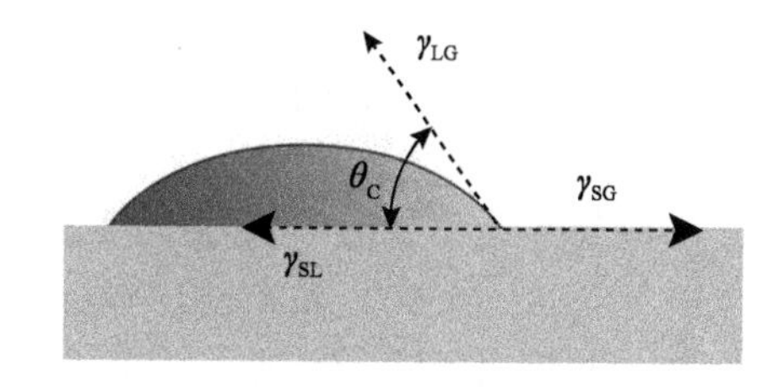

图4-11　接触角示意图

式中，γ_{LG}、γ_{SG}、γ_{SL} 分别为各界面间的界面张力；θ_C 为接触角。

$$\cos\theta = \frac{\gamma_{SG} - \gamma_{SL}}{\gamma_{LG}} \tag{4.6}$$

由于不同的材料 γ_{LG}、γ_{SG}、γ_{SL} 各界面间的界面张力不同，其间相互润湿性也不同。若 $\gamma_{SG} < \gamma_{SL}$、$\cos\theta < 0$、$\theta > 90°$，此时液体不能润湿固体，角度越大润湿性越差。当 θ=180° 时，表示完全不润湿，液滴呈球状。

若 $\gamma_{LG} > \gamma_{SG} - \gamma_{SL}$、$0 < \cos\theta < 1$、$\theta < 90°$，此时液体能润湿固体，角度越小润湿性越好。

若 $\gamma_{LG} = \gamma_{SG} - \gamma_{SL}$，$\cos\theta = 0$，$\theta = 0°$，此时液体完全润湿固体。

尽管 Young 方程给出了热力学定义，但由于根据 γ_{SG} 和 γ_{LG} 无法通过实验室得到数据，因此该方程无法在实验中应用。考虑到铺展现象的微观机制，可将式（4.6）改写为

$$\gamma_{LG} \cdot \cos\theta = \gamma_S - \pi_{S_{G,L}} - \gamma_{SL} \tag{4.7}$$

式中，γ_S 为无吸附分子时的固体表面张力；$\pi_{S_{G,L}}$ 为吸附液体 *L* 在界面 SG 上的表面压（颜肖慈，2005）。

2. 接触角和固体表面路易斯 - 范德瓦耳斯力的计算

在木材润湿过程中有两个因素起主导作用，一个是液体在木材表面的吸附作用，另一个是液体与木材表面的酸碱作用。酸碱作用力主要以氢键为主，酸碱力构成在解释液体和固体表面之间的相互作用力时，特别是在解释高分子表面润湿过程时起着非常重要的作用。Fowkes 和 Mostafa 1978 年将界面间的表面自由能分成极性和非极性两个部分，计算公式为

$$\gamma=\gamma^{LW}+\gamma^{AB} \tag{4.8}$$

式中，γ 为表面自由能；γ^{LW} 为路易斯 - 范德瓦耳斯力；γ^{AB} 为酸碱力。

Good 和 Girifalco 在前人研究的基础上，提出了采用接触角来计算表面张力值的经验式，为

$$\gamma_{LS}=\gamma_S+\gamma_L-2\Phi\left(\gamma_S\cdot\gamma_L\right)^{1/2} \tag{4.9}$$

式中，常数 Φ 考虑了涉及的两种物质的分子大小和极性的差异，对于非极性液体，$\Phi\approx1$；对于不相似物质，Φ 必须为 0.32~1.15。

液体在固体表面的吸附作用可以由路易斯 - 范德瓦耳斯力表示。其式表达为

$$\gamma_{LS}^{LW}=\gamma_S^{LW}+\gamma_L^{LW}-2\Phi\left(\gamma_S^{LW}\cdot\gamma_L^{LW}\right)^{1/2} \tag{4.10}$$

固体的表面自由能 γ_S^{LW} 和液体的表面自由能 γ_L^{LW} 为纯粹的路易斯 - 范德瓦耳斯力。结合式（4.6）、式（4.8）和式（4.10），可以得到液体在固体表面形成的接触角与两相表面张力的吸引分量之间在实验室可测的关系，如

$$\cos\theta=-1+2\Phi\cdot\left(\frac{\gamma_S^{LW}}{\gamma_L^{LW}}\right)^{1/2}-\left(\frac{\pi_{S,L}}{\gamma_L^{LW}}\right) \tag{4.11}$$

对于低能固体和水或水的溶液体系，$\frac{\pi_{S,L}}{\gamma_L^{LW}}$ 项很小，可以忽略，于是式（4.11）可以变为

$$\gamma_S^{LW}=\frac{\gamma_L^{LW}\cdot(1+\cos\theta)^2}{4\Phi^2} \tag{4.12}$$

3. 接触角和固体表面酸碱力的计算

固体和液体表面两极间的酸碱力平均值可以用式（4.13）计算

$$\gamma^{AB}=2(\gamma^+\cdot\gamma^-)^{1/2} \tag{4.13}$$

式中，γ^+、γ^- 分别为电子的受体（酸介质）和给体（碱介质），二者构成了酸碱表面能的总和。对于方向高度不对称的酸碱表面能，Fowkes 给出了下列公式

$$\gamma_{SL}^{AB}=\gamma_S^{AB}+\gamma_L^{AB}-2(\gamma_S^+\cdot\gamma_L^-+\gamma_S^-\cdot\gamma_L^+)^{1/2} \tag{4.14}$$

或者是

$$0.5\gamma_{SL}^{AB}=(\gamma_S^+\cdot\gamma_S^-)^{1/2}+(\gamma_L^+\cdot\gamma_L^-)^{1/2}-(\gamma_S^-\cdot\gamma_L^+)^{1/2}-(\gamma_S^+\cdot\gamma_L^-)^{1/2} \tag{4.15}$$

通过式（4.7）、式（4.8）和式（4.15），可以得到下列方程

$$0.5\gamma_L(1+\cos\theta)=\left(\gamma_S^{LW}\cdot\gamma_L^{LW}\right)^{1/2}+\left(\gamma_S^-\cdot\gamma_L^+\right)^{1/2}+\left(\gamma_S^+\cdot\gamma_S^-\right)^{1/2} \quad (4.16)$$

4. 表面粗糙度对接触角和润湿性的影响

接触角和润湿过程理论暗含了假设固体表面是光滑、理想的平面。事实上像竹材、木材等生物质材料，理想的表面是不存在的，将 Young 方程应用于表面粗糙度的表面体系，若液体在粗糙表面上的表观接触角为 θ'，则表面张力和接触角可用 Wenzel 方程表示

$$\gamma_{LG}\cdot\cos\theta'=r(\gamma_S-\pi_{S_{G,L}}-\gamma_{SL}) \quad (4.17)$$

式中，$r=\dfrac{\cos\theta'}{\cos\theta}$。上式阐明了表面粗糙度对表面接触角的影响，由 Wenzel 方程可知，粗糙表面的接触角余弦的绝对值是大于在平滑表面上的，即

$$r=\frac{\cos\theta'}{\cos\theta}>1 \quad (4.18)$$

由式（4.18）可得，当 $\theta<90°$ 时，$\theta'<\theta$，即表面粗糙度使接触角变小，润湿性变好；当 $\theta>90°$ 时，$\theta'>\theta$，即表面粗糙度会使表面的体系不润湿。固体表面的化学性能与其结构有关，改变了物体的表面状态，可以达到改变浸润状况的目的。

5. 胶黏剂的润湿模型

木材是多孔性材料，表面存在许多大小不一的细胞和空隙，使液体能够不断地渗透和铺展，接触角（θ）随时间是动态变化的，为了评价胶黏剂在桉树木材表面的渗透和铺展情况，这里引入胶黏剂在木材表面的润湿模型

$$\theta=\frac{\theta_i\theta_e}{\theta_i+(\theta_e-\theta_i)\exp[k(\frac{\theta_e}{\theta_e-\theta_i})t]} \quad (4.19)$$

式中，θ_i 为初始接触角；θ_e 为平衡接触角；k 为铺展渗透系数；t 为时间。k 值物理意义为液体在桉树单板表面的铺展、渗透快慢，k 值越大，说明液体在固体表面的铺展渗透越快，渗透性越好，θ_i 物理意义为液体在桉树单板表面的润湿性好坏，初始接触角越小，润湿性越好，接触角减小的百分率越大，铺展渗透越快，以上参数通常用来表征桉树单板表面润湿性、铺展和渗透性能。k 值可以通过 SPSS 程序中非线性回归求得（Shi and Gardner，2001）。

（二）桉树单板及木材表面自由能和酸碱力

目前主要用于研究木材表面自由能的液体为蒸馏水、二碘甲烷和甲酰胺。水代表强极性液体，二碘甲烷代表非极性液体，甲酰胺代表半极性液体。它们的表面张力自由能参数如表 4-6 所示。

表 4-6 液体的表面张力自由能参数

参数	蒸馏水	甲酰胺	二碘甲烷
表面张力 /（mN/m）	72.8	58.0	50.8
路易斯 - 范德瓦耳斯力 /（mN/m）	21.8	39.0	50.8
酸碱力 /（mN/m）	51.0	19.0	0
酸参数 /（mN/m）	25.5	2.28	0
碱参数 /（mN/m）	25.5	39.6	0

蒸馏水，实验室制备。

二碘甲烷（diiodomethane），化学纯，相对密度为 3.320~3.326，结晶点为 5~6℃，分子量为 267.87，游离碘合格。

甲酰胺（formamide），分析纯，含量＞ 99.0%，相对密度为 1.131~1.134，凝固点＞ 2℃。

酚醛树脂胶（PF）：取自北京太尔化工有限公司（以下简称太尔公司），固含量为 44%，pH 为 12.5，黏度 220Pa・s，碱度为 7.2%~7.6%，表面自由能为 $52.00mJ/m^2$。

利用采自广东湛江的尾叶桉（*E. urophylla*），含水率为 5%~8%，使用带有自动控温样品室的接触角测定仪分别测定桉树木材与桉树单板的润湿性能。

表 4-7 是蒸馏水、甲酰胺和二碘甲烷在桉树单板表面的接触角。根据表 4-6 中的蒸馏水、甲酰胺和二碘甲烷表面张力、路易斯 - 范德瓦耳斯力和酸碱力，由二碘甲烷的初始接触角代入式（4.12）求得桉树单板表面的路易斯 - 范德瓦耳斯力 γ_S^{LW}（表 4-8）。由蒸馏水与甲酰胺在桉树单板表面的初始接触角和式（4.12）计算得到表面的路易斯 - 范德瓦耳斯力，代入式（4.13）和式（4.15）分别求出桉树表面酸碱力 γ_S^+、γ_S^-（表 4-8）。

表 4-7 蒸馏水、甲酰胺和二碘甲烷在桉树单板表面的接触角（单位：°）

润湿液	桉树实木	紧面砂磨	松面砂磨	紧面	松面
蒸馏水	60.25	61.81	52.53	82.25	84.41
甲酰胺	42.67	41.13	37.45	54.00	56.14
二碘甲烷	26.63	24.31	22.09	29.41	30.72

表 4-8 不同处理条件桉树单板表面自由能和酸碱力

参数	桉树实木	紧面砂磨	松面砂磨	紧面	松面
表面张力 /（mN/m）	47.89	49.35	49.69	45.45	44.62
路易斯 - 范德瓦耳斯力 /（mN/m）	45.55	46.40	47.14	44.46	43.92
酸碱力 /（mN/m）	2.51	2.95	2.56	0.98	0.70
酸参数 /（mN/m）	0.07	0.14	0.07	0.08	0.05
碱参数 /（mN/m）	23.09	22.11	24.89	2.99	2.43

从表 4-8 可以看出，桉树单板的表面自由能由路易斯 - 范德瓦耳斯力和酸碱力两部分组成，以路易斯 - 范德瓦耳斯力为主，而酸碱力只占桉树单板表面自由能的 6% 以下，其所占的比例小并不意味着对材料表面的润湿性影响小，在材料表面与具有强氢键的液体相互作用过程中，酸碱力起主导作用。

从表 4-8 可以看出，桉树单板表面有明显的酸碱两性特点，根据湿润理论，材料表面的酸碱力构成并不等于极性能量构成，而主要依赖于木材表面的酸性 γ_S^+ 和碱性 γ_S^-。酸性能量因子 γ_S^+ 与碱性能量因子 γ_S^- 的大小分别表示木材表面的电子授予能力与质子的授予能力。桉树单板表面自由能的一个显著特征是酸碱能量比路易斯 - 范德瓦耳斯力小得多，桉树实木、经过砂磨的紧面、经过砂磨的松面、紧面、松面的 γ_S^- 和 γ_S^+ 比值分别为 329、158、355、37 和 48，材料表面的酸碱力又以碱参数为主，因此桉树单板材料为碱性特征材料。

1. 砂磨对单板润湿性的影响

从表 4-7 可以看出，砂磨对桉树单板的表面润湿性具有显著的影响，蒸馏水在砂磨桉树单板紧面和松面的接触角比未砂磨的桉树单板分别减小了 24.85% 和 37.77%；甲酰胺分别减小了 23.83% 和 33.29%；二碘甲烷分别减小了 17.34% 和 28.09%，这与 Kajita（1992）结果一致。根据 Kajita（1992）研究，在堆放过程中抽提物会向表面漂移，而 Chen（1970）研究表明抽提物增加会降低木材的表面润湿性，从而导致木材表面的润湿性能降低。

从表 4-7 可以看出，砂磨对松面的影响比紧面大，经过砂磨后松面的接触角比紧面小，润湿性较好；而未经过砂磨的松面的接触角比紧面大，润湿性差。这主要与松面、紧面的表面结构有关，松面的表面结构疏松，有较大的比表面积，在堆放过程中容易吸收粉尘和堆积抽提物，从而使表面润湿性降低；经过砂磨去除表面的粉尘和抽提物，松面表面粗糙度较大，因此润湿性比紧面好。

从表 4-8 可以看出，材料表面的路易斯 - 范德瓦耳斯力比较稳定，而酸碱力比较敏感，这与江泽慧等（2005）研究结果一致。经过砂磨处理后桉树单板的松面、紧面的路易斯 - 范德瓦耳斯力增加了 7.33% 和 4.36%，而酸碱力增加了 265.71% 和 201.02%，特别是碱参数增加了 924.28% 和 639.46%。经过砂磨后去除桉树单板抽提物，使桉树单板的亲水基团显露出来，酸碱力增加，从而改善材料表面的润湿性。

2. 表面制备方法对润湿性的影响

表面制备方法对桉树木材的润湿性具有一定的影响，从表 4-7 可以看出，对于蒸馏水、甲酰胺和二碘甲烷 3 种润湿液，在经过砂磨的紧面单板触角与实木接触角相当，大于经过砂磨的松面单板。在旋切过程中，单板的松面形成许多裂隙，表面粗糙度增加，由式（4.18）可以看出，当接触角小于 90° 时，随着粗糙度增加，材料表面润湿性变好。

从表4-8可以看出，桉树单板的表面自由能略大于桉树实木的表面自由能，是因为路易斯 - 范德瓦耳斯力增加，而表面的酸碱力相差不大。这主要是由于桉树单板和桉树实木的表面化学组成一样，表面结构的不同引起路易斯 - 范德瓦耳斯力的变化，从而引起表面自由能的变化。

（三）酚醛胶（PF胶）在桉树表面的润湿性

图4-12~图4-16为不同条件下接触角随时间变化的曲线。

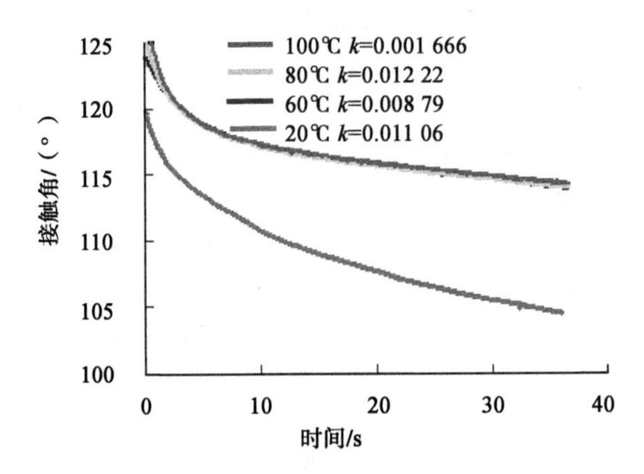

图4-12　不同温度下PF胶在单板松面表面动态接触角（彩图请扫封底二维码）
k为铺展渗透系数

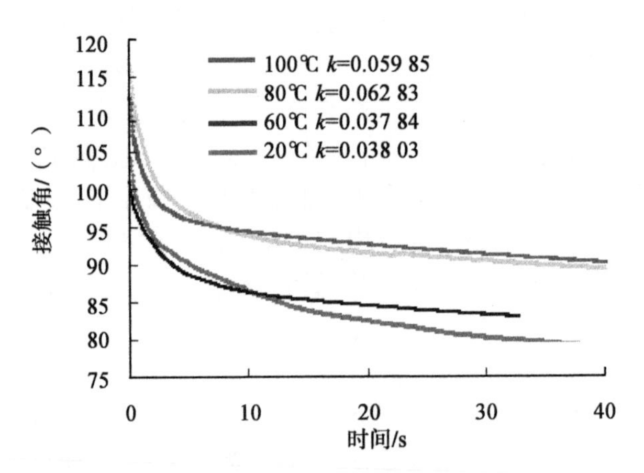

图4-13　不同温度下PF胶在单板砂磨松面表面动态接触角（彩图请扫封底二维码）
k为铺展渗透系数

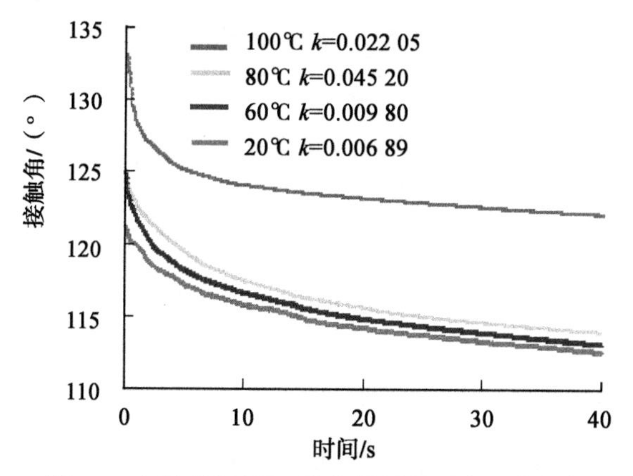

图4-14　不同温度下PF胶在单板紧面表面动态接触角（彩图请扫封底二维码）

k 为铺展渗透系数

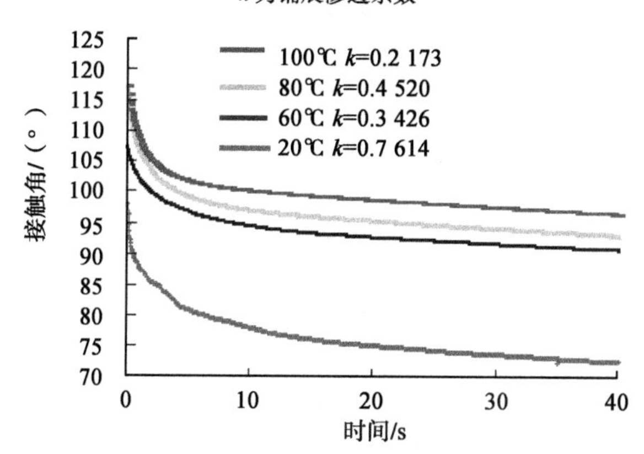

图4-15　不同温度下PF胶在单板砂磨紧面表面动态接触角（彩图请扫封底二维码）

k 为铺展渗透系数

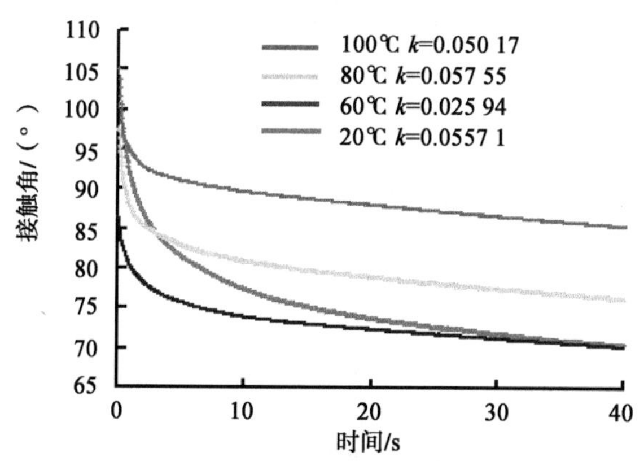

图4-16　不同温度下PF胶在桉树实木表面动态接触角（彩图请扫封底二维码）

k 为铺展渗透系数

从表 4-9 可以看出，PF 胶在 5 种不同处理的桉树表面初始接触角均接近 90° 或大于 90°，根据式（4.18），PF 胶在桉树表面的润湿性能较差。

表 4-9 温度变化对桉树表面接触角和 *k* 值的影响

部位	温度 /℃	接触角 /（°）				减小率 /%	*k* 值	R^2
		θ_0	θ_2	θ_{10}	θ_{40}			
桉树松面	20	119.82（10.73）	115.86（8.75）	110.79（7.23）	103.25（6.80）	13.83	0.011 1	0.973
	60	123.84（7.81）	120.97（8.50）	117.19（9.56）	113.90（10.97）	8.03	0.008 8	0.957
	80	125.42（8.67）	121.09（7.69）	117.15（7.66）	114.07（7.58）	9.05	0.012 2	0.895
	100	125.69（3.88）	121.30（4.69）	117.33（5.03）	113.97（5.46）	9.32	0.016 7	0.827
砂磨松面	20	104.52（11.94）	93.89（10.76）	86.55（9.23）	78.73（8.35）	24.67	0.038 0	0.917
	60	100.94（10.80）	94.95（11.82）	86.33（11.00）	83.46（11.51）	17.32	0.037 8	0.903
	80	116.97（6.85）	102.21（7.98）	93.99（9.02）	89.44（10.21）	23.54	0.062 8	0.896
	100	112.30（8.15）	99.51（8.55）	93.29（7.85）	90.17（8.40）	19.71	0.059 85	0.706
桉树紧面	20	121.23（6.93）	118.83（5.26）	115.82（4.31）	112.57（3.82）	7.14	0.006 9	0.9620
	60	124.68（6.14）	121.63（6.33）	117.49（6.17）	113.97（5.94）	8.59	0.009 8	0.976
	80	125.03（6.30）	120.40（5.34）	116.67（4.98）	113.14（4.56）	9.51	0.012 31	0.882
	100	133.14（4.04）	126.99（3.30）	124.09（2.45）	122.13（2.00）	8.27	0.020 5	0.685
砂磨紧面	20	98.31（10.15）	85.45（7.75）	78.07（6.26）	72.72（5.99）	26.03	0.076 1	0.878
	60	107.40（7.84）	100.04（6.38）	94.61（6.53）	90.86（6.77）	15.40	0.034 3	0.720
	80	117.37（6.60）	103.82（4.84）	97.20（5.11）	93.27（5.37）	20.53	0.045 2	0.594
	100	117.18（7.29）	104.89（5.89）	100.23（5.34）	96.61（5.01）	17.55	0.051 7	0.556

续表

部位	温度/℃	接触角/(°)				减小率/%	k 值	R^2
		θ_0	θ_2	θ_{10}	θ_{40}			
桉树实木	20	105.21 (6.64)	86.97 (8.37)	77.45 (7.07)	70.49 (6.42)	32.94	0.055 7	0.810
	60	86.49 (8.95)	78.29 (8.18)	73.87 (8.21)	70.16 (8.24)	18.88	0.025 94	0.849 6
	80	97.47 (6.48)	85.56 (6.01)	80.93 (7.01)	76.34 (7.97)	21.68	0.057 55	0.724 1
	100	100.61 (9.00)	92.66 (9.04)	89.62 (9.05)	85.31 (9.12)	15.21	0.050 17	0.573 6

注：括号内数据为变异系数，单位为%；θ_0、θ_2、θ_{10}、θ_{40} 为时间（s）上的接触角

1. 不同温度对 PF 胶在桉树表面接触角的影响

从表 4-9 可以看出，PF 胶在 5 种不同处理的桉树表面的接触角随着温度的升高有增大的趋势。随着温度的升高，接触角增大，当温度为 60℃时，其接触角大于 90°，PF 胶不能润湿桉树表面。根据 Drew Myers 2005 年的研究，对于双组分化合物复合，表面张力将使混合物中每种组分分量的相加性结合，$\gamma_{mix}=\gamma_1 x+\gamma_2(1-x)$，式中 γ_{mix} 为溶液的表面张力，γ_1、γ_2 为相应组分的表面张力，x 为混合物组分的摩尔分量。根据颜肖慈（2005）研究，随着温度的升高，水的表面张力减小；随着温度的升高，聚合物发生聚合，数均分子量增大，表面张力增大（江泽慧，2003）。酚醛胶由水和酚醛树脂组成，溶液的表面张力要综合考虑水的表面张力减小与酚醛树脂胶表面张力增大及二者的协同作用，根据王戈等（2007）研究，随着温度的升高，PF 胶的表面张力增大，因此随着温度的升高，PF 胶在桉树表面的润湿性能下降。但是，在 20℃时，PF 胶在桉树实木和经过砂磨的松面接触角出现异常现象，其接触角明显大于 60℃时的接触角，其原因尚在研究中。

从表 4-9 可以看出，PF 胶在 5 种不同处理的桉树表面的接触角减小率和 k 值在所测的 4 种温度中 20℃时最小。随着温度的升高，酚醛树脂分子量增大，根据王戈等（2007）研究，PF 胶的渗透性和铺展性下降，但是随着温度的升高，水的蒸发速率加快，PF 胶出现干缩和干瘪现象，接触角减小，因此，温度对桉树表面的接触角减小率和 k 值的影响要综合考虑渗透性、铺展性和水分蒸发的关系。

2. 砂磨对 PF 胶在桉树表面接触角的影响

经过砂磨后，PF 胶在桉树单板的接触角减小，润湿性能变好，在 20℃、60℃、80℃和 100℃时，经过砂磨后单板松面的初始接触角分别减小了 12.8%、

18.5%、6.7% 和 10.7%，经过砂磨后单板紧面的初始接触角分别减小了 18.9%、13.9%、6.1% 和 12.0%。经过砂磨后单板松面的 k 值增大了 242.3%、329.5%、414.8% 和 258.4%，经过砂磨后单板紧面 k 值增大了 1002.9%、250%、267.2% 和 152.2%。经过砂磨后单板松面的平衡接触角分别减小了 23.7%、26.7%、21.6% 和 20.9%，经过砂磨后单板紧面的平衡接触角分别减小了 35.4%、20.3%、17.6%、20.9%。在置放过程中，桉树单板内部的抽提物向表面迁移，桉树表面润湿性降低。经过砂磨，去除桉树单板表面的抽提物，润湿性能得到改善。综上分析，经过砂磨后桉树单板不但润湿性能得到改善，而且渗透和铺展性能也得到极大的改善，砂磨处理对于板材的二次加工（如贴面、涂漆等）具有重要的意义。

3. 表面粗糙度对 PF 胶在桉树表面接触角的影响

从表 4-9 可以看出，PF 胶经过砂磨单板与桉树实木表面的接触角在不同温度下有一定的差异，在相同的温度下差异不大。其间的差异主要是由板材的表面粗糙度引起的，表面粗糙度松面＞紧面＞桉树实木，根据式（4.18），当接触角大于 90° 时，接触角越大，润湿性越差，因而桉树单板松面润湿性＜紧面＜桉树实木。

二、三聚氰胺改性脲醛树脂桉树胶合板的制备与性能研究

（一）试验材料

桉木单板：由广西南宁创锦胶合板有限责任公司提供，名义厚度为 1.8mm，含水率为 7% 以下。

三聚氰胺改性脲醛树脂胶（MUF 胶）：由山东临沂泰尔化工科技有限公司提供，为乳白色黏稠状液体，按照 GB/T 14074—2006《木材胶粘剂及其树脂检验方法》进行检测，其中胶的黏度为 27s（涂 -4 杯，23℃），固含量为 54.26%，固化时间为 3min，pH 为 9.2。

添加剂：面粉，添加量为 20%。

（二）工艺流程

工艺流程：桉树单板→涂胶→组坯→陈放→预压→热压→ 24h 陈放→性能测试。

将单板裁剪为 600mm × 600mm 规格，然后通过辊筒干燥机，干燥至含水率为 7% 左右。单板冷却以后，选择 1.8mm 厚的单板，单板层数为 7 层，按照正交表的设计进行双面手工涂胶，按照组坯规则进行组坯，陈放 30min 左右，待含水率为 15% 左右时进行预压、热压。

（三）试验方法

在本试验中，以热压温度（A）、热压压力（B）、热压时间（C）、双面涂胶量（D）为因素，各取4个水平安排在 L_{16}（4^5）正交表中，如表4-10所示。以胶合强度、弹性模量、静曲强度为正交表中每个试验结果的检测指标。

表4-10　正交试验表

因素	A/℃	B/MPa	C/（min/mm）	D/（g/m²）	E
水平1	110	0.8	1.0	320	—
水平2	115	1.0	1.3	290	—
水平3	120	1.2	1.6	260	—
水平4	125	1.4	1.9	230	—

注：E为空白对照

1. 检测方法

热压后的板材经24h自然陈放后裁边，按国家标准GB/T 17657—2013《人造板及饰面人造板理化性能试验方法》进行胶合强度、弹性模量和静曲强度的性能检测。在检测胶合强度时，按照GB/T 17657—2013 Ⅱ类胶合板的要求，试件放在（63±3）℃的热水中浸渍3h，取出后在室温下冷却10min，再测量胶合强度。

2. 极差分析

本项研究的试验如表4-11所示，表中分别列出了每个试验的胶合强度、弹性模量、静曲强度。表4-12为极差分析表，其中 *K*1、*K*2、*K*3、*K*4 分别表示表4-10各列4个水平试验结果的总和，将各列中最大的 *K* 值减去最小的 *K* 值，然后再除以4，得到各列的极差，极差越大，其水平变化对指标的影响越大，即是影响指标的主要因素。在进行极差分析时，首先比较各极差的大小，然后根据 *K* 值的大小，确定各因素所取的水平。

表4-11　试验结果

试验号	胶合强度/MPa	弹性模量/MPa	静曲强度/MPa
1	1.61	5248	43.44
2	1.406	5281	45.98
3	1.573	4841	45.52
4	1.464	5249	53.00
5	1.505	4937	40.57
6	1.433	5218	47.89
7	1.35	5363	57.35

续表

试验号	胶合强度 /MPa	弹性模量 /MPa	静曲强度 /MPa
8	1.59	5679	57.48
9	1.226	4950	42.59
10	1.298	4933	42.66
11	1.645	5128	50.16
12	1.094	5251	49.98
13	1.786	4940	43.87
14	1.162	5433	46.37
15	1.021	5267	47.83
16	1.128	5358	50.07

表 4-12　试验极差分析表

指标		A	B	C	D	E
胶合强度	*K*1	6.052	6.128	5.816	5.216	5.520
	*K*2	5.880	5.300	5.028	6.428	5.112
	*K*3	5.264	5.588	5.552	5.504	5.888
	*K*4	5.096	5.276	5.896	5.144	5.776
极差	*R*	0.239	0.213	0.217	0.321	0.194
弹性模量	*K*1	20 619	20 075	20 952	21 295	21 127
	*K*2	21 197	20 865	20 736	21 028	20 952
	*K*3	20 262	20 599	20 903	20 069	20 250
	*K*4	20 998	21 537	20 485	20 684	20 747
极差	*R*	233.75	365.5	116.75	306.5	219.25
静曲强度	*K*1	187.94	170.468	191.56	197.14	191.408
	*K*2	203.288	182.9	184.36	197.492	195.992
	*K*3	185.388	200.86	191.96	178.82	187.26
	*K*4	188.14	210.528	196.88	191.312	190.1
极差	*R*	4.475	10.015	3.13	4.668	2.183

从表 4-12 可以看出，影响胶合强度的因素顺序是 D ＞ A ＞ C ＞ B，然后根据表 4-12 中 *K* 值的大小，确定各因素所取的水平。通过极差表可以看出，以胶合强度为指标时，各因素组合为 D2A1B1C4；用同样的方式可以分析出影响弹性模量的因素顺序为 B ＞ D ＞ A ＞ C 各因素组合为 B4D1A2C1；以静曲强度为指标时，各因素顺序为 B ＞ D ＞ A ＞ C，各因素组合为 B4D2A2C4。

（四）工艺参数对胶合强度的影响

通过图 4-17 可以看出热压温度对胶合强度的影响，从 110~125℃时胶合强度呈下降趋势，原因是胶黏剂的最佳反应温度为 110~115℃，提高温度可以缩短热压时间，有利于提高热压机的生产效率，但温度过高，产品就会产生较大的热压应力，容易造成桉木胶合板的变形，因此，当只考虑胶合强度为指标时，110℃是比较合适的。热压压力对产品的力学性能影响显著，压力的作用是保证单板之间胶合面的紧密接触，增加分子引力和分子扩散，提高产品的胶合强度。从图 4-17 可以看出热压压力为 0.8MPa 时，胶合强度较好；热压时间为 1.9min/mm 时，产品胶合强度最佳。热压时间与板坯的含水率关系极大，试验中单板含水率一般为 6%~10%，涂胶后板坯含水率超过上述值，若热压时间过短，热压结束时板坯中仍会有较多水分未蒸发，这些水分使胶层不能达到完全固化而影响胶合强度。从试验结果看，桉木胶合板单板涂胶量为 290g/m^2 时效果较佳。若涂胶量不足，在单板表面形不成连续胶层而使胶合强度降低，但是涂胶量超过 290g/m^2 及以上时，产品的胶合强度不仅没有提高，反而降低，这是由于用胶量增加，单板之间一些部位胶层厚度增大，特别在涂布不均匀时更会出现这种情况，胶层增厚，应力增大引起胶合强度下降，另外固化的胶层本来强度不高，造成产品胶合强度下降；此外涂胶量增加，相应会增大板坯含水率，在热压时间不变的情况下，当热压结束时，板坯中还保留着来不及蒸发掉的水分而使胶层得不到充分固化，因此影响产品的胶合性能。

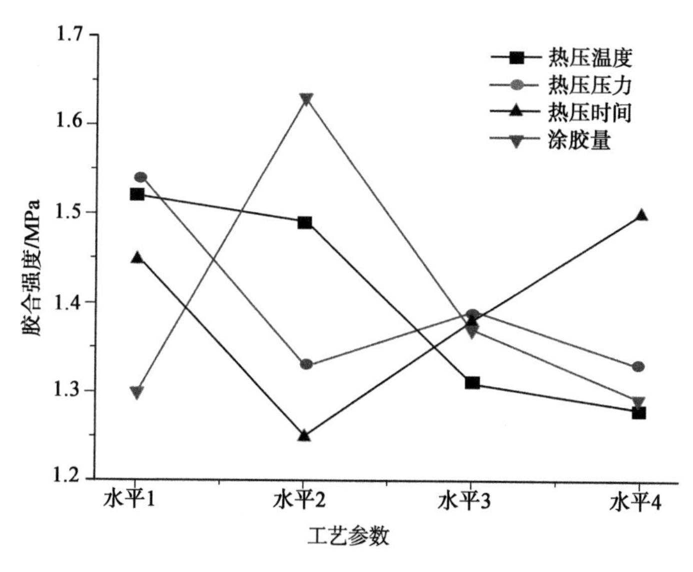

图4-17　生产工艺与胶合强度的关系图

（五）工艺因素对弹性模量和静曲强度的影响

生产工艺对弹性模量和静曲强度的影响如图 4-18~ 图 4-19 所示。木材的主要力学性能有弹性模量和静曲强度。弹性模量是表示材料刚度性能的物理指标，它表示材料在受力线性应变范围内的应力与应变的关系。静曲强度是木材用作结构用材的重要性能，它表示板材抵抗弯曲外力不被破坏的最大能力，木板材部件应有足够的抗弯强度。胶合板的主要力学性能（弹性模量和静曲强度），其主要影响因素是其所用单板的力学性能及木材本身的弹性模量和静曲强度。从图 4-18 和图 4-19 可知，热压温度对弹性模量和静曲强度的影响趋势较一致，当热压温度为 115℃时，弹性模量和静曲强度都能达到较好的状态，随着热处理温度升高，弹性模量和静曲强度均表现为先升高后降低的趋势，热压温度过高，木材的化学结构也发生了变化，导致木材变脆和强度下降。因此只考虑弹性模量和静曲强度为指标时，热压温度取 115℃较合适。

从图 4-18 和图 4-19 可以看出，热压压力对弹性模量和静曲强度的影响趋势很接近，随着热压压力的增加，弹性模量和静曲强度都逐渐增大，在单位压力为 1.4MPa 时，弹性模量和静曲强度达到最大。由于压力的增大，木材压缩率越大，从而木材变得更密实，因此弹性模量和静曲强度增大。从图 4-18 可知，热压时间为 1.0min/mm 时，弹性模量最大；在从 1.0~1.6min/mm 变化时，弹性模量变化很小；在从 1.6~1.9min/mm 变化时，弹性模量下降很大；说明此时已经远远超过材料的弹性极限范围。从图 4-19 可知热压时间为 1.9min/mm 时静曲强度最大，随着时间的增加，胶合板密度变大，从而静曲强度增大。

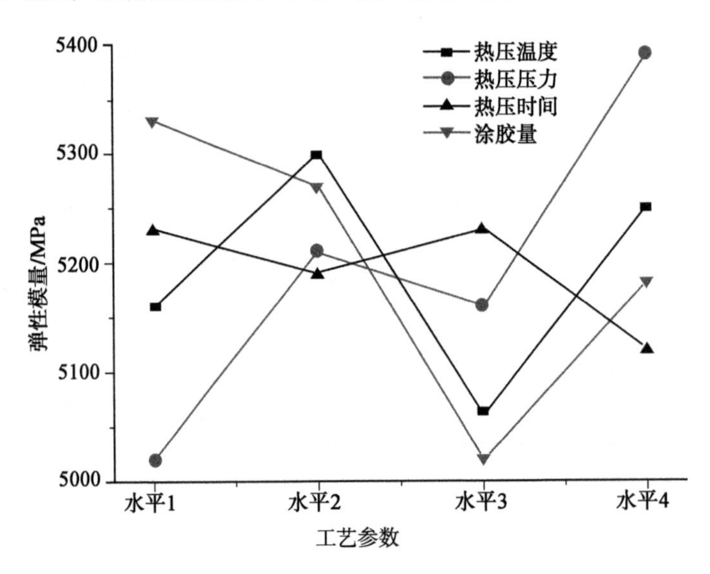

图4-18　生产工艺与弹性模量的关系图

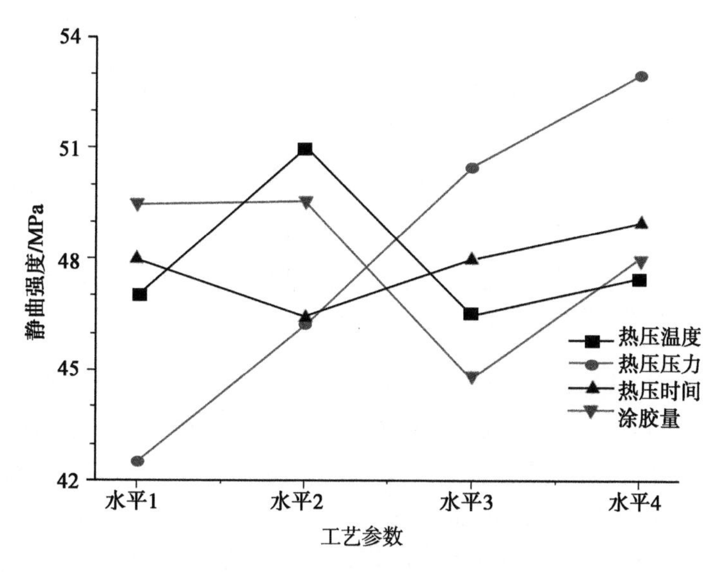

图4-19 生产工艺与静曲强度的关系图

从图 4-18 和图 4-19 可知，涂胶量对弹性模量和静曲强度的影响趋势较相似，涂胶量为 320g/m^2 时，弹性模量最大；涂胶量为 290g/m^2 时，静曲强度最大。

方差分析：通过极差分析与讨论，只能确定用一个指标所设置的正交分析，但是作为胶合板，胶合强度、弹性模量和静曲强度都是其主要的力学性能，因此本试验运用了 3 个指标，需要用方差进行分析，并且需用 F 值进行检验，如果试验分析的 F 值比查表的 F 值大，就说明试验显著，即该因素对本试验的指标影响大。如果 F 值比查表得到的 F 值小，就说明此因素对试验的指标影响不显著，即对试验结果影响不大。表 4-13 是试验的方差分析表，通过表 4-13 可以得到如下结论。

表 4-13 试验方差分析表

指标	变差来源	离差平方和	自由度	均方	F 值	F_a
胶合强度	A	0.161 67	3	0.053 89	1.862 20	不显著
	B	0.117 74	3	0.039 25	1.356 23	不显著
	C	0.115 21	3	0.038 40	1.327 02	不显著
	D	0.261 81	3	0.087 27	3.015 68	显著
	E	0.086 81	3	0.028 94	—	$F_{0,1}$（3.15）=2.49
弹性模量	A	128 793.5	3	42 931.166 67	1.193 91	不显著
	B	277 394	3	92 464.666 67	2.571 45	显著
	C	33 297.5	3	11 099.166 67	0.308 66	不显著
	D	210 245.5	3	70 081.833 33	1.948 98	不显著
	E	107 874.5	3	35 958.166 67	—	$F_{0,1}$（3.15）=2.49

续表

指标	变差来源	离差平方和	自由度	均方	*F* 值	F_a
静曲强度	A	49.972 45	3	16.657 48	5.453 07	显著
	B	241.398 1	3	80.466 04	26.341 70	显著
	C	20.321 07	3	6.773 69	2.217 46	不显著
	D	57.802 13	3	19.267 37	6.307 46	显著
	E	9.164 087	3	3.054 69	—	$F_{0,1}$（3.15）=2.49

注：A 为水平 1；B 为水平 2；C 为水平 3；D 为水平 4；E 为空白对照

以胶合强度为指标时，只有 D 显著，其他均不显著，根据极差分析结果，其影响次序为 D2A1B1C4，即可以确定涂胶量为 290g/m²；以弹性模量为指标时，只有 B 显著，其他因素均不显著，根据极差分析结果，其影响次序为 B4D1A2C1，即可以确定热压压力为 1.4MPa；以静曲强度为指标时，ABD 显著，C 不显著，根据极差分析结果，其影响次序为 B4D2A2C4，可以确定热压温度为 115℃，热压压力为 1.4MPa，涂胶量为 290g/m²。再由表 4-13 可以看出，热压时间对静曲强度的影响大于对胶合强度和弹性模量的影响，因此最终 C 取 C4，即热压时间为 1.9min/mm。因此本试验的最佳工艺参数组合为 A2B4C4D2，即热压温度为 115℃、热压压力为 1.4MPa、热压时间为 1.9min/mm、涂胶量为 290g/m²。

根据试验研究出的最优工艺参数组合，按照胶合板的生产工艺，取 1.8mm 厚的桉木单板，压制 7 层厚的桉树胶合板，然后进行性能检测。在最优工艺参数情况下，胶合板耐水胶合强度满足Ⅱ类胶合板标准，即为 1.89MPa，静曲强度为 54.45MPa，弹性模量为 7071MPa（龙海蓉和周定国，2012）。

三、酚醛树脂桉树胶合板的制备与性能研究

（一）试验材料

桉树单板：选用尾叶桉（*E. urophylla*），采自广东湛江，胸径为 15~20cm，幅面为 240mm × 240mm（由 1000mm × 600mm 裁剪成 8 块），含水率为 8%~9%，厚度为 1.5~2.5mm，其厚度和密度如表 4-14。

酚醛胶：取自太尔公司，固含量为 44%，pH 为 12.5。

表 4-14　桉树单板、板坯和胶合板的物理参数

单板厚度 /mm	单板密度 /（g/cm³）	板坯厚度 /mm	成板厚度 /mm
1. 82（7.1）	0.56（10.2）	5.53（7.6）	4.81（7.0）

注：括号内数据为变异系数，单位为 %

（二）工艺流程

工艺流程：桉树单板→裁剪→涂胶→陈放→组坯→热压→取样→检测。

将单板裁成所需规格 240mm × 240mm，放入烘箱中干燥，干燥温度控制在 60~80℃，干燥后的终含水率控制在 3%~4%。按试验设定的涂胶量，采用双面涂胶法涂胶。涂胶后，陈放 2h 再进行组坯，采用 3 层纵横交叉组坯方式，然后放入热压机中热压，热压参数按试验设定进行。热压后取样、检测。

（三）试验方法

试验采用单因素试验方法，分别探讨了涂胶量、热压压力、热压时间、热压温度、添加剂含量、心边材 6 个因素对桉树胶合板胶合性能的影响。

1. 涂胶量

试验设计：涂胶量（采用双面涂胶）取 150g/m^2、200g/m^2、250g/m^2、350g/m^2 4 个水平；热压温度 140℃；热压压力 1.2MPa；热压时间 5min。

2. 热压压力

试验设计：热压压力取 0.8MPa、1.0MPa、1.2MPa、1.4MPa 4 个水平；热压时间 5min；热压温度 140℃；涂胶量 250g/m^2。

3. 热压时间

试验设计：热压时间取 3min、4min、6min、8min 4 个水平；热压温度 140℃；涂胶量 250g/m^2；热压压力 1.2MPa。

4. 热压温度

试验设计：热压温度取 120℃、140℃、160℃、180℃ 4 个水平；热压压力 1.2MPa；热压时间 5min；涂胶量 250g/m^2。

5. 添加剂含量

试验设计：选用面粉，添加量为 0、5%、10%、15%，热压温度 140℃；热压压力 1.2MPa；热压时间 5min；涂胶量 250g/m^2。

6. 心边材

试验设计：热压温度 140℃；热压压力 1.2MPa；热压时间 5min；涂胶量 250g/m^2。

板材设计为 3 层纵横交叉结构，热压时不加厚度规，热压后的胶合板陈放 24h 后裁边、取试件，参照 GB/T 3356—1999《单向纤维增强塑料弯曲性能试验方法》测试板材的静曲强度和弹性模量，胶合板胶合强度、木破率和压缩比按国家标准 GB/T 17657—2013《人造板及饰面人造板理化性能试验方法》和国家标准 GB/T 9846—2004《胶合板》检测。以上试验每组平行压制 3 张板，每张板各取 3 个试件结果取其平均值。

（四）涂胶量对物理力学性能的影响

从表4-15可以看出，在其他条件一定时，涂胶量从150g/m^{2}增到250g/m^{2}时，随着涂胶量增加，板材密度增大，弹性模量和静曲强度增加；当涂胶量大于250g/m^2，随着涂胶量的增加，桉树单板密度、静曲强度、弹性模量基本不变。

表4-15　涂胶量对单板密度、弹性模量和静曲强度的影响

涂胶量/（g/m^2）	密度/（g/cm^3）	弹性模量/MPa	静曲强度/MPa
150	0.62	152	14 962
200	0.66	170	17 066
250	0.70	192	17 911
350	0.70	193	16 719

在旋切时，桉树单板产生裂缝，组织疏松。经过涂胶、热压时，胶黏剂弥合了这些裂缝，并且与桉树单板形成胶钉、化学键等多种形式的增强作用，因此在一定的条件下，涂胶量增加，桉树单板密度、弹性模量和静曲强度增大。

如图4-20和图4-21所示，在密度相同的情况下，涂胶量越小，桉树单板的弹性模量和静曲强度越大。根据复合材料细观力学$E=E_f v_f+E_m v_m$，式中，E_f为增强材料的弹性模量，v_f为增强材料的体积含量，E_m为基体材料的弹性模量，v_m为基体材料的体积含量。当桉树单板中胶黏剂达到饱和时，由于PF胶的刚度不如桉树单板，随着涂胶量的再增加，胶黏剂只能附着在桉树单板的表面，不仅起不到增强作用，反而还会降低桉树单板的强度和刚度。密度相同时，涂胶量小，桉树单板的体积含量增加，由于$E_f > E_m$，在密度相同的情况下，涂胶量越小，桉树单板的弹性模量和静曲强度越大。

涂胶量对板材强度的增强作用是动态的，随着生产工艺的改变而有所变动，如在热压压力增大的情况下，单板会进一步压缩，胶黏剂也会在更高的压力作用下，向单板深层渗透，使板材的物理力学性能发生变化。

从图4-20和图4-21还可以看出，桉树单板在相同的生产工艺条件下，其基本物理力学性能变异很大，这将会给桉树板材的力学性能稳定性和性能预测带来困难。

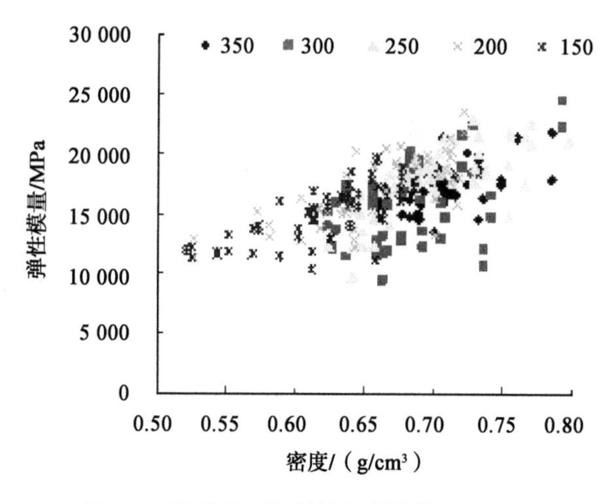

图4-20　涂胶量对桉树单板弹性模量的影响

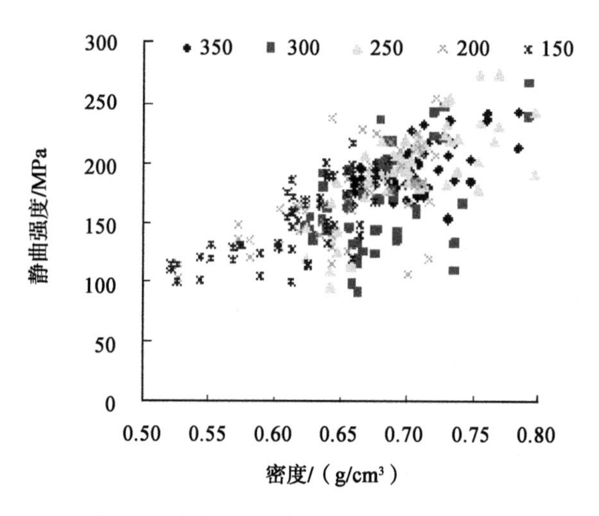

图4-21　涂胶量对桉树单板静曲强度的影响

（五）涂胶量对胶合性能的影响

如图 4-22 和表 4-16 所示，随着涂胶量的增大，产品的胶合强度随之增大，当涂胶量大于 250g/m^2 时，其增加的速度明显减缓，木破率下降，当涂胶量达到 350g/m^2 时，胶合试件几乎都在胶层破坏，根据胶合理论，在被胶合的表面能形成一层均匀的胶膜，胶层越薄，胶合性能越好。酚醛树脂固化时有水生成，收缩率一般在 7.5%~25%，胶层越厚，收缩应力越大，固化后应力就越大，胶合强度反而降低。另外桉树毛面对胶的渗透性很好，胶与木纤维复合，加强了木材基体的强度，所以导致木破率降低。此外，涂胶量的升高增加了生产成本。当涂胶量为 250g/m² 时，桉树胶合板的胶合强度为 1.2MPa，远远超过国标 I 类水曲柳普通胶合板胶合强度要求（0.8MPa）。仅从胶合强度考虑，当涂胶量为 150g/m² 时，桉树胶合板胶合强度就已超过国标强度要求（0.8MPa）。涂胶量的选择要依据目标产品来确定。从图 4-22 可以看出，涂胶量对压缩率没有影响。

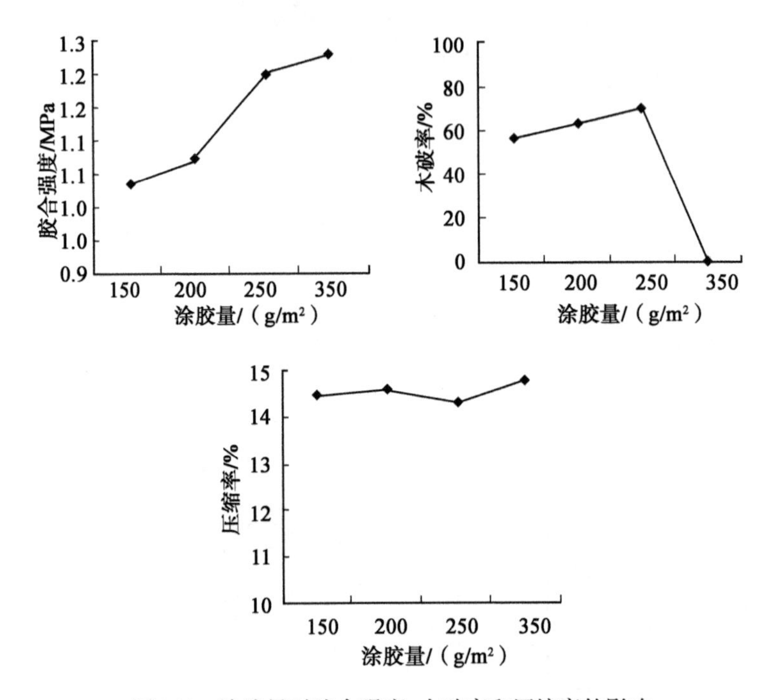

图4-22　涂胶量对胶合强度、木破率和压缩率的影响

表 4-16　涂胶量与胶合强度、木破率和压缩率的关系

涂胶量 /（g/m²）	胶合强度 /MPa	木破率 /%	压缩率 /%
150	1.03（13.6）	55（79.1）	14.5（3.1）
200	1.07（12.1）	63（65.0）	14.6（3.5）
250	1.20（15.8）	70（63.4）	14.3（3.2）
350	1.23（8.1）	5（2.9）	14.8（3.3）

注：括号内数据为变异系数，单位为 %

（六）热压压力对胶合性能的影响

从图 4-23 和表 4-17 可以看出，热压压力对产品的胶合强度、木破率、压缩率的影响都十分显著。产品的胶合强度、木破率、压缩率随着热压压力的增加而快速变化，当热压压力达到 1.2MPa 时，胶合强度增长的幅度趋于平缓，压缩率

随着热压压力的增加而增大。热压压力的增大，板间蒸汽压增加，板内水蒸气沸腾，核心半径减小，导热性能增强，表芯层温度梯度减小，有利于缩小板的表芯层温度差异，从而在一定程度上改善板材的胶合性能；根据 Brady 和 Kamke（1988）的研究，压力是胶渗透的主要动力，随着压力的增加，胶在木材中渗透性增强，有利于改善胶在单板中的铺展和渗透，从而改善胶合板的胶合性能。在一定的温度和持续的压力下，木材会发生弹塑性变形，使表面密实化，改善板材的物理力学性能。仅从胶合强度考虑，热压压力为 0.8MPa 时，产品的胶合强度就已经超过了国标。对于一般的装饰用胶合板，其热压压力选用 0.8MPa 即可，而对板的力学强度有更高的要求时，可适当提高其热压压力，但这样出材率会降低，增加生产成本。生产中应对胶合强度的提高与生产成本的降低进行权衡比较。

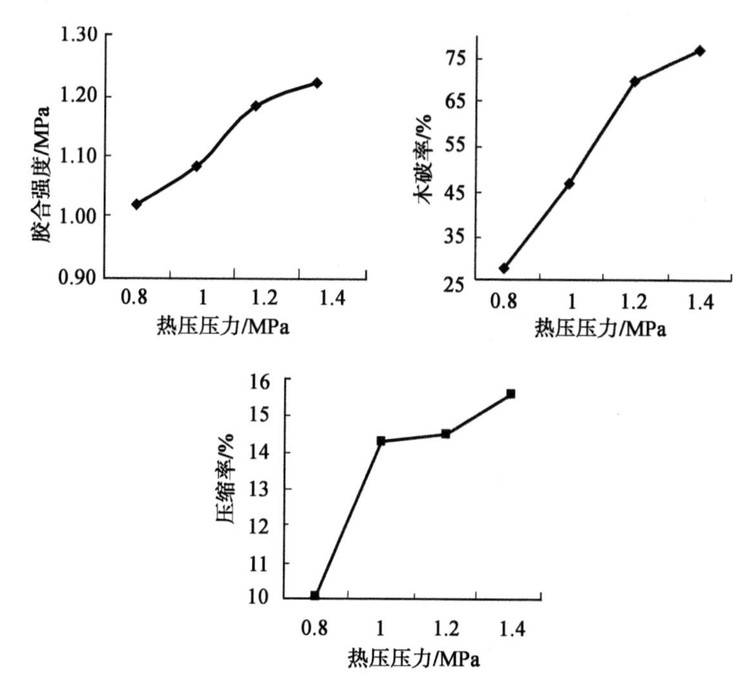

图4-23　热压压力对胶合板的胶合强度、木破率和压缩率的影响

表 4-17　热压压力与胶合强度、木破率和压缩率的关系

热压压力 /MPa	胶合强度 /MPa	木破率 /%	压缩率 /%
0.8	1.02（25.4）	27（107.7）	10.0（19.6）
1.0	1.09（15.6）	46（71.3）	14.3（5.7）
1.2	1.2（15.8）	70（63.5）	14.5（2.8）
1.4	1.24（12.1）	76（56.7）	15.6（5.6）

注：括号内数据为变异系数，单位为 %

（七）热压时间对胶合性能的影响

如图 4-24 和表 4-18 所示，在板的厚度为 5.5mm 左右时，热压时间在 4min 之前，胶合强度有极大提高，当热压时间大于 4min 以后，热压时间对胶合强度的影响不是很明显，随着热压时间的延长，胶合强度基本上保持不变。这说明，在热压 4min 时，树脂已经固化。当时间超过 6min 时，板材的胶合性能略有下降，木破率急剧上升，压缩率趋于平缓。主要原因是随着热压时间的延长，酚醛胶的固化对胶合有一定的贡献，但在长时间高温和高压作用下，对桉树基材却十分不利，表面有碳化的迹象。根据 Irvine（1984）的研究，各种不同木材的不定形高分子化合物的玻璃化温度为 60~90℃。对于速生材桉树，细胞壁薄，热压时间过长，木材容易被软化压缩或部分分解，从而导致基材的胶合强度降低，木破率增大，压缩率增大。建议在使用酚醛树脂生产桉树胶合板时使用的热压时间为 0.8~1min/mm。

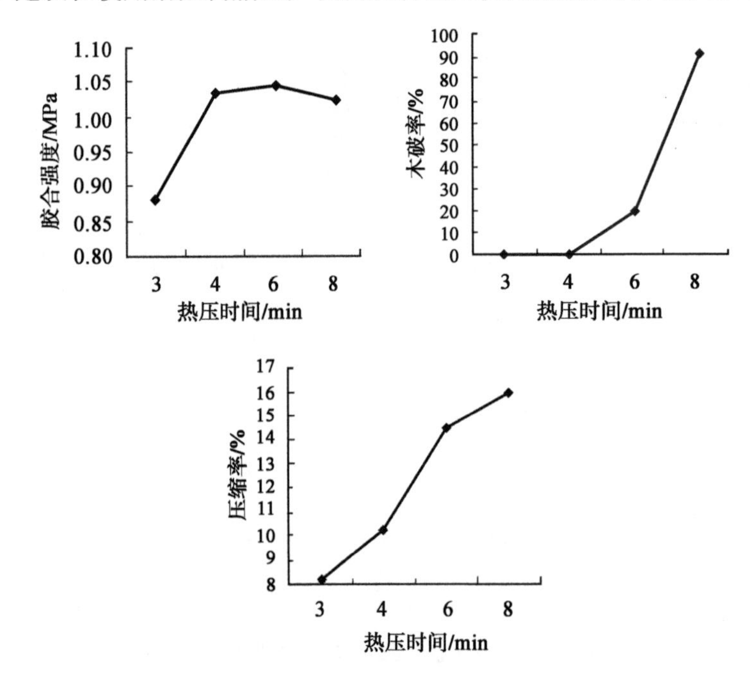

图4-24　热压时间对胶合强度、木破率和压缩率的影响

表 4-18　热压时间与胶合强度、木破率和压缩率的关系

热压时间 /min	胶合强度 /MPa	木破率 /%	压缩率 /%
3	0.88（10.2）	0（0）	8.1（15.7）
4	1.03（8.7）	0（0）	10.2（7.4）
6	1.04（16.3）	18.89（186.7）	14.5（2.8）
8	1.02（10.7）	88.89（45.9）	16（1.1）

注：括号内数据为变异系数，单位为 %

（八）热压温度对胶合性能的影响

热压温度是保证胶黏剂固化的重要因素。从图 4-25 和表 4-19 可以看出，在140℃以下时，随着热压温度的升高，胶合强度增长趋势明显。高于 140℃，随着温度的升高，胶合强度略有提高。根据 Tabarasa 和 Chui（1997）的研究，热压温度对木材的应变具有显著的影响，会使木材中的某些高分子化合物从玻璃态向橡胶态转变，结果使细胞结构及一些物理和机械性能（包括密度梯度和尺寸）稳定性改变。根据 Panshin 和 Zeeuw（1949）报道，随着热压温度的增加，在持续的压力作用下，木材具有松动流化趋势和在卸载后会永久变形增大。但当热压温度过高时，由于板坯中水蒸气压力大，卸板时容易产生鼓泡现象。在本试验条件下，热压温度选 140℃比较理想。

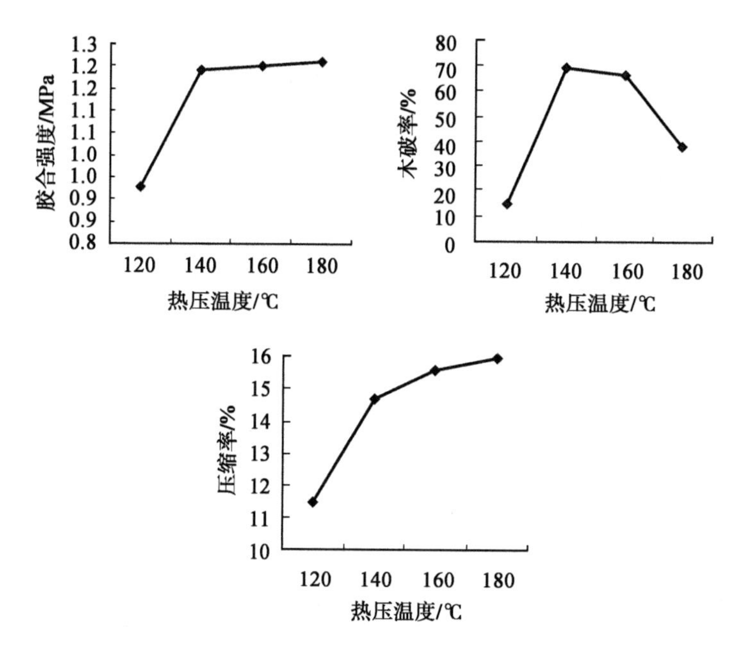

图4-25　热压温度对胶合强度、木破率和压缩比的影响

表 4-19　热压温度与胶合强度、木破率和压缩率的关系

热压温度 /℃	胶合强度 /MPa	木破率 /%	压缩率 /%
120	0.93（30.1）	15（92.1）	11.5（14.5）
140	1.19（15.9）	70（63.4）	14.7（2.8）
160	1.2（18.33）	66（49.7）	15.6（10.5）
180	1.21（15.7）	37（132.3）	16（2.2）

注：括号内数据为变异系数，单位为 %

（九）添加剂对胶合强度的影响

从图 4-26 和表 4-20 可以看出，随着添加剂含量的增加，桉树胶合板的胶合强度下降，木破率上升，添加剂增加到胶含量的 15%，桉树胶合板的胶合强度下降了 11.9%，木破率从 65% 上升到 100%。从胶合面破坏情况可以看出，随着添加剂含量的增加，胶合面表板剥离明显增加。研究表明，桉树的润湿性较差，其铺展和渗透性较小。随着添加剂含量的增加，PF 胶黏度增加，表面张力增加，在桉树表面的润湿性、铺展和渗透性降低。桉树单板的裂隙较多，在胶合时需要较多的胶渗透到裂隙，通过胶黏剂与木材基团反应，使裂隙弥合。随着添加剂含量的增加，渗透性下降，裂隙无法弥合，因此桉树胶合板的胶合强度下降，木破率上升。

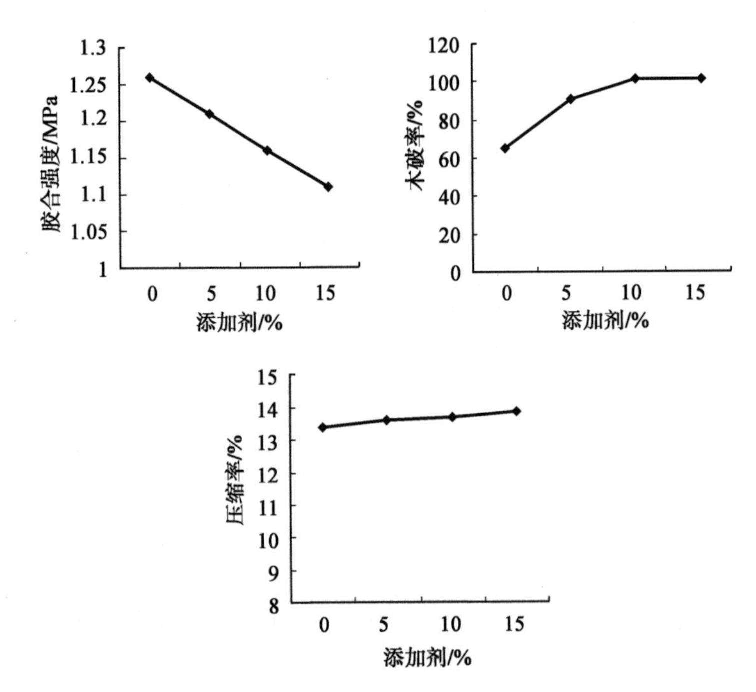

图4-26 添加剂对胶合强度、木破率和压缩率的影响

表 4-20 添加剂与胶合强度、木破率和压缩率的关系

添加剂 /%	胶合强度 /MPa	木破率 /%	压缩率 /%
0	1.26（12.0）	65（79.0）	13.4（3.6）
5	1.21（9.8）	90（67.2）	13.6（3.3）
10	1.16（7.9）	100（0）	13.7（3.2）
15	1.11（12.6）	100（0）	13.9（3.1）

注：括号内数据为变异系数，单位为 %

通过与落叶松、杨木试验对比发现，随着添加剂含量的增加，桉树和落叶松胶合板胶合强度下降，而杨木胶合板胶合强度增加。是否采用添加剂需视胶黏剂在木材表面的润湿性而定。

（十）心边材对胶合性能的影响

如表 4-21 所示，尾叶桉的心边材对板的胶合性能影响不大。主要原因：首先，选用的桉树为速生人工林桉树，胸径较小，心边材不明显；其次，根据赵荣军 2002 年的研究，尾叶桉心材的 pH 为 3.49，边材为 4.02，心边材差异很小；缓冲容量很大，心材碱缓冲容量为 0.3900mmol，边材为 0.2228mmol，因此在选用高 pH（12.5）的酚醛树脂胶时，桉树的心边材对胶合性能影响不大。

表 4-21　心边材与胶合强度、木破率和压缩率的关系

部位	胶合强度 /MPa	木破率 /%	压缩率 /%
心材	1.41（14.8）	45（79.2）	14.6（10.9）
边材	1.54（8.4）	45（98.5）	14.7（13.6）

注：括号内数据为变异系数，单位为 %

四、桉树单板层积材的制备与性能研究

（一）试验材料

桉树单板：选用尾叶桉（*E. urophylla*），采自广东湛江，胸径为 15~20cm，幅面为 110cm × 90cm，含水率为 8%~9%。

酚醛胶：取自太尔公司，固含量（2hr/120℃）为 44%，pH（25℃）为 12.5，黏度（30℃）为 220MPa · s，密度（30℃）为 1.20g/cm^3。

试验设备：QD-100 试验热压机，205 B4C-20KC 多端口测温仪，MWD-10B 万能力学试验机，XL30 ESEM~FEG 场发射环境扫描电子显微镜。

（二）工艺流程

工艺流程：桉树单板→裁剪→涂胶→陈放→组坯→热压→取样→检测。

将单板裁成所需规格 50cm × 40cm，放入烘箱中干燥，干燥温度控制在 60~80℃，干燥后的终含水率控制在 3%~4%。按试验设定的涂胶量，采用双面涂胶法涂胶。涂胶后，陈放 2h 再进行组坯，然后放入热压机中热压，热压参数按试验设定进行。热压时采用厚度规，每组平行压制 3 张板，每张板各取 3 个试件，结果取其平均值。热压后的胶合板陈放 24h 后裁边、取试件，试件的检测参照 GB/T 17657—2013 和 GB/T 9846—2004。

（三）工艺参数

试验采用单因素试验方法，具体试验安排如下。

1. 热压温度

取130℃、140℃、160℃、170℃和180℃ 5个水平；板坯为13层；单板厚度为2.25mm；最大单位热压压力4MPa；热压时间1.0min/mm；涂胶量250g/m^2；密度0.70g/cm^3。

2. 涂胶量

取180g/m^2、250g/m^2、300g/m^{2}和350g/m^2 4个水平；板坯为13层；单板厚度为2.25mm；热压温度140℃；热压压力4MPa；热压时间1.0min/mm；密度0.70g/cm^3。

3. 层积材层数

取5层、7层、9层、11层、13层、15层、17层、19层和21层9个水平；单板厚度为2.25mm；热压温度140℃；热压压力4MPa；热压时间1.0min/mm；涂胶量250g/m^2；密度0.70g/cm^3。

4. 单板厚度

取1.66mm、2.00mm和2.68mm 3个水平；板坯分别为19层、17层和13层；热压温度140℃；热压压力4MPa；热压时间1.0min/mm；涂胶量250g/m^2；密度0.70g/cm^3。

5. 旋切工艺

采用蒸汽处理4h或未处理直接旋切两种单板，板坯为7层；单板厚度为1.6mm，热压温度140℃；热压压力4MPa；热压时间1.0min/mm；涂胶量250g/m^2；密度0.70g/cm^3。

6. 压缩率

取10%、15%、20%和25%，板坯为7层；经过蒸汽处理，单板厚度为1.60mm，实际组坯用单板厚度为1.51~1.79mm，热压温度140℃；最大单位热压压力4MPa，采用厚度规来控制压缩率；热压时间1.0min/mm；涂胶量250g/m^2。

（四）热压温度对桉树单板层积材物理力学性能的影响

从表4-22可以看出，在密度相当的情况下，随着热压温度的升高，层积材的弹性模量呈增加趋势，当温度从130℃到140℃时，弹性模量增加了13%。当温度高于140℃时，弹性模量增速减缓。板材的静曲强度从130℃到160℃呈递增趋势，增幅为23.5%。随着温度的再增加，静曲强度开始减小，当温度从160℃到180℃时，静曲强度减小了7.9%。

表 4-22　热压温度对单板层积材物理力学性能的影响

热压温度 /℃	产品厚度 /mm	压缩率 /%	密度 /（g/cm^3）	静曲强度 /MPa	弹性模量 /MPa
130	24.40	17.09	0.72	102（9.4）	12 354（5.1）
140	24.22	17.24	0.70	122（11.5）	13 933（9.8）
160	24.54	16.27	0.71	126（13.0）	14 503（9.4）
180	24.29	16.54	0.71	116（13.5）	14 941（8.9）

注：括号内数据为变异系数，单位为 %

从胶黏剂角度考虑，在所测的温度范围内，温度升高对胶合强度是有益的。酚醛树脂固化反应分为三步进行，当温度在 120~140℃，羟甲基与酚核上活泼氢的缩合，同时醚键裂解失去甲醛而转变为次甲基键，这时脱出甲醛会与酚核上未反应的活泼氢失水缩合，形成交联结构，胶的胶合强度大大增强（黄发荣，2011）。结合图 4-25 和图 4-26，当层积材层数为 13 层时，热压温度为 140℃，9min 左右板坯芯层温度达到 120℃，分子上的官能团在分子间不断相互反应而交联，形成半熔性树脂；当层积材层数多于 13 层时，为使芯层温度达到 120℃，应适当地增加热压温度，以提高胶合强度。

从木材角度考虑，温度的影响较为复杂。在持续的温度和压力作用下，木材会发生弹塑性变形，使表面单板密实化，表面单板的力学性能提高，从而增强板材的物理力学性能。但在压厚板时，当温度超过 160℃，木材发生热解，表面单板有明显的碳化迹象；此外残留在板内的温度在板的堆放过程造成胶层过度固化和热分解，这些对于板材的强度极为不利。因此温度超过 160℃，强度下降。

从水分传输角度考虑，温度越高，板内的蒸汽压力越高，而单板会阻碍水分的迁移，水汽集中在胶层处，以过热蒸汽形式存在，易产生鼓泡现象，特别是酚醛胶，在热压过程中有大量的水分生成。观察试验过程，在压厚板时，当温度超过 160℃，板材的鼓泡率非常高，工艺难以控制。

（五）涂胶量对单板层积材物理力学性能的影响

从表 4-23 可以看出，在密度相当的情况下，随着涂胶量的增加，桉树单板层积材的弹性模量呈增加趋势，涂胶量从 $200g/m^2$ 增加到 $250g/m^2$ 时，板材的弹性模量增加了 7.5%，静曲强度增加了 17.3%；涂胶量从 $250g/m^2$ 增加到 $350g/m^2$ 时，板材的静曲强度增加了 14.8%，而弹性模量几乎不变。

表 4-23 涂胶量对单板层积材物理力学性能的影响

涂胶量 / (g/m^2)	产品厚度 /mm	压缩率 /%	密度 / (g/cm^3)	静曲强度 /MPa	弹性模量 /MPa
200	24.48	16.57	0.72	98 (10.7)	13 204 (10.1)
250	24.55	16.62	0.70	115 (12.2)	14 195 (8.0)
300	25.08	16.65	0.71	126 (11.3)	14 175 (7.4)
350	24.68	16.68	0.71	132 (9.5)	14 221 (9.3)

注：括号内数据为变异系数，单位为 %

裂隙造成单板组织松散，导致弹性模量和静曲强度降低，单板的顺纹弹性模量仅为实木顺纹弹性模量的 0.6~0.7 倍，单板的静曲强度仅为实木顺纹静曲强度的 0.3~0.4 倍。涂胶热压后，桉树单板的弹性模量和静曲强度增加主要由以下两方面引起。

一方面，木材是由纤维素、半纤维素和木质素组成，纤维素和半纤维素是多糖类大分子，其表面含有大量的醇羟基；木质素是由以苯丙烷为单元经缩合形成的含苯环、氧和酚羟基高度交联的高分子，根据化学键理论，这些活性基团能够与胶黏剂发生化学反应，形成键结合，提高胶接强度，防止裂纹扩展，提高了木材的受载能力。

另一方面，木材是多孔材料，表面存在大量的纹孔和暴露在外的导管、木射线、管胞等细胞腔。此外，由于单板旋切表面存在许多加工裂隙，涂胶热压后，胶黏剂在热和压力的作用下，扩散到木材的孔隙中，经过固化后，胶黏剂高分子与木材分子之间产生缠绕强化结合，形成胶钉，使松散的单板表面形成有效的胶合界面。

从图 4-27 和图 4-28 可以看出，桉树单板的表面裂隙多，表面粗糙度大，当涂胶量为 200g/m^2 时，存在明显的缺胶现象，胶层不连续，存在裂隙，如图 4-27 椭圆圈出所示；在裂隙中，几乎看不到胶的分布，没能产生有效的机械结合或化学键，因此板材的强度和刚度较低。随着涂胶量的增加，当涂胶量为 350g/m^2 时，胶黏剂充满单板表面的裂隙和凹陷处，固化后在界面区产生啮合连接，如图 4-29 箭头所示；将图 4-28 放大到 1456 倍可以看出，在裂隙和射线管胞处产生柱状的胶钉，如图 4-29 箭头所示，根据机械结合理论，胶钉的存在使界面形成牢固机械结合，使胶合界面增强；旋转图 4-29 的样品，将其放大到 1207 倍得到图 4-30，从图 4-30 可以清楚地看出，胶黏剂在裂隙中形成有效的缠绕强化结合，如箭头所示；将图 4-30 放大到 5000 倍可以看出，胶黏剂沿着裂隙渗透到胞间层，填充胞间层的空隙，形成“工”型的桥梁状连接 (图 4-31)，将图 4-31 进一步放大到 10 000 倍可以看出，胶黏剂与胞壁细胞表面形成紧密的结合，使薄壁细胞增强，从而提高材料的刚度和强度 (图 4-32)。

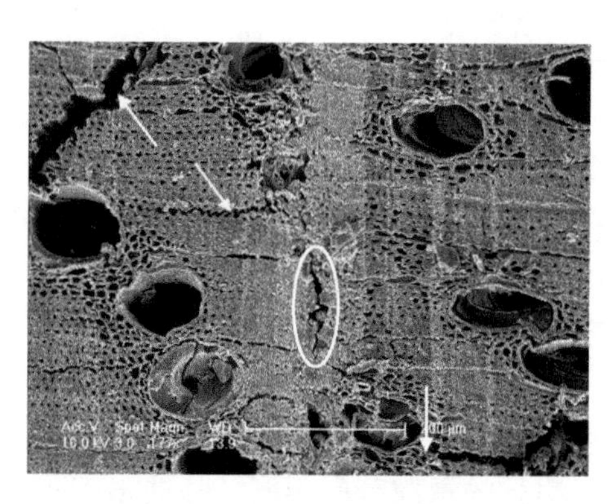

图4-27 涂胶量为200g/m²PF胶在胶合界面分布(彩图请扫封底二维码)

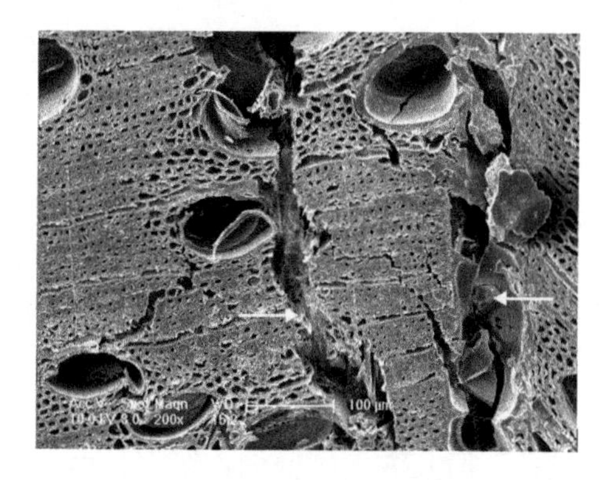

图4-28 涂胶量为350g/m²PF胶在胶合界面分布(彩图请扫封底二维码)

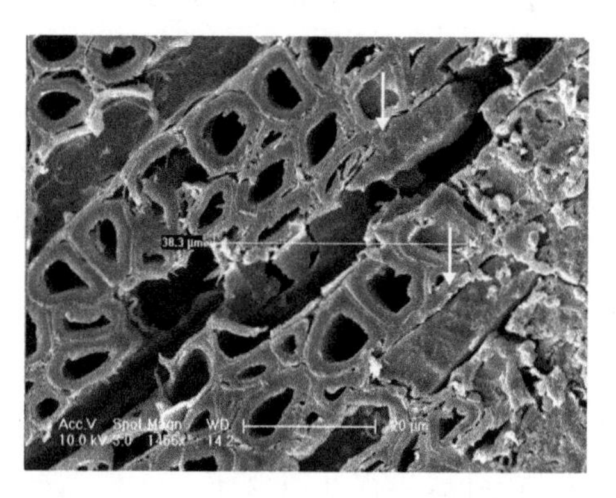

图4-29 PF胶在裂隙和射线管胞处形成柱状胶钉(彩图请扫封底二维码)

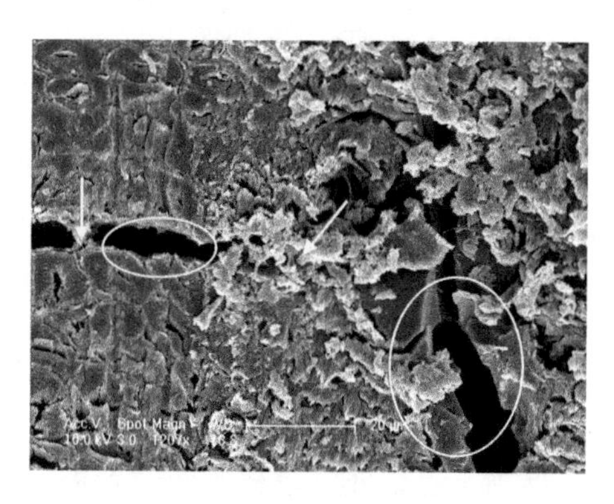

图4-30 胶在裂隙中形成搭接(彩图请扫封底二维码)

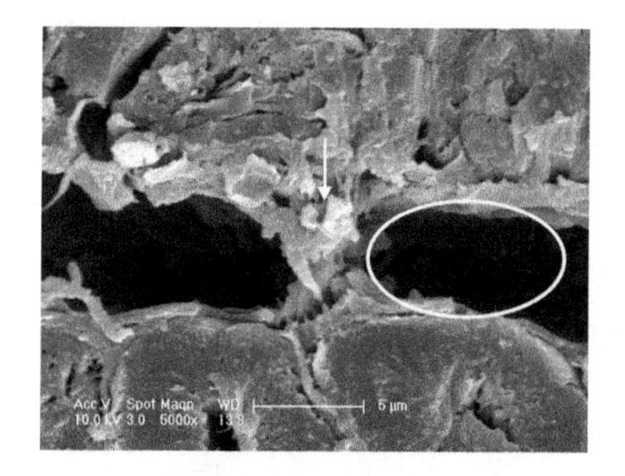

图4-31 胶在裂隙形成“工”型的连接(彩图请扫封底二维码)

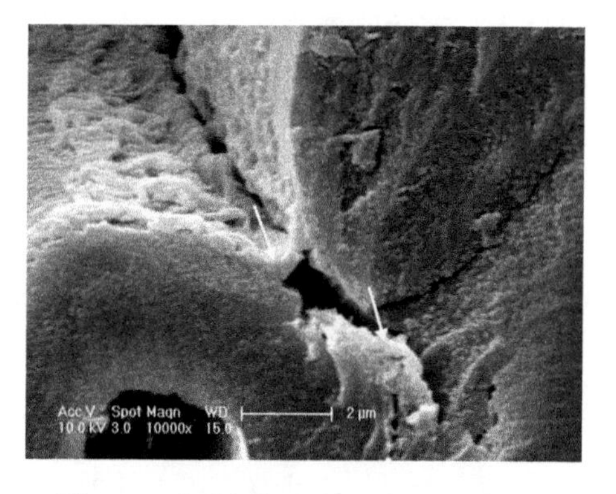

图4-32 胶黏剂与木材纤维的紧密结合(彩图请扫封底二维码)

从图 4-28~ 图 4-32 可以看出，即使涂胶量高达 350g/m²，桉树单板胶合界面也存在大量的裂隙，如图中椭圆圈出所示，加上桉树木材节子多，表面粗糙，对单板胶合不利；从图 4-28~图 4-32 还可以看出，PF 胶在桉树表面的渗透性几乎都在一个射线管胞的长度以内，这是由于 PF 胶在桉树单板的润湿性和渗透性较差，若单板表面质量太差，即使施加大量的胶黏剂也无法使单板裂隙弥合，因此，研究桉树单板的制造条件、提高单板的表面质量、减小旋切导致单板性能下降，是一个重要课题。

从表 4-23 可以看出，涂胶量对静曲强度影响大而对弹性模量影响较小，可能是下面几方面的原因：第一，由于二者所测试的承载范围不同，静曲强度是要求持续加载至材料破坏；而弹性模量则是在材料弹性极限内的度量，所体现的是原料本身的特性，在弹性范围内，材料的裂纹尚未扩展，对于同样的材料，其刚度相差不大。第二，材料的局部应力和界面性能虽然对材料的极限强度影响较大，但对材料的刚度影响较小。因此，涂胶量对强度的影响大于对刚度的影响。

（六）单板层数对桉树单板层积材物理力学性能的影响

由表 4-24 和图 4-33、图 4-34 可以看出，随单板层数的增加，板材的静曲强度和弹性模量都随着减小。当层积材的厚度从 9.31mm 增加到 38.94mm 时，板材的静曲强度和弹性模量分别减小了约 42% 和 24%。根据经典层合板理论，随着板材厚度的增加，板材的层间耦合效应增加，层间剪切应力和变形量增大，宏观上表现出刚度下降；随着板材厚度的增大，最外层单板应变增大，根据最大应变准则，当最外层单板应变达到极限应变时，最外层单板开始破坏，在继续加载时，板材的刚度发生调整，整体刚度有所下降，但该层的破坏并不意味着整个层积材的破坏，层积材仍可以承受更大的载荷，直至所有铺层都失效，整个构件才算完全破坏，因此，随着单板层数的增加，层间剪切应力和表层的变形量增大，弯曲刚度系数减小，强度降低。通过三阶多项式拟合结果可以得出，弹性模量与层数的回归方程为 $y = -1.6065x^3+67.539x^2-1039.9x+17\,262$，$x$ 为层积材的层数，R^2 值为 0.9812；静曲强度与层数的回归方程为 $y = -0.0269x^3+1.1517x^2-18.399x+213.26$，$R^2$ 值为 0.9516。

表 4-24　单板层数对单板层积材物理力学性能的影响

单板层数	产品厚度 /mm	压缩率 /%	密度 /（g/cm³）	静曲强度 /MPa	弹性模量 /MPa
5	9.31	17.28	0.72	146（13.1）	13 652（12.7）
7	13.05	17.13	0.70	135（12.9）	12 600（9.6）
9	17.08	15.63	0.67	114（8.3）	12 076（8.2）
11	20.37	17.68	0.71	122（9.9）	12 008（5.8）

续表

单板层数	产品厚度 /mm	压缩率 /%	密度 /（g/cm^3）	静曲强度 /MPa	弹性模量 /MPa
13	24.06	17.74	0.71	108（8.6）	11 649（11.3）
15	27.73	17.84	0.71	103（7.2）	11 604（6.5）
17	31.49	17.68	0.72	100（8.3）	11 078（9.4）
19	34.97	18.2	0.73	98（7.3）	10 720（10.1）
21	38.94	17.56	0.72	84（13.0）	10 435（4.3）

注：括号内数据为变异系数，单位为 %

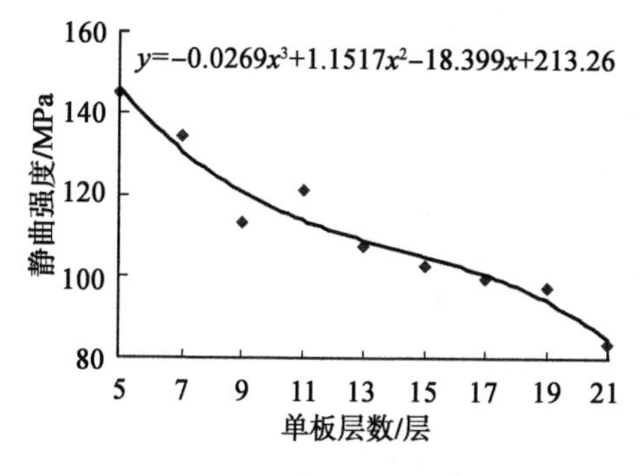

图4-33　单板层数与静曲强度关系

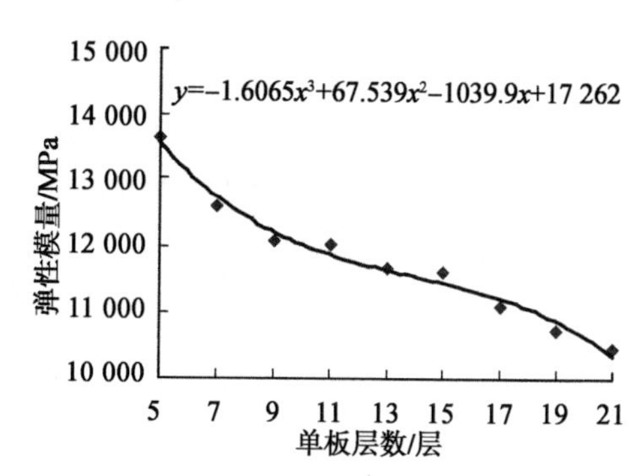

图4-34　单板层数与弹性模量关系

（七）单板厚度对桉树单板层积材物理力学性能的影响

从表 4-25 可以看出，单板厚度对层积材静曲强度和弹性模量的影响很明显，厚度为 2.00mm 的单板生产的桉树单板层积材物理力学性能较其他两种效果好，厚单板的物理力学性能低，而单板的力学性能对层积材的力学性能影响极为显著（Wang et al.，2005）。从图 4-35 可以看出，厚单板增加了单板表面不平度和粗糙度，增大了比表面积，使单位面积相对涂胶量减少，在胶合时胶层容易出现缺胶而形成裂缝，因此用厚单板生产的板材力学性能较低。在测试时，观察到厚板层积材经常在单板间撕裂而破坏，发生如图 4-36（a）~（b）形式破坏。当单板厚度较小时，容易在胶层剪切破坏，发生如图 4-36（c）形式破坏。在单位面积涂胶量相同时，单板越薄相对涂胶量越大，胶层的应力越大，受载时容易引起胶层剪切破坏，主要原因：首先，酚醛胶固化时要释放出水，卸压时水蒸气突然释放，产生的瞬间冲击使胶层受到破坏；其次，酚醛胶、桉树单板的热膨胀系数和材料力学性能不同，在降温和受载时容易在胶合界面产生很大、不均匀的应力，从而使板材的性能降低；最后，薄单板相对涂胶量大，胶与木材纤维胶合增强了木质纤维的强度，相对而言胶层是薄弱环节，因此在做静力弯曲试验时，薄单板层积材会在胶层开裂。

表 4-25　单板厚度对层积材物理力学性能的影响

单板厚度 /mm	产品厚度 /mm	压缩率 /%	密度 /（g/cm^3）	静曲强度 /MPa	弹性模量 /MPa
1.66	28.17	10.68	0.70	99（11.43）	11 855（9.53）
2.00	28.06	17.26	0.72	107（10.21）	12 371（7.78）
2.68	28.09	19.3	0.73	94（10.55）	10 768（13.49）

注：括号内数据为变异系数，单位为 %

图4-35　不同厚度单板横截面特征

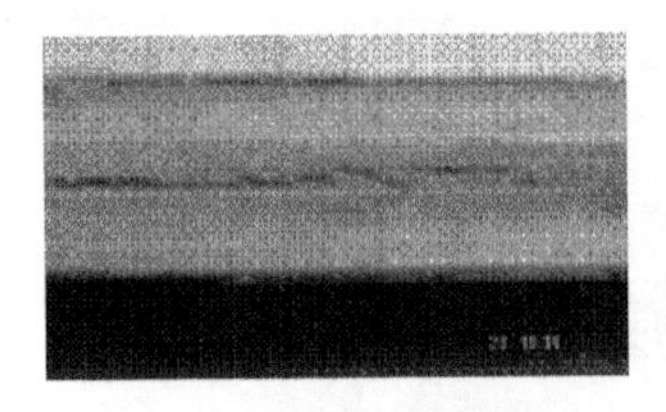

（a）内部横向单板剪切破坏

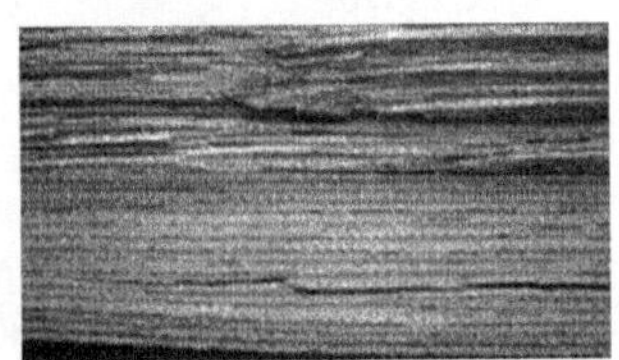

（b）内部纵向单板剪切破坏

（c）内部胶层剪切破坏

图4-36　单板层积材基本破坏形式

（八）旋切工艺对单板层积材物理力学性能的影响

从表 4-26 可以看出，原木经过蒸汽处理后旋切制造的单板层积材的物理力学性能比直接旋切制造的单板层积材好，在涂胶量为 $170g/m^2$ 时，静曲强度提高了 14.3%，弹性模量提高了 4.2%；在涂胶量为 $250g/m^2$ 时，静曲强度提高了 8.9%，弹性模量略有提高，但相差不到一个百分点。

表 4-26　旋切工艺对层积材物理力学性能的影响

旋切条件	涂胶量 / (g/m^2)	产品厚度 / mm	压缩率 /%	密度 / (g/cm^3)	静曲强度 / MPa	弹性模量 / MPa
未蒸汽处理	170	9.60	16.4	0.70	105（10.34）	13 700（14.2）
	250	9.55	16.84	0.71	112（9.89）	14 339（12.3）
蒸汽处理	170	9.62	16.18	0.68	120（8.6）	14 281（9.9）
	250	9.63	16.14	0.70	122（8.8）	14 447（7.4）

注：括号内数据为变异系数，单位为 %

在木材旋切时，单板旋切应力为$\sigma=\dfrac{E\cdot S}{2\rho}$，式中 ρ 为单板旋切的曲率半径，E 为木材横纹弹性模量，S 为单板厚度。经过蒸汽处理，桉树木材软化，塑性增强，木材横纹弹性模量减小，单板旋切应力减小，板材的背板裂隙率降低，单板质量得到改善；根据祁述雄 2002 年研究，桉树木材富含单宁和各类抽提物，在处理的过程中，单宁和各类抽提物溶于蒸汽中（在蒸汽处理池中观察到大量的黑色液体），使单板中的单宁和各类抽提物含量降低，改善了胶合界面，对比表 4-26 和表 4-23，经过蒸汽处理后的桉树单板层积材，即使在低的涂胶量条件（170g/m^2）下，板材也能得到较好的物理力学性能。因此采用蒸汽处理桉树木材，可以改善板材的物理力学性能和胶合性能。

（九）压缩率对单板层积材物理力学性能的影响

从表 4-27 可以看出，随着压缩率的增大，板材的强度和刚度增加，压缩率从 10.61% 升高到 16.08% 时，板材的弹性模量增加了 26.9%，静曲强度增加了 17.9%。随着压缩率的进一步增加，刚度和强度的增长速度减慢。根据王戈（2003）的研究，压力可以使胶黏剂渗透到木材表面裸露的腔孔中，产生胶钉，形成牢固的结合；根据张齐生和孙丰文（1997）的研究，密度增大后不仅增加了单位体积内的木材组织实质质量，还增加了木材胶合界面之间相互胶合的机会，使板材的裂隙在胶黏剂的作用下弥合，但密度增大应以不破坏木纤维结构为佳。

表 4-27　压缩率对单板层积材物理力学性能的影响

压缩率 /%	板坯厚度 /mm	产品厚度 /mm	密度 /（g/cm^3）	静曲强度 /MPa	弹性模量 /MPa
10.61	10.58	9.45	0.572	106（12.4）	11 194（10.6）
16.08	11.33	9.51	0.624	125（19.7）	14 204（7.4）
19.62	11.86	9.53	0.658	128（8.7）	14 649（5.9）
24.74	12.50	9.40	0.684	129（15.3）	14 189（8.7）

注：括号内数据为变异系数，单位为 %

第三节 桉树胶合板的应用

一、浸渍胶膜纸饰面胶合板和细木工板

浸渍胶膜纸饰面胶合板和细木工板是一种将浸渍氨基树脂的胶膜纸铺装在多层胶合板或细木工板基材上，经热压而成的装饰板材，是近几年在我国迅速发展起来的一种新型装饰材料，市场上称为生态板（以下统称生态板）。2005 年前后，国内一些企业根据市场对装饰板材的需求，以浸渍胶膜纸饰面人造板（指浸渍胶膜纸饰面刨花板、浸渍胶膜纸饰面纤维板）的生产工艺为基础，经过改进和创新，研发生产出以胶合板和细木工板为基材，浸渍胶膜纸为饰面材料的一类板材，是我国特有的人造装饰板材。据不完全统计，2014 年我国以胶合板为基材的生态板产量超过 400 万 m^3，以细木工板为基材的生态板产量超过 300 万 m^3。

生态板具有诸多优良特性：由于基材为胶合板或细木工板，其结构和性质与实木板材相近，具有较高的尺寸稳定性，以及具有良好的握钉力和加工性能；由于浸渍胶膜纸花纹图案丰富多彩且饰面后无需涂饰，具有良好的装饰性和环保性，同时品种丰富，用途广泛，因此深受消费者的喜爱。目前生态板产品广泛用于家居与公共场所的装饰装修和家具生产，包括住宅、宾馆、商场、展厅等。

（一）生态板的基本结构

生态板一般是由基材、薄板、浸渍胶膜纸组成的对称结构板材，如图 4-37 所示。

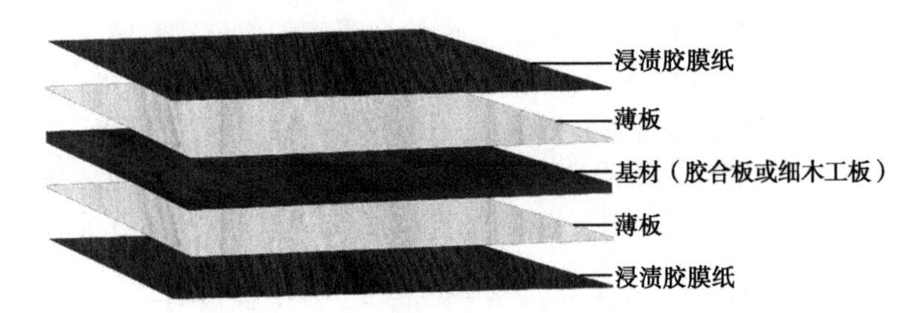

图4-37 生态板结构示意图(彩图请扫封底二维码）

胶合板应符合 GB/T 9846—2015《普通胶合板》的要求，需注意以下几个方面。

1）胶合板基材厚度应均匀一致，板面应平整光洁，如有需要应进行砂光处理。

2）胶合板基材含水率是一个重要的指标，基材含水率过低，易导致生态板表面胶合强度下降和表面干花等缺陷；基材含水率过高，在热压时易产生鼓泡、分层、湿花等缺陷，因此含水率应控制在合理的范围内。

3）胶合板基材表面尽量为整张单板，如使用拼板则要求接缝严密，否则接缝缺陷会反映在生态板表面。

（二）生态板的质量要求

1. 外观质量

双饰面浸渍胶膜纸饰面胶合板和细木工板外观质量通常符合表4-28要求。单饰面浸渍胶膜纸饰面胶合板和细木工板外观质量通常符合表4-28中正面要求，其背面不应有影响使用的缺陷。

表 4-28　外观质量要求

<table>
<tr><th rowspan="2">缺陷名称</th><th colspan="2">优等品</th><th colspan="2">一等品</th><th colspan="2">合格品</th></tr>
<tr><th>正面</th><th>背面</th><th>正面</th><th>背面</th><th>正面</th><th>背面</th></tr>
<tr><td>干花</td><td rowspan="2">不允许</td><td colspan="2" rowspan="2">允许3处，总面积不超过板面的0.3%</td><td colspan="2" rowspan="2">允许3处，总面积不超过板面的1%</td><td rowspan="2">总面积不超过板面的2%</td></tr>
<tr><td>湿花</td></tr>
<tr><td>污斑</td><td>不允许</td><td colspan="2">（3~20mm²）允许1处/张</td><td colspan="2">每张（5~30mm²）允许3处，不允许集中在任意1m²内</td><td>每张（5~30mm²）允许5处，不允许集中在任意1m²内</td></tr>
<tr><td>表面划痕</td><td>不允许</td><td colspan="2">每张长度≤100mm允许2处，不允许集中在任意1m²内；影响到装饰层的不允许</td><td colspan="2">每张长度≤200mm允许3处，不允许集中在任意1m²内；影响到装饰层的不允许</td><td>每张长度≤200mm允许5处，不允许集中在任意1m²内；影响到装饰层的不允许</td></tr>
<tr><td>表面压痕</td><td>不允许</td><td colspan="2">每张（20~50mm²）允许2处，不允许集中在任意1m²内</td><td colspan="2">每张（20~50mm²）允许3处，不允许集中在任意1m²内</td><td>每张（20~50mm²）允许5处，不允许集中在任意1m²内</td></tr>
<tr><td>透底</td><td>不允许</td><td colspan="5">明显的不允许</td></tr>
<tr><td>纸板错位</td><td colspan="6">不允许</td></tr>
<tr><td>表面孔隙</td><td>不允许</td><td colspan="2">表面孔隙总面积不超过板面的1%</td><td colspan="2">表面孔隙总面积不超过板面的3%</td><td>表面孔隙总面积不超过板面的5%</td></tr>
<tr><td>颜色不匹配</td><td colspan="6">明显的不允许</td></tr>
<tr><td>光泽不均</td><td colspan="6">明显的不允许</td></tr>
<tr><td>鼓泡</td><td colspan="6">不允许</td></tr>
<tr><td>鼓包</td><td>不允许</td><td colspan="2">每张（3~20mm²）允许2处，不允许集中在任意1m²内</td><td colspan="2">每张（3~30mm²）允许3处，不允许集中在任意1m²内</td><td>每张（3~50mm²）允许5处，不允许集中在任意1m²内</td></tr>
<tr><td>分层</td><td colspan="6">不允许</td></tr>
<tr><td>纸张撕裂</td><td>不允许</td><td colspan="2">不允许</td><td colspan="2">≤100mm，允许1处/张</td><td>≤100mm，允许3处/张</td></tr>
</table>

续表

缺陷名称	优等品		一等品		合格品	
	正面	背面	正面	背面	正面	背面
局部缺纸	不允许					≤ $10mm^2$，允许 1 处 / 张
崩边	不允许					≤ 3mm
表面波纹	不允许	不明显的允许有 3 处	允许有 3 处			

注：①表中未列入影响使用和装饰效果的严重缺陷，如表面龟裂、边角缺损（在公称尺寸内）等，各等级产品均不允许；②不明显指正常视力自然光下，距产品 0.4m 处，肉眼观察不到；③明显指正常视力自然光下，距产品 0.4m 处，肉眼观察清晰

2. 理化性能

浸渍胶膜纸饰面胶合板理化性能通常符合表 4-29 要求。

表 4-29 理化性能要求

检验项目			单位	指标
含水率			%	6.0~16.0
胶合强度			MPa	≥ 0.70
表面胶合强度			MPa	≥ 0.60
表面耐划痕			—	≥ 1.5N 表面无大于 90% 的连续划痕
表面耐磨	磨耗值		mg/100r	≤ 80
	表面情况	图案	—	磨 100 转后应保留 50% 以上花纹
		素色	—	磨 350 转以后应无露底现象
表面耐香烟灼烧			—	达到 4 级以上
表面耐干热			—	达到 4 级以上
表面耐污染腐蚀		图案	—	达到 5 级以上
		素色	—	达到 4 级以上
表面耐冷热循环			—	无裂纹、鼓泡、变色、起皱等
表面耐龟裂			—	达到 4 级以上
表面耐水蒸气			—	达到 4 级以上
耐光色牢度			级	大于等于灰度卡 4 级

注：①经供需双方协议，可生产其他耐光色牢度级别的产品；可对握钉力性能提出要求；②如测定胶合强度试件的平均木材破坏率超过 80%，则其胶合强度指标最小值可为 0.50MPa

（三）生态板的环保指标

当今社会人们非常重视自己的居住环境和办公环境，都希望在一个空气清新的条件下生活和工作。但是，许多住宅和办公场所的空气都受到不同程度的污染。造成污染的重要来源就是生态板等木质人造板。大多数生态板用桉树胶合板

都使用的是脲醛树脂胶黏剂，在使用过程中会缓慢释放甲醛，污染室内空气。如果释放的游离甲醛量过高，将会严重影响人体健康。

在热压温度和木材水分的作用下，木材内部发生的热量转移使木材中半纤维素分解，木质素中的某些共聚体甲氧基断链而释放出甲醛；脲醛树脂在固化过程中转变为不溶不熔的化合物，形成网状结构。羟甲基和甲氨基的氢之间，羟甲基之间相互作用，释放出水和甲醛。木材和脲醛树脂产生的甲醛，一部分在加压过程中排放到周围空气中，另一部分留在板中，不断释放出来（杨帆和许文，1997）。

甲醛释放限量是生态板一项重要的环保指标，政府、社会、消费者均非常关注，为此国家专门制定了强制性国家标准 GB 18580—2001《室内装饰装修材料　人造板及其制品中甲醛释放限量》，其中对甲醛释放限量的要求见表 4-30。

表 4-30　甲醛释放限量指标

产品名称	试验方法	限量值	适用范围	限量标志
浸渍胶膜纸饰面胶合板（生态板）	气候箱法	≤ 0.12mg/m^3	可直接用于室内	E_1
	干燥器法	≤ 1.5mg/L		

注：仲裁时采用气候箱法

生态板中的甲醛主要取决于浸渍胶膜纸和基材使用的胶黏剂中甲醛的含量。生态板在长期使用过程中，基材和部分浸渍胶膜纸会释放一定量的甲醛，但只要生态板生产中使用的是环保型胶黏剂，当板材中甲醛释放限量不超过 E1 级标准（甲醛释放量≤ 1.5mg/L）时，生态板的环保性能就符合国家标准要求。

（四）生态板的生产工艺

生态板的生产有两种贴面方法，分别为直贴法和复贴法，又称“一次覆膜法”和“二次覆膜法”。

浸渍胶膜纸＋遮盖层＋胶合板基材法，即“一次覆膜法”，生产流程如图 4-38 所示。

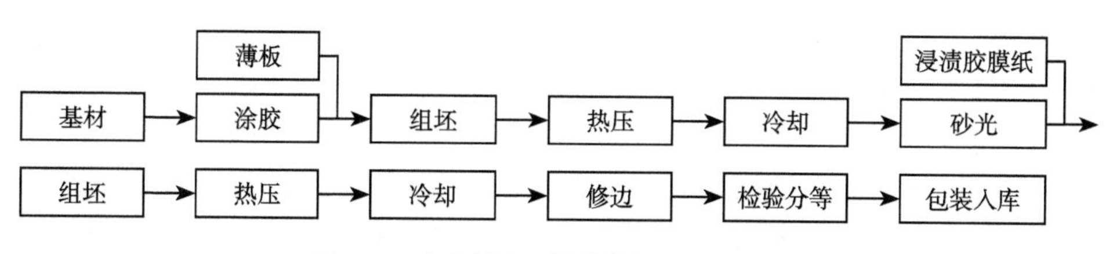

图4-38　生态板“一次覆膜法”生产流程图

浸渍胶膜纸先和薄板进行热压，之后再压贴到基材的两面，即“二次覆膜法”，生产流程如图 4-39 所示。

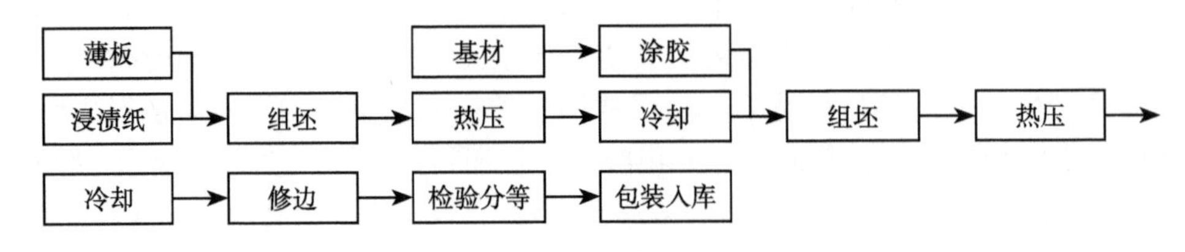

图4-39　生态板“二次覆膜法”生产流程图

目前大多数生态板企业生产采用“一次覆膜法”工艺。

生态板贴面采用热进热出的热压工艺，热压工艺参数包括压板温度、单位压力、热压时间，三者相互协调配合，以“一次覆膜法”为例，其热压工艺如下。

1. 压板温度

温度主要是对浸渍树脂的化学反应起催化作用，加速固化，缩短热压周期可以提高生产效率。但过高的温度使树脂来不及均匀流展而提前固化，造成板面有微小孔隙；温度过低容易产生板面湿花，胶合强度不高。对于生态板来说，加热系统宜采用温度较为均匀的导热油系统进行加热。

2. 单位压力

合理的热压压力可以保证基材与胶膜纸之间的良好结合。压力过低影响基材与胶膜纸之间的胶合强度及树脂的流展能力，压力过高易将基材缺陷反映在胶膜纸表面，也容易造成基材破坏。另外，为了使热压压力更加均匀，现在生态板生产企业普遍采用六缸热压机。

3. 热压时间

热压时间的长短取决于浸渍树脂的固化速度，时间过长会造成树脂固化过度，失去应有的弹性，容易产生表面裂纹或内在应力，在后续加工过程中易出现裂纹、翘曲；热压时间过短树脂固化不充分，容易产生粘板且影响生态板表面的理化性能，最终影响生态板的耐用性。

（五）生态板的应用

随着生活水平的提高，人们对室内装修及家具的选购标准也随之提高，因此消费者在选购室内装修材料和家具时，既要求符合现代人的审美，又要求安全、环保及功能多样性。在这些高标准的要求下，生态板制品脱颖而出，深受广大消费者的喜爱。浸渍胶膜纸图案花纹的多样化及饰面后的板材拥有更优良的性能，如装饰性能、耐磨、耐划痕、耐酸碱、耐烫、耐污染等性能，使得生态板制品被广泛地应用在不同的领域；此外，生态板是一种免漆板，具有一定的防潮性能，尺寸稳定性较好，可用于厨房等相对潮湿的环境。因此生态板已成为消费者首选的绿色环保材料。图 4-40 和图 4-41 分别为生态板在室内装修与家具中的应用。

图4-40　生态板在室内装修中的应用

图4-41　生态板在家具中的应用

二、多层实木复合地板

实木复合地板是以实木拼板或单板（含重组装饰单板）为面板，以实木拼板、单板或胶合板为芯层或底层，经不同组合层压加工而成的地板，以面板树种来确定地板树种名称。这种地板不但充分利用了优质材料，提高了制品的装饰性，而且所采用的加工工艺也不同程度地提高了产品的物理力学性能。其中以胶合板为基材制成的实木复合地板称为多层实木复合地板。

（一）多层实木复合地板的结构

多层实木复合地板一般为三层结构，如图 4-42 所示。

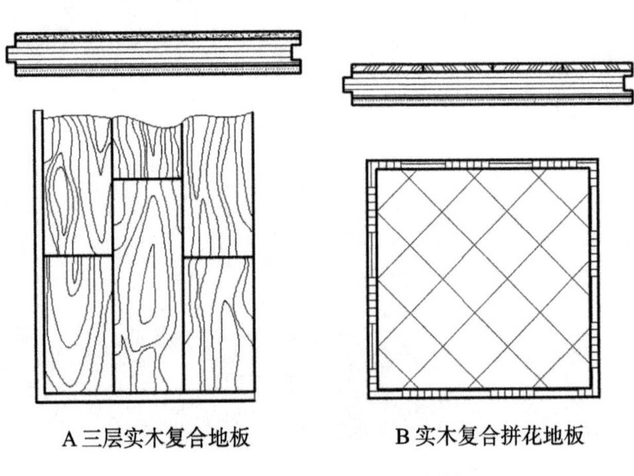

图4-42　实木复合地板结构

图 A 型结构是一种最常见的三层实木复合地板，分为表板、芯层、底层。表板采用珍贵树种制成 2~4mm 厚的薄板，芯层采用胶合板，底层采用普通木材旋切而制成的单板。上述三种材料涂胶组坯后热压成大幅面三层结构板材，然后锯切、铣榫成为规格的地板。这种地板的厚度一般为 8~25mm，宽为 40~220mm。

图 B 型结构是正方形的多层复合地板，表层由不同几何形状、不同花纹，以及不同光泽的薄木板拼成不同的图案，与胶合板热压成地板，俗称拼花地板。这种地板的厚度一般为 15~25mm，由于用材和加工要求较高，市场售价较高。

（二）多层实木复合地板的特点

1）充分利用珍贵木材和普通小规格材，在不影响表面装饰效果的前提下降低了产品的成本，赢得了顾客的喜爱。

2）结构合理，翘曲变形小，无开裂、收缩现象，具有较好的弹性。

3）板面规格大，安装方便，稳定性好。

4）装饰效果好，与实木地板在外观上具有相同的效果。

（三）多层实木复合地板用胶合板的技术要求

由于多层复合地板是先将木材加工成不同单元，挑选后重新组合，再经过热压锯截、铣槽等工序加工而成，因此会出现裂缝、脱胶、透胶、鼓泡、压痕等外观缺陷。GB/T 18103—2013《实木复合地板》对实木复合地板的外观尺寸及性能做了具体规定，LY/T 1738—2008《实木复合地板用胶合板》对胶合板的理化性能做了具体规定，如表 4-31 和表 4-32 所示。

表 4-31　实木复合地板用胶合板外观分等的允许缺陷

<table>
<tr><th rowspan="2">缺陷种类</th><th rowspan="2" colspan="2">检测项目</th><th rowspan="2">检测单位</th><th colspan="2">面板</th><th rowspan="2">背板</th></tr>
<tr><th>一等品</th><th>合格品</th></tr>
<tr><td>针节</td><td colspan="2">—</td><td>—</td><td colspan="3">允许</td></tr>
<tr><td>活节</td><td colspan="2">单个最大直径</td><td>mm</td><td>20</td><td colspan="2">不限</td></tr>
<tr><td rowspan="2">半活节、死节</td><td colspan="2">每平方米板面上总个数</td><td>—</td><td>3</td><td>5</td><td rowspan="2">不限</td></tr>
<tr><td colspan="2">单个最大直径</td><td>mm</td><td>5</td><td>15</td></tr>
<tr><td>木材异常结构</td><td colspan="2">—</td><td>—</td><td colspan="3">允许</td></tr>
<tr><td rowspan="2">夹皮</td><td colspan="2">每平方米板面上总个数</td><td>—</td><td>2</td><td rowspan="2" colspan="2">不限</td></tr>
<tr><td colspan="2">单个最大长度</td><td>mm</td><td>20</td></tr>
<tr><td rowspan="3">裂缝</td><td colspan="2">单个最大宽度</td><td>mm</td><td>1</td><td>2</td><td>2</td></tr>
<tr><td colspan="2">单个最大长度不超过板长</td><td>%</td><td>15</td><td>20</td><td>25</td></tr>
<tr><td colspan="2">每米板宽内条数</td><td>—</td><td>2</td><td>3</td><td>4</td></tr>
<tr><td rowspan="2">孔洞、虫孔</td><td colspan="2">单个最大直径</td><td>mm</td><td>3</td><td>6</td><td>10</td></tr>
<tr><td colspan="2">每平方米板面上总个数</td><td>—</td><td>4</td><td>8</td><td>不允许呈筛孔状</td></tr>
<tr><td>变色</td><td colspan="2">不超过板面积</td><td>%</td><td>浅色 30</td><td colspan="2">不限</td></tr>
<tr><td>腐朽</td><td colspan="2">—</td><td>—</td><td colspan="3">不允许</td></tr>
<tr><td rowspan="3">表板拼接离缝</td><td colspan="2">单个最大宽度</td><td>mm</td><td rowspan="3">不允许</td><td>0.5</td><td>0.5</td></tr>
<tr><td colspan="2">单个最大长度不超过板长</td><td>%</td><td>10</td><td>10</td></tr>
<tr><td colspan="2">每米板宽内条数</td><td>mm</td><td>2</td><td>2</td></tr>
<tr><td rowspan="2">表板叠层</td><td colspan="2">单个最大宽度</td><td>mm</td><td rowspan="2" colspan="2">不允许</td><td>5</td></tr>
<tr><td colspan="2">单个最大长度不超过板长</td><td>%</td><td>15</td></tr>
<tr><td rowspan="3">芯板离缝</td><td rowspan="2">紧贴表板层</td><td>单个最大宽度</td><td>mm</td><td rowspan="2">不允许</td><td>1.5</td><td>2</td></tr>
<tr><td>离缝每米板宽内条数</td><td>—</td><td colspan="2">2</td></tr>
<tr><td colspan="2">其他芯板离缝的最大宽度</td><td>mm</td><td>1</td><td colspan="2">2</td></tr>
<tr><td rowspan="3">芯板叠层</td><td rowspan="2">紧贴表板层</td><td>单个最大宽度</td><td>mm</td><td rowspan="2">不允许</td><td>1.5</td><td>2</td></tr>
<tr><td>叠层每米板宽内条数</td><td>—</td><td colspan="2">2</td></tr>
<tr><td colspan="2">其他芯板叠层的最大宽度</td><td>mm</td><td>1</td><td colspan="2">不限</td></tr>
<tr><td>长中板叠层</td><td colspan="2">单个最大宽度</td><td>mm</td><td>1.5</td><td colspan="2">3</td></tr>
</table>

续表

缺陷种类	检测项目	检测单位	面板		背板
			一等品	合格品	
鼓泡、分层	—	—	不允许		
凹陷、压痕	单个最大面积	mm^2	不允许	100	
	每平方米板面上总个数	—		2	
	凹凸高度不超过	mm		0.5	
毛刺沟痕	不超过板面积	%	1	3	
	深度不超过	mm	0.2	0.3	
表面砂透	每平方米板面上的面积	mm^2	不允许	400	
表面漏砂	不超过板面积	%	不允许	5	不限
补片、补条	每平方米板面上总个数	—	不允许	3	不限
	累计面积不超过板面积	%		3	
	缝隙不得超过	mm		0.3	0.5
板边缺陷	自板边不超过	mm	不允许	3	
其他缺陷	—	—	不允许	按最类似缺陷考虑	

表 4-32　实木复合地板用胶合板的理化性能

检测项目	单位	性能指标
含水率	%	6~12
胶合强度	MPa	≥ 0.70
尺寸稳定性	%	≤ 0.12
浸渍剥离	—	每个时间同一胶层每边剥离长度累计不超过 25mm（仅在相邻层单板木纹方向相同时进行测定）
弹性模量	MPa	≥ 3500
静曲强度	MPa	≥ 30
甲醛释放量	mg/L	$E_0 \leqslant 0.5$ $E_1 \leqslant 1.5$

三、建 筑 模 板

随着经济的发展，采用现浇混凝土结构的工程越来越多，对模板工程的要求也越来越高。模板规格正向系列化和体系化发展，模板材料向多元化发展，模板的使用向多功能和大面积发展。目前，从制成的材料角度看，我国混凝土模板可分为以下几种：一是钢模板，主要是组合钢模板。钢模板是目前我国模板工程的主体。二是木模板，它是最早使用的混凝土模板，在我国的模板工程中占有一定的比例，但由于我国是一个少林国家，木材相当缺乏，因此木模板的比例在逐渐减少。三是胶合板模板，胶合板作为混凝土模板应用较为广泛，原因是该类模板具有容重较轻、保暖性好、表面光滑、双面可用、易于清洗、重复使用次数多等优点。四是竹材模板，它包括竹材胶合板模板、竹编胶合板模板、饰面竹基材混凝土模板、竹材碎料板模板、复塑高强度竹胶合板等。

（一）模板材料的要求

模板行业对模板材料的要求最突出的有以下三点。

1）强度必须达到规定的指标。

2）厚度公差是影响浇筑质量的最为关键的因素。

3）使用成本和工程造价密切相关，模板材料的价格和允许的使用次数要合理。

应用于建筑模板的人造板必须满足：耐水泥碱性侵蚀（碱液 pH 13 以上）；吸水率＜ 12%；在吸水潮湿状态下的抗冻融性能；较为严格的厚度公差（±0.5mm）；足够的静曲强度（一般应＞ 50MPa）和弹性模量。具体可参照 GB/T 17656—2008《混凝土模板用胶合板》。

木胶合板模板是从 20 世纪 60 年代开始使用并逐渐发展起来的一种木质人造板模板。木胶合板模板在标准较高的建筑工程中，取得了一定的成果，如 1981 年在南京金陵饭店的高层现浇平板结构施工中首次采用胶合板模板，减轻了劳动强度，加快了施工速度，还有上海展览中心北馆超高层建筑、无锡火车站等工程中也采用了胶合板模板。

木胶合板模板的特点是：①胶合板模板密度为 0.8g/cm^3，相对较轻，运输费少，在工地劳动保护方面也安全；②胶合板模板易安装、易制作模壳；③胶合板模板幅面大，可以减少模板的接缝，减少漏浆现象，保证混凝土的工程质量；④胶合板模板具有保温性，可以减少外界气温对混凝土的影响；⑤覆面胶合板模板的重复使用次数较多，一般为 20 次以上；⑥由于胶合板模板制造时采用 I 类防水胶黏剂，因此它具有防水防老化性能；⑦因具有两个可用的表面，浇灌混凝土结构后，表面平整、光滑，保证质量；⑧胶合板模板容易清理，不易损坏表面（王国超和陈小涛，1994）。

各等级混凝土模板用胶合板出厂时的物理力学性能应符合表 4-33 的规定。

表 4-33　混凝土模板用胶合板物理力学性能指标值

检测项目		单位	厚度 /mm			
			≥ 12~ ＜ 15	≥ 15~ ＜ 18	≥ 18~21	≥ 21~24
含水率		%	6~14			
胶合强度		MPa	≥ 0.70			
静曲强度	顺纹	MPa	≥ 50	≥ 45	≥ 40	≥ 35
	横纹		≥ 30	≥ 30	≥ 30	≥ 25

续表

检测项目		单位	厚度 /mm			
			≥ 12~ < 15	≥ 15~ < 18	≥ 18~21	≥ 21~24
弹性模量	顺纹	MPa	≥ 6000	≥ 6000	≥ 5000	≥ 5000
	横纹		≥ 4500	≥ 4500	≥ 4000	≥ 4000
浸渍剥离		—	浸渍胶膜纸贴面与胶合板表层上的每一边累计剥离长度不超过 25mm			

（二）板结构要求

1）相邻两层单板的木纹应互相垂直，中心层两侧对称层的单板应为同一树种或物理力学性能相似的树种和同一厚度。

2）应考虑成品结构的均匀性，组坯时表板与表板纤维方向相同的各层单板厚度总和应不小于板坯厚度的 40%，不大于 60%。板的层数应不小于 7 层。表板厚度应不小于 1.2mm，覆膜板表板厚度应不小于 0.8mm。

3）同一层表板应为同一树种，表板应紧面朝外，表板和芯板不允许采用未经斜面胶接或指形拼接的端接。

4）板中不得留有影响使用的夹杂物。拼缝用的无孔胶纸带不得用于胶合板内部，如用其拼接或修补面板，除不修饰外，应除去胶纸带，并不留有明显胶纸痕。

近些年来一些施工企业使用 13mm 胶合板制作工程模板，这种模板具有质量轻、强度能满足混凝土侧压力要求等特点。由于质量轻，可以节约机械吊运费用，人工搬移及拆装方便，从而可加快施工进度，降低工程成本。多年实践证明，用胶合板制作工程模板可省工、省料，提高经济效益。

四、集装箱用桉树木材胶合板

集装箱规格一般分为 20 英尺①和 40 英尺两种，通常以 20 英尺为一个标箱。集装箱底板用胶合板参照标准 GB/T 19536—2015《集装箱底板用胶合板》，集装箱底板用胶合板物理力学性能指标见表 4-34。

集装箱底板用胶合板的结构要求如下。

1）表板应为整幅单板，紧面朝外。内层单板纵向拼接不得大于总层数的 50%，且不得在同一位置，相距 30cm 以上。

2）中心层两侧对称层的单板应为同一厚度、同一树种或物理力学性能相似的树种，木纹配置方向也应相同。

3）单板厚度由防腐剂渗透情况决定。通常与板长方向相同各层单板的厚度总和不少于板坯总厚度的 60%。

① 1 英尺 $=3.048\times10^{-1}$m，下同

表 4-34　集装箱底板用胶合板物理力学性能指标

检测项目		单位	指标值
含水率		%	≤ 12.0
密度		g/cm^3	≥ 0.75
静曲强度	纵纹	MPa	≥ 85.0
	横纹		≥ 35.0
弹性模量	纵纹	MPa	≥ 10000
	横纹		≥ 3500
浸渍剥离		—	每一边的任一胶层开胶的累计长度不超过该胶层长度的 1/3（3mm 以下不计）
短跨距剪切力[a]		N	纵向：≥ 6900
集中载荷[b]		N	中部：≥ 48000

注：a. 在需方对横向短跨距剪切力有要求时，由供需双方协商确定其性能要求；
　　b. 在需方对边部集中载荷有要求时，由供需双方协商确定其性能要求

集装箱底板用胶合板尺寸偏差规定：厚度允许偏差 ±0.8mm，长度和宽度允许偏差 0~1.0mm，对角线偏差不大于 2.0mm，边缘直度偏差不大于 0.5mm/m，翘曲度偏差不大于 0.3%。

五、木结构覆板用胶合板

由于传统的墙体材料——实心黏土砖毁田严重、能耗高，因此我国政府从 1988 年就严格限制毁田烧砖。为加快墙体材料的革新和发展新型墙体材料，相继出台了一系列政策、法规和减免税收的优惠政策。2000 年 6 月 14 日中华人民共和国建筑材料工业局、建设部、农业部、国土资源部、墙体革新建筑节能办公室联合发出通知：在 160 个大中城市的住宅建设中逐步限时禁止使用实心黏土砖，2003 年 6 月 30 日为实现禁止使用实心黏土砖的最晚日期。因此，大力开发轻质、高强、节能、节土和利用废弃物的新型墙体材料，是我国今后墙体材料的发展方向（周贤康，1996）。

（一）覆板用胶合板特点

内隔墙为非承重结构，是以木质材料为基材与有机或无机胶接材料复合而成的木质人造板，因具有质量轻、强度高及较好的隔声与保温性能，可适于作建筑的内隔墙。用木质人造板作内隔墙覆板材料，与传统的墙体材料——实心黏土砖比较，具有如下优点。

1）轻质高强度。用木质人造板作隔墙的单位面积质量为 10~32kg/m²，而用实心黏土砖的（如墙厚以 120mm 计，单面粉刷）则为 262kg/m²。因此，木质人

造板隔墙的质量仅为实心黏土砖墙体的1/26~1/8。此外，木质人造板的抗弯强度高，在运输过程中的破损率低。

2）保温性能好。实心黏土砖的热导率为0.43W/（m·K），而木质人造板的热导率为0.17~0.30W/（m·K）。因而，用木质人造板制作的隔墙保温性能好。

3）占地面积少。用木质人造板作隔墙，墙体的厚度为70~120mm，比实心黏土砖隔墙的占地面积少，因而可增加使用面积5%~10%。

4）缩短工期。木质人造板的质量轻，幅面大，并具有可锯、可钉、可钻的施工性能，因此安装施工速度快。此外，由于木质人造板的表面光洁平整，可直接在其表面进行各种装饰，因此可缩短施工工期。

5）利用速生材。木质人造板（特别是桉树胶合板）的生产原料为速生材人工林。

6）能耗低。建设120mm厚的实心黏土砖隔墙，其材料能耗为12.9kg标煤/m^2，而用木质人造板隔墙，其材料能耗则为7.0~10.4kg标煤/m^2。

使用木质人造板作隔墙也存在下列缺点。

1）用有机胶黏剂复合的木质人造板防火性差。

2）在使用过程中散发游离甲醛，但通过饰面处理可以表面封闭或减少游离甲醛释放量（周贤康，1995）。

木结构覆板用胶合板应满足国家标准GB/T 22349—2008《木结构覆板用胶合板》要求。

（二）覆板用胶合板结构及规格要求

1）通常相邻两层单板的木纹应互相垂直。

2）中心层两侧对称层的单板应为同一厚度、同一树种或物理性能相似的树种、同一生产方法（旋切或刨切），而且木纹配置方向也应相同。木纹方向平行的两层单板允许合为一层，测试胶合强度时，该两层单板看作一层。

3）表板应紧面朝外。

4）组坯时表板和与表板纤维方向相同的各层单板厚度总和应不小于板坯厚度的40%，不大于70%。

材料要求：在正常的干燥条件下，单板厚度应≥1.5mm，且≤5.5mm；胶合板中不得有影响板面平整和胶合质量的夹杂物。

规格尺寸要求：宽度和长度见表4-35。

表 4-35　木结构覆板用胶合板宽度和长度

宽度 /cm	长度 /cm				
	1500	1600（1640）	1800（1830）	2000	2400（2440）
1000	1500	—	1830（1830）	2000	—
1200	—	1640（1640）	1830（1830）	—	2400（2440）

注：括号内数据为胶合板实际尺寸，特殊尺寸由供需双方协议

木结构覆板用胶合板的长度和宽度偏差：正偏差为 0mm，负偏差为 –3mm。

木结构覆板用胶合板厚度应≥ 5mm，其中轻型木结构覆板用胶合板最小厚度见表 4-36。

表 4-36　轻型木结构覆板用胶合板最小厚度

标准跨距	最小厚度 /mm		
	墙面板	屋面板	楼面板
400	9	9	15
500	—	9	15
600	11	12	18

注：跨距大于 600 的胶合板，最小厚度应根据计算确定

厚度偏差应符合下表 4-37 规定。

表 4-37　厚度偏差

基本厚度（t）/mm	每张板内厚度允差 /mm	厚度偏差 /mm
≤ 7.5	0.5	+0.5/–0.3
＞ 7.5~12	0.6	
＞ 12~17	0.8	+（0.4+0.03t）/–（0.2+0.03t）
＞ 17	1.0	

注：有特殊要求由供需双方协议

其他尺寸要求：相邻边垂直度不超过 1.0mm/m；板的四边边缘直度不超过 1.0mm/m；基本厚度从 5~9mm，翘曲度不得超过 1.5%；基本厚度≥ 9mm 时，翘曲度不得超过 1.0%。

（三）覆板用胶合板性能要求

静曲强度和弹性模量指标应大于等于表 4-38 的规定。

表 4-38　静曲强度和弹性模量指标要求

检测项目		单位	基本厚度 /mm						
			≥ 5~6	＞ 6~7.5	＞ 7.5~9	＞ 9~12	＞ 12~15	＞ 15~21	＞ 21
静曲强度	顺纹	MPa	38.0	36.0	32.0	28.0	24.0	22.0	24.0
	横纹	MPa	8.0	14.0	12.0	16.0	20.0	20.0	18.0
弹性模量	顺纹	MPa	8500	8000	7000	6500	5500	5000	5500
	横纹	MPa	500	1000	2000	2500	3500	4000	3500

在标准跨距下集中静载和冲击载荷性能指标应达到表 4-39 规定值。

表 4-39　集中静载和冲击载荷性能指标要求

用途	标准跨距（最大允许跨距）/mm	试验条件	冲击载荷 /（N · m）	最小极限载荷 /kN		890N 集中静载作用下的最大挠度 /mm
				集中静载	冲击后集中静载	
楼面板	400（410）	干态及湿态重新干燥	102	1.78	1.78	4.8
	500（500）	干态及湿态重新干燥	102	1.78	1.78	5.6
	600（610）	干态及湿态重新干燥	102	1.78	1.78	6.4
屋面板	400（410）	干态及湿态重新干燥	102	1.78	1.33	11.1
	500（500）	干态及湿态重新干燥	102	1.78	1.33	11.9
	600（610）	干态及湿态重新干燥	102	1.78	1.33	12.7

注：指标为单个试验指标

在标准跨距下均布载荷性能指标应达到表 4-40 规定值；测试最大挠度时，楼面板所受均布载荷为 4.79kPa，屋面板所受均布载荷为 1.68kPa。

表 4-40　均布载荷性能指标要求

用途	标准跨距（最大允许跨距）/mm	试验条件	性能指标	
			最小极限载荷 /kPa	最大挠度 /mm
楼面板	400（410）	干态及湿态重新干燥	15.8	1.1
	500（500）	干态及湿态重新干燥	15.8	1.3
	600（610）	干态及湿态重新干燥	15.8	1.7
屋面板	400（410）	干态	7.2	1.7

续表

用途	标准跨距（最大允许跨距）/mm	试验条件	性能指标	
			最小极限载荷 /kPa	最大挠度 /mm
墙面板	500（500）	干态	7.2	2.0
	600（610）	干态	7.2	2.5
	400（410）	干态	3.6	—
	600（610）	干态	3.6	—

注：指标为单个试验指标

握钉力分为侧压握钉力和拔出握钉力，应达到表 4-41 规定值。

表 4-41　握钉力指标要求

用途	厚度 /mm	钉子长度 /mm	试验条件	握钉力最小值	
				侧压握钉力 /N	拔出握钉力 /N
楼面板	＞ 12.7	51	干态	934	89
	≤ 12.7	64	湿态重新干燥	712	67
屋面板	＞ 12.7	51	干态	534	89
	≤ 12.7	64	湿态重新干燥	400	67
墙面板	＞ 12.7	51	干态	534	—
	≤ 12.7	64	湿态重新干燥	400	—

注：使用普通型圆钉

各类木结构覆板用胶合板应检验物理力学性能和结构性能的项目见表 4-42。

表 4-42　木结构覆板用胶合板物理力学性能和结构性能检测项目表

分类	检测项目
轻型木结构覆板用胶合板	含水率、胶合强度、甲醛释放量、集中静载、冲击载荷、均布载荷、热耐久性、握钉力
其他木结构覆板用胶合板	含水率、胶合强度、甲醛释放量、静曲强度、弹性模量

注：当轻型木结构覆板用胶合板的跨距和载荷超出 GB 50005—2003《木结构设计规范》规定时，应按其他木结构覆板用胶合板的检测项目进行检测

参考文献

顾继友，包学耕. 1995. 特种无臭胶合板调胶与制板工艺研究. 林产工业，(1)：15-16.
顾继友，胡英成，朱丽滨. 2009. 人造板生产技术与应用. 北京：化学工业出版社.
黄发荣. 2011. 酚醛树脂及其应用. 北京：化学工业出版社.
江泽慧，王喜明. 2003. 桉树人工林木材干燥与皱缩. 北京：中国林业出版社：4-5.

江泽慧，于文吉，余养伦. 2005. 竹材表面润湿性研究. 竹子研究汇刊，24(4)：31-38.

龙海蓉，周定国. 2012. 桉木胶合板生产工艺的研究. 木材加工机械，23(5)：26-30.

王戈. 2003. 毛竹/杉木层积复合材料及其性能. 中国林业科学研究院博士学位论文.

王戈，余养伦，于文吉. 2007. 温度变化对酚醛胶在竹材表面动态润湿性的影响. 北京林业大学学报，29：149-153.

王国超，陈小涛.1994. 我国混凝土模板的现状及发展趋势. 建筑人造板，(4)：20-27.

颜肖慈. 2005. 界面化学. 北京：化学工业出版社.

杨帆，许文. 1997. 人造板中的甲醛释放及其检测方法. 林产工业，(6)：39-42.

于文吉. 2001. 竹材表面性能及力学性能变异规律的研究. 中国林业科学研究院木材工业研究生博士学位论文.

余养伦，任丁华，周月. 2006. 尾叶桉单板胶合性能的初步研究. 林产工业，33：20-23.

张齐生，孙丰文. 1997. 竹木复合集装箱底板的研究. 林业科学，33(6)：546-554.

赵荣军. 2002. 桉树人工林木材居室环境学特征及木材性质与加工工艺对胶合板质量影响的研究. 中国林业科学研究院博士后研究报告.

周贤康. 1995. 木质人造板作内隔墙的应用前景及其建筑性能要求. 林产工业，(4)：5-8.

周贤康. 1996. 人造板用于建筑中的预测分析. 建筑人造板，(1)：16-19.

Aydın İ, Çolak S, Çolakoğlu G, et al. 2004. A comparative study on some physical and mechanical properties of Laminated Veneer Lumber (LVL) produced from Beech (*Fagus orientalis* Lipsky) and *Eucalyptus* (*Eucalyptus camaldulensis* Dehn.) veneers. Holz als Roh- und Werkstoff, 62(3): 218-220.

Baier R E, Shafrin E G, Zisman W A. 1968. Adhesion: mechanisms that assit or impede it. Science, 162(3860): 1360-1368.

Brady D E, Kamke F A. 1988. Effects of hot-pressing parameters on resin penetration. Forest Products Journal, 38(11/12): 63-68.

Chen C M. 1970. Effect of extractive removal on adhesion and wettability of some tropical woods. Forest Products Journal: 36-41.

EN 314-2-1993 Plywood: bonding quality. Part 2: requirements.

Irvine G M. 1984. The glass transitions of lignin and hemicellulose and their measurement by differential thermal analysis. Tappi Journal, 67(5): 118-121.

Kajita H. 1992. Wettability of the surface of some American softwoods species. Mokuzai Gakk, 38: 516-521.

Mathieu K, Carrick J, Marosszeky Y M. 2004. A method for cleavage fracture testing of Hardwood Laminated Veneer Lumber. Structural Integrity & Fracture International Conference: 257-263.

Moura D F, Rocoo L F A. 2004. Alternative castor oil-based polyurethane adhesive used in the production of plywood. Materials Research, 7(3): 413-420.

Myers G E. 1986. Effects of post-manufacture board treatments on formaldehyde emission: a literature review (1960-1984). Forest Products Journal, 36(6): 41-51.

Ozarska B. 1999. A review of the utilisation of hardwoods for LVL. Wood Science & Technology, 33(4): 341-351.

Panshin A J, Zeeuw C D. 1949. Textbook of Wood Technology. McGraw-Hill Book Co., Inc.

Shi S Q, Gardner D J. 2001. Dynamic adhesive wettability of wood. Wood & Fiber Science Journal of the Society of Wood Science & Technology, 33(1): 58-68.

Tabarasa T, Chui Y H. 1997. Effects of hot-pressing on properties of white spruce. Forest Products Journal, 47(5): 71-76.

Wang B J, Dai C, Dai C. 2005. Hot-pressing stress graded aspen veneer for laminated veneer lumber (LVL). Holzforschung, 50(1): 10-17.

Zisman W A. 1961. Constitutional effects on adhesion and abhesion.

第五章

桉木阻燃胶合板

随着人们对人身安全的日益关注及我国消防阻燃法律法规的不断完善，普通胶合板的可燃性限制了其在室内装修、家具等行业的应用，研究与开发桉木阻燃胶合板不仅适应市场应用需求，还是增加桉树木材附加值、扩大产品应用范围和提高企业经济效益的有效途径。本章以尾巨桉（*E. urophylla×E. grandis*）、柳叶桉（*E. saligna*）、巨桉（*E. grandis*）、大花序桉（*E. cloeziana*）和邓恩桉（*E. dunnii*）单板为原料，配制简单实用的阻燃剂，研究利用单板浸渍阻燃处理方式制备桉木阻燃胶合板的生产工艺，并深入分析了阻燃处理对胶合板物理力学性能及阻燃性能的影响。

第一节　木材阻燃机理和胶合板阻燃技术

木材是一种主要由纤维素、半纤维素和木质素三种高分子化合物组成的天然有机材料，这三种成分的燃烧和热分解过程各不相同。木材的燃烧包含着一系列复杂的物理变化和化学反应过程，因此延缓和阻止木材燃烧的方法多种多样，阻燃机理不尽相同。

一、木材的阻燃机理

木材的阻燃机理主要包括覆盖理论（barrier theories）、热理论（thermal theories）、气体理论（gas theories）和化学阻燃理论（chemical retarding theories）。

（一）覆盖理论

覆盖理论由 Gay-Lussac 于 1821 年最早提出。在高温作用下，阻燃剂（硼砂、硼酸等）熔融呈液体或玻璃状薄膜，或阻燃涂料（磷、氨丙烯酸乳液和水玻璃等）在木材表面形成隔热层或泡沫层，阻止木材表面与周围环境进行物质和能量交换，既切断了氧气的供给，又抑制了可燃性气体的产生，从而有效地减缓了木材的热分解程度。用于阻燃处理的化合物需在木材主要热解温度到达以前熔化形成液态或玻璃态层，覆盖和保护木材纤维。硼砂与硼酸的混合物可在纤维表面形成高效的釉状保护层，而单独任一成分只会产生不连续的晶体状沉积物，阻燃效果不佳。熔融物形成的泡沫在木材热解温度下是稳定的，比釉状物更有效。泡沫作为屏障隔绝空气和火焰，产生热隔离并捕捉挥发性焦油。保留的焦油可促进其二次热解成炭，从而减少挥发性可燃物的量。因此，最有效的配方应该是由多个成分组成的混合物，其中一种化合物于200℃左右熔化，并产生不燃性气体，如水、二氧化碳、氨气或二氧化硫，另一种化合物在主要热解过程开始前熔化，其产生的泡沫在500℃时仍能保持稳定。

阻燃剂完全浸渍或深度穿透对覆盖理论来说是不必要的。如果玻璃状或一定厚度的泡沫层在火焰温度下能保持稳定和牢固附着，那么只需其位于木材表层或表面之上便可发挥高效的阻燃效应。实际上，阻燃涂料或清漆几乎完全限于木材表面。除了易燃性涂料和油漆（如硝化纤维漆）之外，最普通的油性涂料和清漆都有轻微阻燃效果。防火涂层含有阻燃成分，能配合热理论、气体理论甚至化学阻燃理论发挥作用。涂层所起的部分作用是将点燃源的热量传导开，并相反地隔离木材与热源。只要涂层保持完整，漆或涂料中颜料含量较少，气体是几乎不能穿过涂层的。然而，覆盖理论不能解释全部已知有效阻燃剂的作用机理，因为有的阻燃剂（如磷酸铵、氨基磺酸铵、卤化铵）无熔融或发泡特性。

（二）热理论

在低温时，阻燃剂能增加木材的导热性，使热量从木材表面迅速散发，延缓了木材温度的上升。在中温时，阻燃剂的受热分解和熔融大多是吸热反应，吸收热量从而降低木材温度。在高温时，磷酸钙、碳酸钙等阻燃剂燃烧形成导热不良的炭化层，起隔热作用。总之，阻燃剂在木材受热和燃烧过程中发挥散热、吸热和隔热作用，有效地抑制木材达到热分解温度和着火温度。

热理论包括热隔绝、热传导及热吸收三种理论。其中热隔绝可以阻滞热量接近木材，热传导可以使热量耗散更为迅速，而热吸收则可以减少热解所需的热量。

第一，热隔绝。热隔绝用涂层、玻璃态物质及泡沫已在覆盖理论部分提及。尺寸足够大的未处理材，可以通过在表面形成一层木炭阻滞热量穿透而达到自身热隔绝。通过阻燃处理引起木炭层的膨胀以增加其厚度与隔绝值，可以进一步提高隔绝效果。例如，在用碳酸钾处理的木材上可以观察到大量膨胀的木炭。

第二，热传导。与热隔绝理论相反，热传导理论认为当木材热导率增加至足够大时，可使热量耗散速率大于点燃源的供热速率，以防止燃烧。此理论显然源自戴维安全灯（Davy Safety Lamp）的原理，但尚无实验性证据支持此假设。也许木材低的热导率必须升高至接近金属水平，才能实现热量的及时发散而达到阻燃效果。美国农业部林务局林产品实验室做了一个简单的试验，用一种金属合金（熔点105℃）完全浸渍处理小尺寸木材试样（浸渍试样），利用本生灯产生的小火焰对未处理材和浸渍材的表面中心进行加热。采用热电偶接触不加热的另一面测量升温速率，测量点正对本生灯火焰点。结果表明，在金属熔化前浸渍试样的温度升高较为缓慢。金属熔化后，浸渍试样和未处理试样的升温速率基本相同，直到达到放热热解的温度点。浸渍试样和未处理试样的放热点出现在同一温度。未处理试样被快速点着，而浸渍试样在冒烟后炭化，未出现火焰。尽管浸渍金属可以有效防止有焰燃烧，但其机理并不是通过热传导耗散热量。研究表明金属浸渍木材加热后不会产生可燃性气体，因而不会形成火焰。

第三，热吸收。该理论是假设阻燃化学药品分解或状态改变能吸收足够多的热而使木材的温度保持在着火点以下。此理论最好的例子可能是湿木材的可燃性差，但是很少有物质在分解或者状态转变时吸收的热量能和水的汽化热相当。即使有水，其保护作用也是临时的，因为吸热汽化耗完水分后木材照样燃烧。为了达到好的阻燃效果，必须保证较高的阻燃剂载药量。在大量物质热行为的研究中没有发现任何存在于阻燃效果和吸热能力之间的联系。硼砂是一种良好的阻燃剂，含 10 个结晶水分子，占无水试剂质量的 89.5%。加热时，硼砂在 80℃开始失去结晶水，200℃时失去全部水分子，水合热为 142.7kJ/mol。残余盐的“熔点”是 561~878℃。如果硼砂防止燃烧全靠失水吸热，需足够多的药品抵消或接近抵消在放热点以上木材的热解放热，而实际生产应用中的载药率远小于这一需求量。

（三）气体理论

气体理论有两种。第一，不燃性气体稀释理论，即阻燃剂分解放出的不燃性气体将稀释热解木材放出的可燃性气体，充足的稀释性气体会在燃烧木材表面形成毯状层，避免氧气与可燃性热解气体接触，或者将可燃性气体排挤离开高温区。常见的有效稀释性气体有水、二氧化碳、氨气、二氧化硫和氯化氢，主要来自高度水合盐、碳酸碱或重碳酸碱、卤化铵、磷酸铵、硫酸铵、氯化锌、氯化钙、氯化镁或氨基磺酸铵等化合物的热解过程。阻燃剂不能在木材正常使用温度下分解，但应在比木材主要热解开始温度（约 270℃）略低的温度条件下迅速分解产生稀释性气体。在化学阻燃理论部分也将谈到，如果阻燃剂降低了木材主要热解温度，阻燃剂应在对应较低温度快速产生气体。Klason 1910 年粗略计算干桦树木材在 300℃常压下经 8h 热解显示，1m^3 木材产生 590m^3 气体，其中包含 380m^3 蒸汽、75m^3 二氧化碳，只有 135m^3（体积分数 22.9%）的可燃性气体。Martin 1904 年认为此气体混合物应该不可燃，因为当气体混合物中含有 54% 的水蒸气或 52% 的二氧化碳时，混合物在任意一氧化碳 / 空气配比下均不可燃。因此，木材热解气体的可燃性主要源于其携带的焦油雾。如果 1m^3 干桦树木材在 Klason 试验中浸渍 96kg 硼砂，以无水物计算，并且假设硼砂不改变木材热解，硼砂的 10 分子结晶水将会使热解气体产物中增加约 225m^3 水蒸气。结合木材热解，产生的 380m^3 水蒸气和 75m^3 二氧化碳可很好地抑制焦油雾的燃烧。

第二，链终止抑制剂，即催化抑制火焰理论，通过自由基中断普通气相燃烧的反应链。阻燃剂药品在热解温度下分解释放气体催化剂，抑制气体产物的有焰燃烧。常见催化剂为卤素、氢卤酸，其效果按氟、氯、溴、碘的顺序依次增加。在一氧化碳和空气中添加 6.2% 溴化甲烷或 2% 四氯化碳，形成的混合物在任意一氧化碳 / 空气配比下均不可燃。因此气体催化剂的阻燃效果显著优于稀释性气体水蒸气（需添加 54%）或二氧化碳（需添加 52%）。有焰燃烧的进行依赖于自由基的分支链式反应。稀释剂（如水蒸气）吸热并减少反应分子或自由基间的碰撞频率，但不能改变链式反应。抑制剂（如卤素）则可以中断反应链。自由基是燃烧进行的关键，卤素在高温下分解成卤原子，与自由基结合形成新的稳定分子或活性较低的新自由基。由于卤素和氢卤酸会腐蚀木材而降低其强度，含卤阻燃剂在木材正常使用温度下必须保持稳定。同时，阻燃剂又必须在木材热解之前分解以提供抑制剂。另外，阻燃剂需选用不燃物。

（四）化学阻燃理论

化学阻燃理论又称成炭理论。阻燃剂的催化作用使木材的热解过程向固体炭量增加、气体挥发量减少的方向进行，在燃烧表面形成导热性很低的木炭保护层，从而抑制了有焰燃烧的传播。阻燃剂加热时生成的酸或碱能使纤维素脱水，形成水和炭。纤维素脱水使反应性很强的纤维素侧链 C6 碳原子上的游离羟基失去活性变成水，使炭量增多，生成炭残渣，减少了可燃性气体的产生。木炭的热导率和热扩散率低、比热容高，而多孔结构具有良好的隔热作用，从而有效地抑制木材的燃烧。除成炭理论外，还有氢键理论，即磷酸盐、硫酸盐和氨基磺酸盐等产生的 $=O$、$-OH$、$-NH_2$ 等可在纤维素和木质素之间形成氢键，抑制木材热分解。然而在 400~500℃时是否存在氢键尚有争议。

胶合板的阻燃机理，就是通过物理的或化学的方法，使木材在燃烧时缺少燃烧所需的一个或几个条件，从而达到阻燃的目的。物理阻燃方法主要是通过将不燃性物质混合到木质材料中或贴到木质材料表面，减少可燃成分的比例，燃烧时隔断氧气和热能，从而降低木质材料的燃烧速率和放热量。而化学阻燃方法则是使阻燃剂在燃烧时与木材发生化学反应，促使其脱水炭化形成非活性炭，减少可燃性气体的释放量，从而达到阻燃的目的。最常用的磷氮类阻燃剂，在燃烧过程中既可以生成磷酸催化木材成炭，又会释放氨气等不燃性气体稀释氧气，兼具化学和物理的阻燃作用，因而表现出优良的阻燃效果。

二、胶合板的阻燃技术

阻燃胶合板按照制造工艺可以划分为两大类，即生产过程中的阻燃处理和成品阻燃处理。依据阻燃原理，阻燃方法包括覆盖技术、气体保护技术、散热技术、催化技术和膨胀阻燃技术。覆盖技术即在纤维表面形成一种保护覆盖层，这种覆盖层可在纤维阻燃处理时形成，也可在阻燃剂和阻燃纤维被加热时形成，它的作用是阻隔燃烧传播所需的氧气和捕获纤维热裂解时生成的可燃挥发性产物，如用易熔的碳酸盐或硼酸盐阻燃木材。气体保护技术是指阻燃剂受热时能分解出不燃性气态产物，如水蒸气、二氧化碳、二氧化硫及氯化氢等，这类气体能在被阻燃木材周围扩散和降低附近大气中氧的浓度，从而可使燃烧中断；另一类气体作用是阻燃剂受热时能形成自由基捕获剂，在气相发挥阻燃功效，即在气相捕获燃烧链借以传递的活泼自由基，使燃烧链式反应中断。纤维素衍生物的气相氧化都是自由基反应。散热技术通过散热作用来实现阻燃，有两种方式：一是将热源传递至木材上的热量经吸热变化（如阻燃剂的熔化和升华吸热）消耗，二是将热量从木材上传导出去，两者均可阻止木材达到燃烧温度。催化技术是通过催化脱水实现的，如纤维素的催化脱水可改变纤维素的分解模式，降低其裂解生成的焦油和可燃性气体的量，增加成炭量。同时，阻燃纤维素与未阻燃者相比，前者发生催化脱水的温度较低（275~325℃），而后者较高（约 375℃）。磷酸和硫酸都是纤维素良好的脱水催化剂，因而也是纤维素有效的阻燃剂。此外，还可采用 Lewis 酸或碱使纤维素脱水，此时纤维素分解不会生成左旋葡聚糖，而是形成较多量的炭和较少量的焦油。膨胀阻燃技术起源于传统的“三源”，即酸源、碳源、气源三个基本组分构成的一类阻燃体系。在受热或火焰作用下，酸源、碳源与气源通过化学反应，迅速形成具有隔热、隔质功能的多孔状炭阻挡层，阻止火焰的传播，使基材免于进一步降解、燃烧，而获得良好的阻燃效果。这种方法具有阻燃效率高、无熔融滴落物、低烟、无毒、无腐蚀气体释放等特点，符合环境友好阻燃技术的要求，被认为是当今无卤阻燃技术的发展方向之一。

利用磷氮类阻燃剂溶液浸渍处理单板或成品板是胶合板阻燃处理中最常用的方法。东北林业大学的王清文教授开发了以磷酸、双氰胺、硼酸为主要原料的 FR-1 型阻燃剂 FRW。在此基础上，刘迎涛等（2004）、董国斌等（2007）分别研究了 FRW 阻燃桦木胶合板、杨木胶合板的物理力学性能和燃烧性能，发现阻燃胶合板的物理力学性能可以达到国家标准 GB 9486.4—88《胶合板　普通胶合板通用技术条件》中的规定，而阻燃性能达到日本标准 JISD 1322—77 中规定的难燃一级品标准和我国行业标准 GA/T 42.1—92 中的规定。胡景娟等（2008）对 FRW 阻燃剂进行了改进，降低了成本，并使其酸碱性、水溶性更适于胶合板单板浸渍阻燃处理，研制了 FRW-1 阻燃剂。锥形量热仪对 FRW-1 阻燃杨木胶合板的评价表明，在载药量为 8%~10% 的条件下，阻燃剂对胶合板的阻燃、抑烟效果明显。

同时，北京林业大学的李光沛教授利用磷酸、尿素在催化剂作用下开发了 BL- 环保阻燃剂，所在科研团队系统地研究了杨木胶合板的阻燃浸渍处理工艺

（顾波等，2006；张璐和李光沛，2006；史文萍等，2007；常晓明和顾波，2007；顾波和李光沛，2007）。研究表明，在单板浸渍处理过程中，阻燃剂浓度和浸渍时间是生产中应重点控制和考虑的因素，阻燃液温度可根据实际情况选择考虑。利用阻燃剂浓度为 46% 的 BL- 环保阻燃剂溶液生产阻燃胶合板的较优工艺为热压温度 120℃，热压时间 55s/mm，单板浸渍时间 60min，涂胶量 $400g/m^2$。而对成品胶合板进行常温常压浸渍处理时建议参数为阻燃剂浓度 50%，浸渍时间 90~120min，胶合板层数为 3。如果仅对表层单板进行处理，较优工艺为热压温度 115℃，阻燃剂浓度 46%，单板浸渍时间 25min。此种处理方式仅适于层数较少的胶合板，以 3 层、5 层为宜。

此外，董放等（2007）制备了 5 种磷 - 氮 - 硼复合体系阻燃剂，采用真空加压的方式处理思茅松单板，热压成胶合板后对比其胶合强度、燃烧性能、吸湿性和抗流失性，发现由磷酸胍基脲（GUP）与硼酸组成的 FR-c 型阻燃剂综合性能最优。陈志林等（2009）制备了由聚磷酸铵和硅溶胶组成的复合阻燃剂，真空加压处理杨木单板后得到陶瓷化阻燃杨木胶合板。以胶合强度为指标，经综合考虑得出最佳生产工艺为阻燃剂质量分数 9%、涂胶量 $240g/m^2$、处理时间 12min，在此工艺条件下制得的胶合板阻燃性能比普通胶合板有较大提高。

阻燃处理过程中，阻燃剂的引入不仅提高了胶合板的阻燃性能，还会影响胶合板的物理力学性能。宋斐等（2010）研究发现，随着单板阻燃剂增重率增加，阻燃胶合板的阻燃效果越显著，甲醛释放量越低，胶合强度也会降低。王明枝等（2011）利用 4A 分子筛（由 SiO_2、Al_2O_3 和碱金属或碱土金属组成的无机材料）改性后的脲醛树脂胶压制阻燃胶合板，发现分子筛的加入可以改善阻燃处理对胶合板胶合性能带来的不利影响。Cheng 和 Wang（2011）研究了 FRW-1 阻燃处理对杨木胶合板胶合性能的影响，并从化学和物理两个方面进行了深入分析。研究指出，阻燃处理引起胶合板胶合强度下降的原因可能有：FRW-1 阻燃剂降低了木材的 pH，从而使脲醛胶黏剂的固化时间缩短，这可能影响了胶合板胶层的性能；常温常压浸渍处理方式下阻燃剂在木材内部的分布并不均匀，这可能会影响木材与胶黏剂之间的机械结合。Ayrilmis 等（2006）、Ayrilmis 和 Winandy（2007）用硼酸、硼砂、磷酸二氢铵及磷酸氢二铵 4 种常用阻燃剂处理二小叶四鞋木（*Tetraberlinia bifoliolata*）单板，然后压制成胶合板，研究了阻燃处理对胶合板表面平整度及剪切性能的影响。结果表明，所有阻燃处理都增加了胶合板的表面不平整度，表面不平整度随着药剂浓度的增加有增大趋势；所有阻燃剂都会使胶合板的剪切强度下降，下降率因化合物种类及载药率不同在 6%~47% 波动。

另外，刘迎涛和刘一星（2006）采用动态热机械分析仪（DMA）研究了 FRW 阻燃杨木、桦木胶合板在不同温度下的动态热力学参数，结果表明，与普通胶合板相比，FRW 阻燃胶合板存储模量数值更高，存储模量开始急剧下降时的拐点温度滞后，玻璃化转变温度有所提高；FRW 阻燃胶合板抵抗外力和抗变形的能力优于普通胶合板，其在火灾中的危险性也相应地减小。李万兆等（2010）对 BL- 环保阻燃剂处理后杨木单板的变色规律进行了研究，发现杨木单板经阻燃处理后颜色变黄、变深。阻燃剂浓度对单板颜色的变化影响较大，而处理温度、处理时间、单板含水率及干燥温度对其影响较小。

近年来，赋予阻燃胶合板以防腐性能，这成为一个新的发展方向。Kartal 等（2007）发现硼酸、硼砂、磷酸二氢铵及磷酸氢二铵均可以提高胶合板的耐腐和抗白蚁性能，其中以硼酸效果最好，硼砂次之。Terzi 等（2011）研究了二癸基二甲基氯化铵（didecyl dimethyl ammonium chloride，DDAC）、二癸基二甲基四氟硼酸铵（didecyl dimethyl ammonium tetrafluoroborate，DBF）、磷酸二氢铵、磷酸氢二铵及硫酸铵对实木和胶合板耐火及耐腐性能的影响，发现防腐剂 DDAC 和 DBF 降低了木材的耐火性能，但磷酸二氢铵、磷酸氢二铵及硫酸铵并不能赋予木材足够好的耐腐性能。同时用阻燃剂和防腐剂处理木材可能是赋予木材耐火和耐腐双重功效的有效方法。

在阻燃胶合板商业化生产方面，美国是走在最前列的国家。在美国，阻燃胶合板的生产方法与阻燃处理实木相同，即真空加压浸注处理或涂覆阻燃涂料。目前，美国已形成了研发、销售、检测、标准等一系列成熟的体系（Ross，2010）。由于在 20 世纪 80 年代中后期，美国一些商用阻燃胶合板在用作房屋顶盖衬板时，出现了强度下降甚至结构失效的问题。因此，近年来的研究集中于分析和解决这一问题。Winandy（2001）和 Barnes 等（2010）对此问题进行了长期的研究：第一阶段主要研究了阻燃处理对胶合板力学性能的影响及热降解的机理；第二阶段旨在确定房屋顶盖系统的当前性能状况及预测系统的使用期限。研究表明，阻燃胶合板强度下降的主因有：随着温度升高，阻燃剂释放的酸性物质引起木材碳水化合物的降解。在此基础上，研究者建立了阻燃胶合板强度随时间变化的相关模型，进而用模型来预测阻燃胶合板的当前性能状况及剩余使用时间。目前，该模型仍在完善阶段。

国内阻燃胶合板生产企业通常选用浸渍单板的阻燃处理方式。王军等（2011）详细介绍了工业上生产杨木防火胶合板的方法。阻燃剂选择廉价且实用的无机阻燃剂（硫酸铵、磷酸二氢铵和硼酸），其配比为 1 ∶ 8 ∶ 1。首先将阻燃剂配成浓度为 25% 的溶液，同时加入 5% 的三乙醇胺以加强阻燃剂的渗透效果。其次利用阻燃池、吊笼、加热装置等设施对含水率为 10%~15% 的杨木单板进行常压处理：处理前将阻燃液温度加热至 80℃，处理过程中不再加热；对于厚度 1~3mm 的杨木单板，处理时间一般以 5h 为宜，处理后的杨木单板载药量能达到 14%~17%；处理后的单板经沥干和自然干燥后用滚筒干燥机干燥至含水率为 8%。最后按照常规胶合板生产工艺，利用添加了 30% 三聚氰胺树脂胶的常用脲醛树脂胶压制胶合板。

第二节　桉木阻燃胶合板生产工艺

应用于阻燃胶合板的阻燃处理方式主要可分为两大类：一类是在阻燃胶合板制备过程中进行阻燃处理，如单板浸渍处理（王军等，2011）、在胶黏剂中添加阻燃剂（Su et al.，1998）等；另一类是对成品胶合板进行二次处理，如胶合板加压浸渍处理（Barnes et al.，2010）、表面涂覆阻燃涂料（Chuang et al.，2013）等。桉树木材变异性大（江泽慧等，2002），二次干燥时易翘曲变形，因此不适于成品板浸渍处理。阻燃涂料处理和使用阻燃胶黏剂两种处理方式工艺简单，但阻燃涂料和阻燃胶黏剂制备工艺复杂，同时仅实现了对胶合板表层或胶层的阻燃，阻燃效果会受到涂层破损及单板厚度的影响。单板浸渍处理虽然增加了单板处理及二次干燥工序，但阻燃效果好，处理工艺也较为简单，是目前国内市场上阻燃胶合板生产中常用的阻燃处理方式。因此，本研究选用单板浸渍处理方式制备桉木阻燃胶合板。

理想的胶合板用阻燃剂不仅应在满足防火阻燃要求的基础上对胶合板的物理力学性能无不利影响，同时还应具备原料丰富、成本低廉、使用方便等特点（刘博等，2009）。美国木材保护协会标准 AWPA P50—2010 *Standard for fire retardant FR-2*（*FR-2*）中规定的 FR-2 型阻燃剂，是由磷酸盐、铵盐和硼酸复配而成的一类价廉效优、配制简单的室内用水基型木材阻燃剂，同时还具有毒性低、对环境污染小等优点。然而，标准 AWPA P50—2010 中仅规定了 FR-2 型阻燃剂中磷、氮、硼的化学配比，并未指明具体组分。因此，本研究首先选用常见的含磷、氮、硼元素的阻燃剂成分，配制多种 FR-2 型阻燃剂，通过对比阻燃胶合板的燃烧性能、胶合性能和吸湿性等优选出一种综合性能较佳的水溶性阻燃剂。

在利用单板浸渍处理方式生产阻燃胶合板的过程中，对于某一阻燃剂而言，单板载药率是产品阻燃效果的决定性因子。而桉木单板由于密度较大、抽提物含量较多，因而对阻燃处理液的渗透性较差。因此，本节还研究了预处理温度、处理液浓度、处理液温度、浸渍时间、单板厚度、单板含水率等对单板载药率的影响。

胡拉等（2011）研究表明，利用常规生产工艺制备桉木阻燃胶合板是可行的，但阻燃处理会对胶合板的胶合性能带来较大不利影响。对阻燃杨木胶合板的研究（Cheng and Wang，2011）发现，阻燃胶合板胶合强度值较普通对照试样下降了 25%，分析胶合强度下降的原因可能是阻燃处理影响了胶黏剂固化及阻燃剂在木材内部的不均匀分布。作者在探索性试验中发现，胶黏剂性能对桉木阻燃胶合板Ⅱ类胶合强度的影响很大。酚醛树脂胶黏剂耐水性能好，一般在碱性条件下固化，阻燃处理对其固化影响也小，但成本较高。普通脲醛树脂胶黏剂成本低，但耐水性差，难以制备满足国家标准中Ⅱ类胶合强度要求的桉木阻燃胶合板。因此，本节研究中选用性能和成本适中的三聚氰胺改性脲醛树脂胶黏剂，利用常规胶合板生产工艺制备桉木阻燃胶合板。

一、FR-2 型阻燃剂优选

标准 AWPA P50—2010 中规定了 FR-2 型阻燃剂中磷酸盐、硼酸和氨的化学配比范围（表 5-1），本研究选取配比要求中的平均值，即磷酸盐（按 P_2O_5 计）57.8%、硼酸（按 H_3BO_3 计）18.3%、氨（按 NH_3 计）23.9%。从常用阻燃剂成分磷酸二氢铵（monoammonium phosphate，MAP）、磷酸氢二铵（diammonium phosphate，DAP）、聚磷酸铵（ammonium polyphosphate，APP）和硼酸（boric acid，BA）中选取不同的组合，分别计算出满足 FR-2 型阻燃剂化学配比要求的适宜组成比例，最终得到三种不同组合 PNB-1、PNB-2、PNB-3（表 5-2）。其中 PNB-1 和 PNB-2 组分质量比是确定的，而 PNB-3 组分质量比不是唯一的，本研究中选取 MAP 和 APP 等质量时的质量比。

表 5-1　FR-2 型阻燃剂化学配比要求

阻燃剂成分	质量分数 /%		
	最小	最大	平均值
磷酸盐（按 P_2O_5 计）	54	61	57.8
硼酸（按 H_3BO_3 计）	15	21	18.3
氨（按 NH_3 计）	21	27	23.9

表 5-2　三种 FR-2 型阻燃剂组分质量比及 pH

阻燃剂	组分质量比	pH
PNB-1	m（MAP）：m（DAP）：m（BA）=1.42：4.25：1	6.48
PNB-2	m（APP）：m（DAP）：m（BA）=1.52：4.24：1	6.68
PNB-3	m（MAP）：m（APP）：m（DAP）：m（BA）=1：1：5.80：1.37	6.59

注：溶液质量分数为 20%

标准中还规定 FR-2 型阻燃剂处理液的 pH 为 6.0~7.4。经 pH 计测定，质量分数为 20% 的 PNB-1、PNB-2 和 PNB-3 处理液 pH 分别为 6.48、6.68 和 6.59，符合标准中的要求。三种阻燃处理液均为无色澄清溶液。

利用 PNB-1、PNB-2 和 PNB-3 三种 FR-2 型阻燃剂，选用浸渍单板的阻燃处理方式，依据常规胶合板生产工艺制备了三种阻燃胶合板。锥形量热仪实验（表 5-3，图 5-1）表明，与未处理桉木胶合板试样相比，经三种阻燃剂处理后桉木胶合板试样的质量损失率有所降低；热释放速率（heat release rate，HRR）和总热释放量（total heat release，THR），以及烟生成速率（smoke produce rate，SPR）和烟生成总量（total smoke production，TSP）均明显减少，说明三种 FR-2

型阻燃剂对桉木胶合板表现出较好的阻燃、抑烟效果。同时，三种 FR-2 型阻燃剂在阻燃、抑烟效果上也存在一定差异。三种阻燃剂处理胶合板试样的平均热释放速率基本一致，但 PNB-1 阻燃剂的热释放速率峰值更低，对最高释热峰出现的延缓效果最佳。另外，PNB-1 阻燃剂对桉木胶合板表现出更好的抑烟性能，其 SPR 和 TSP 均小于经 PNB-2 和 PNB-3 阻燃剂处理的桉木胶合板。经三种阻燃剂处理后，胶合板的引燃时间缩短了 7~8s。吴玉章和原田寿郎（2005）及 Terzi 等（2011）在利用磷酸铵盐类阻燃剂处理实木和胶合板的研究中同样发现了这一现象，引燃时间的变化主要取决于阻燃剂种类及用量。

表 5-3　FR-2 型阻燃剂对胶合板燃烧性能的影响

阻燃处理	载药率 /%	质量损失速率 / [g/（s · m²）]	热释放速率峰值 /（kW/m²）	总热释放量 /（MJ/m²）			引燃时间 /s
				3min	5min	10min	
空白	—	9.33	282.29	19.11	31.99	72.70	22.33
PNB-1	7.25	8.63	132.22	11.41	17.51	43.62	14.67
PNB-2	7.12	8.44	177.74	11.75	18.10	44.91	15.67
PNB-3	8.66	8.45	178.31	11.65	17.78	43.66	14.00

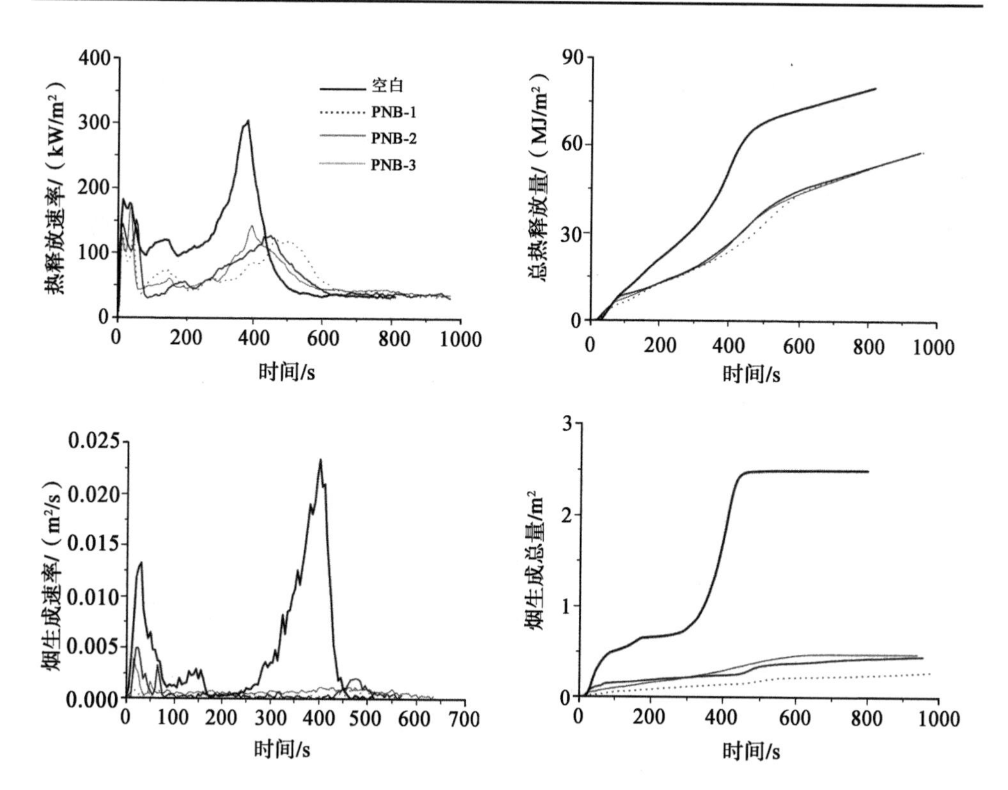

图5-1　阻燃胶合板的释热、生烟性能

依据标准 GB/T 17657—2013《人造板及饰面人造板理化性能试验方法》测得阻燃胶合板的胶合强度和木破率如表 5-4 所示。未处理胶合板试样的Ⅱ类、Ⅲ类胶合强度，均达到 GB/T 9846—2015《普通胶合板》中≥ 0.7MPa 的要求；阻燃胶合板的Ⅲ类胶合强度均达到标准中要求，仅 PNB-2 组试样的Ⅱ类胶合强度达到标准中要求。阻燃胶合板试样的胶合强度和木破率均低于未处理试样，表明阻燃处理对桉木胶合板的胶合性能带来不利影响。这是由于阻燃剂改变了单板表面的粗糙度（Ayrilmis et al.，2006）、胶黏剂在单板表面的接触角（Cremonini et al.，1996），以及单板的 pH 和缓冲容量（Cheng and Wang，2011），从而影响胶黏剂的固化及胶接界面之间胶接力的形成。以阻燃胶合板类别为因子、Ⅱ类胶合强度为因变量，用 SPSS 软件进行单因素方差分析，结果表明三种阻燃胶合板的Ⅱ类胶合强度未表现出显著性差异。

表 5-4　阻燃胶合板的胶合性能

阻燃处理	胶合强度 /MPa		木破率 /%	
	Ⅲ类	Ⅱ类	Ⅲ类	Ⅱ类
空白	1.11（6.34）	0.90（24.31）	83（14.97）	63（27.06）
PNB-1	0.84（11.05）	0.57（18.51）	46（46.60）	19（73.22）
PNB-2	1.06（4.23）	0.72（13.28）	66（15.91）	21（71.94）
PNB-3	0.95（14.55）	0.62（18.30）	49（42.78）	27（52.27）

注：括号内为变异系数，单位为 %

依据美国标准 ASTM D3201—2007 *Standard Test Method for Hygroscopic Properties of Fire-retardant Wood and Wood-based Products* 检测阻燃胶合板的吸湿性。将试样在温度（27 ± 2）℃、相对湿度（92 ± 2）% 条件下连续处理 7 天，测试试样含水率的变化，结果如表 5-5 所示。经吸湿处理后，阻燃胶合板的含水率明显增加，含水率增幅大于未处理胶合板，这主要是由于磷酸铵盐类阻燃剂在高湿条件下具有较强的吸湿性。三种阻燃胶合板经吸湿处理后含水率及其增幅接近，表明三种阻燃剂的吸湿性基本一致。按照 AWPA U1—2011*User Specification for Treated Wood* 的评价，吸湿处理后含水率小于 28% 的阻燃木质材料可用作室内材料，本试验中制备的三种阻燃胶合板均满足要求。

表 5-5　阻燃胶合板的吸湿性

阻燃处理	含水率 /%		增幅 /%
	吸湿处理前	吸湿处理后	
空白	8.91（0.45）	16.44（0.28）	84.51
PNB-1	9.48（1.13）	23.09（2.87）	143.57
PNB-2	9.26（0.21）	22.01（3.37）	137.69
PNB-3	9.31（0.22）	22.54（6.71）	142.11

综合考虑，确定选用由磷酸二氢铵、磷酸氢二铵及硼酸配制的 PNB-1 阻燃剂制备桉木阻燃胶合板。

二、浸渍工艺对单板载药率的影响

单因素试验结果表明（图 5-2），随着处理液浓度、浸渍时间和处理液温度的增加，单板载药率明显增大；而随着单板厚度和含水率的增加，单板载药率呈减小趋势；热水浸渍预处理温度大小对单板载药率没有表现出显著的影响。为了改善桉木单板的渗透性，提高单板载药率，应该重点控制处理液浓度、浸渍时间和处理液温度 3 个因素。其中处理液温度对单板载药率的作用尤为明显，当处理液温度在 60~75℃时，平均载药率能达到 12% 左右；而温度升至 90℃时，单板载药率超过了 18%。

在纤维饱和点以内，单板含水率的增加会延缓单板对阻燃剂的吸收，但作用较小，在实际生产中可以不予重点考虑。另外，单板经热水浸渍抽提预处理后，其载药率由 4%~6% 提高至 8%~10%。但预处理温度的升高并不能明显增加单板载药率，表明热水预处理对单板吸收阻燃剂的促进作用有限，同时此方法实际操作时较为复杂，因此不建议用于改善桉木单板的渗透性方面。

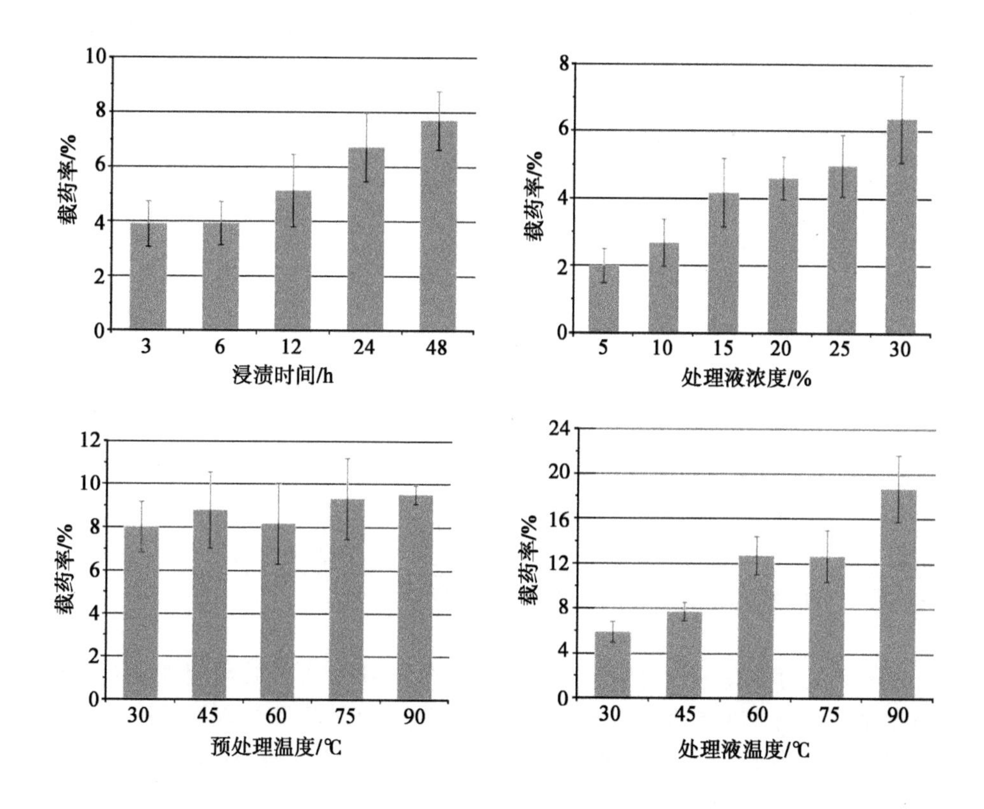

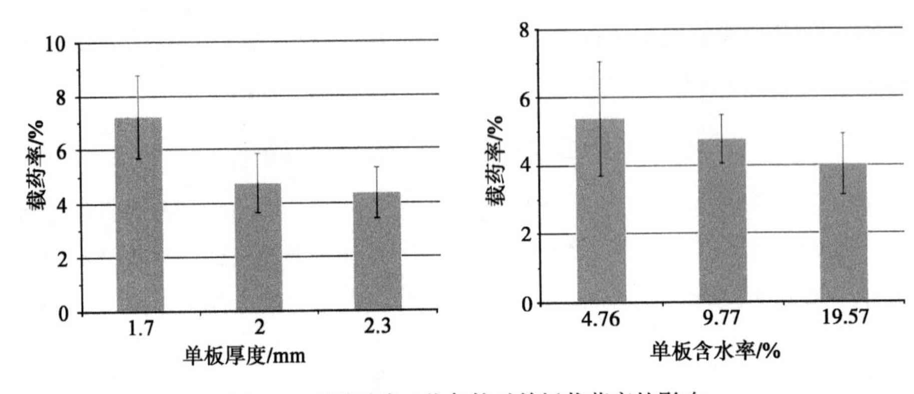

图5-2　不同浸渍工艺条件对单板载药率的影响

图中柱形图上细线条代表正、负标准偏差

选取处理液浓度、浸渍时间和处理液温度 3 个重要因素进行正交试验，结果如表 5-6 所示。由极差大小可知，影响单板载药率的工艺条件顺序为处理液浓度>处理液温度>浸渍时间。由 k 值可选出最优方案为处理液浓度 30%、浸渍时间 12h、处理液温度 50℃。该组条件在试验中存在，为第 9 号试验，其单板载药率达到 13.47%。

表 5-6　正交试验结果

试验号	处理液浓度 /%	浸渍时间 /h	处理液温度 /℃	载药率 /%
1	10	3	30	2.48（16.15）
2	10	6	50	3.81（5.44）
3	10	12	70	7.25（29.86）
4	20	3	50	6.35（26.86）
5	20	6	70	8.14（7.18）
6	20	12	30	5.83（36.31）
7	30	3	70	11.93（17.33）
8	30	6	30	6.78（41.35）
9	30	12	50	13.47（19.06）
k_1	4.51	6.92	5.03	—
k_2	6.77	6.24	7.87	—
k_3	10.73	8.85	9.10	—
R	6.21	2.60	4.07	—

注：括号内为变异系数，单位为 %

对数据进行方差分析可知，在显著性水平 α=0.05 下，处理液浓度对单板载药率有显著影响；在显著性水平 α=1.00 下，处理液浓度和处理液温度对单板载药率均有显著影响；浸渍时间对单板载药率无显著影响。表明在试验所选取的试验水平范围内，影响单板载药率的工艺条件顺序为处理液浓度>处理液温度>浸渍时间，这与极差分析结果一致。试验中发现，温度在70℃时，处理液中有刺激性气体溢出，推测其为磷酸铵盐在较高温度下分解产生的氨气。后续进一步试验发现，当PNB-1溶液温度升至约60℃时，开始有刺激性气体产生，因此建议处理液温度不超过60℃。处理液浓度是最重要的影响因子，同时也容易调整，在实际生产过程中可用来控制载药率。浸渍时间在温度超过30℃时对单板载药率无显著影响。

三、树种及阻燃剂类别对单板载药率的影响

分别选用杨木单板和市售FRS阻燃剂作为对照，研究树种和阻燃剂类别对单板载药率的影响。图5-3表明，在相同浸渍工艺条件下，经两种阻燃剂处理后的杨木单板载药率均比桉木单板高约6%；经10%阻燃溶液处理的杨木单板载药率与经20%阻燃溶液处理的桉木单板载药量接近。可见，杨木单板在实际生产过程中较桉木单板更易于获得较高的载药量。这主要是由于桉木密度较杨木大，同时抽提物含量较多，因此渗透性较差。另外，FRS阻燃剂处理的单板载药量较PNB-1阻燃剂高约3%，表明FRS阻燃剂具有较好的渗透性。

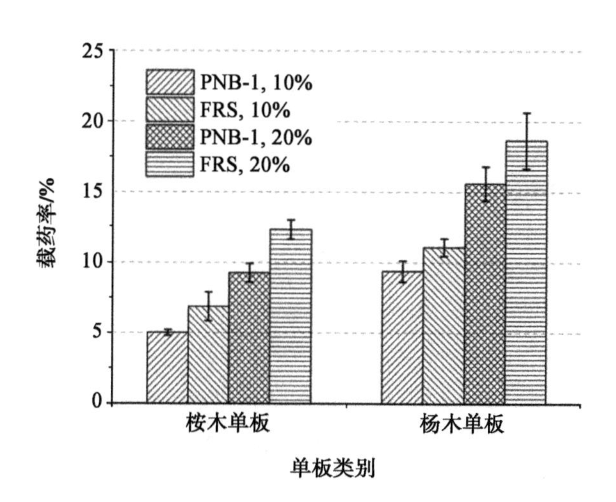

图5-3 桉木单板与杨木单板载药率对比

“PNB-1，10%”“PNB-1，20%”分别表示浓度为10%、20%的PNB-1处理液

“FRS，10%”“FRS，20%”分别表示浓度为10%、20%的FRS处理液

四、胶黏剂类别对胶合性能的影响

MUF1 和 MUF2 均为三聚氰胺改性脲醛树脂胶黏剂，其中 MUF2 三聚氰胺用量较多，耐水性能较好。在相同工艺条件下，利用两种胶黏剂制备的桉木阻燃胶合板在胶合性能上表现出显著差异（表 5-7）。MUF2 组胶合强度值达到了 MUF1 组的两倍，其木破率也远大于 MUF1 组；MUF2 组试样Ⅱ类胶合强度达到了国家标准中的要求，MUF1 组则未能达标。这表明利用性能较优的三聚氰胺改性脲醛树脂胶黏剂，在无需调整胶合板生产工艺的条件下，可以制备Ⅱ类胶合性能符合国家标准规定的桉木阻燃胶合板。

表 5-7　MUF1 和 MUF2 胶合性能对比

胶黏剂	单板载药率 /%	胶合强度 /MPa	木破率 /%
MUF1	9.20（18.07）	0.44（16.38）	10（72.90）
MUF2	9.20（18.07）	0.80（5.82）	26（67.88）

注：括号内为变异系数，单位为 %

综上所述可知，由磷酸二氢铵、磷酸氢二铵及硼酸配制的 PNB-1 阻燃剂是阻燃效果较优的 FR-2 型阻燃剂。在浸渍处理单板过程中，应该重点控制处理液浓度、浸渍时间和处理液温度 3 个因素，提高桉木单板载药率。依据常规胶合板生产工艺，可以利用性能较好的三聚氰胺改性脲醛树脂胶黏剂，制备符合国家标准中Ⅱ类胶合板要求的阻燃桉木胶合板。

第三节　阻燃处理对胶合板物理力学性能的影响

现行标准 GB/T 9846—2015《普通胶合板》对胶合板的含水率、胶合强度、甲醛释放量、静曲强度和弹性模量等物理力学性能指标做出了规定。同时，某些应用场合对胶合板的静曲强度和弹性模量等性能也有一定的要求，如 GB/T 18103—2000《实木复合地板》要求实木复合地板静曲强度≥ 30MPa，弹性模量≥ 4000MPa。阻燃处理可能会改变单板性能及胶黏剂固化性能，进而影响胶合板的物理力学性能。因此，本章对比分析了处理及未处理胶合板的多项重要物理力学性能，并分析了阻燃处理对单板胶合性能及胶黏剂固化性能的影响，探讨了阻燃处理对胶合板物理力学性能产生影响的原因。

桉木和杨木是目前我国胶合板生产中最常用的两种原料。因此，研究以杨木阻燃胶合板作为对照，分析了桉木阻燃胶合板的特点。同时，利用 PNB-1 和 FRS 两种阻燃剂制备桉木阻燃胶合板，对比分析了两种阻燃剂对胶合板物理力学性能的影响。

一、阻燃胶合板性能分析

表 5-8 表明，试验中桉木阻燃胶合板胶合强度及含水率均满足国家标准中Ⅱ类胶合板的要求。宋斐等（2010）表明，磷酸铵盐类阻燃剂会降低胶合板的甲醛释放量。本试验中所用胶黏剂游离醛含量仅为 0.05%，因此可以预计桉木阻燃胶合板的甲醛释放量可以满足室内用材的要求。桉树木材密度较大，桉木胶合板密度（622.13kg/m^3）也明显大于杨木胶合板（493.51kg/m^3）。阻燃处理胶合板与对照试样相比，由于阻燃剂的填充作用，其密度增加了 4.5%~8.5%。

表 5-8　胶合板试样基本性能

试样编号[①]	载药率 /%	含水率 /%	密度 /（kg/m^3）	胶合性能	
				胶合强度 /MPa	木破率 /%
E-C	—	7.92（0.74）	622.13（2.85）	1.25 A[②]（2.07）	80（5.18）
E-1	8.38（18.20）	8.96（1.17）	675.06（1.39）	0.82 C（5.48）	49（23.21）
E-2	10.95（12.69）	7.90（0.08）	650.09（0.90）	0.76 C（5.46）	39（17.59）
Y-C	—	7.66（0.72）	493.51（3.65）	1.17 A（3.94）	88（3.48）
Y-1	7.42（26.43）	8.59（0.94）	522.98（1.59）	0.91 B（6.84）	65（3.39）

注：① E-C、E-1、E-2、Y-C 和 Y-1 分别代表桉木试样、PNB-1 阻燃剂处理桉木试样、FRS 阻燃剂处理桉木试样、杨木试样和 PNB-1 阻燃剂处理杨木试样；②同类子集，每列中相同的字母表示依据 Duncan 多范围检验（α=0.05），各试样之间不存在统计上的显著性差异；括号内数据为变异系数，单位为 %

经 PNB-1 阻燃剂处理后，杨木和桉木两种阻燃胶合板的胶合强度及木破率均明显小于相应普通胶合板，但杨木胶合板差值较小，说明阻燃处理对杨木胶合板的胶合性能影响较小。同时，杨木阻燃胶合板的胶合强度和木破率均明显高于桉木阻燃胶合板，表现出更好的胶合性能。利用 FRS 阻燃剂制备的桉木阻燃胶合板胶合强度和木破率略小于利用 PNB-1 阻燃剂制备的桉木阻燃胶合板，但 Duncan 多范围检验结果表明两者差异不明显，表明两种阻燃剂对胶合板胶合性能的影响相似。

然而，阻燃处理对胶合板试样静曲强度及弹性模量的影响因树种和阻燃剂类别变化而有所不同（表 5-9）。对其均值进行直观比较：PNB-1 桉木阻燃胶合板静曲强度比对照桉木胶合板试样（E-C）小 6.9MPa，但其弹性模量略大于对照试样；FRS 桉木阻燃胶合板静曲强度和弹性模量分别比对照试样小 9.9MPa 和 6.8GPa；而 PNB-1 杨木阻燃胶合板静曲强度和弹性模量分别比对照杨木胶合板试样大 3.7MPa 和 0.55GPa。Duncan 多范围检验结果表明，同一树种试样间的静曲强度和弹性模量均不存在显著性差异，表明阻燃处理未对胶合板的静曲强度及弹性模量产生显著影响。原因可能是：胶合板的静曲强度和弹性模量与其胶合强度和密度均存在一定正相关性，阻燃处理一方面降低了胶合板的胶合强度，但另一方面增加了其密度，在二者的相互影响下阻燃处理并未表现出显著影响。PNB-1 桉木阻燃胶合板与 PNB-1 杨木阻燃胶合板相比，静曲强度无显著性差异，但弹性模量明显较高。

表 5-9　胶合板试样静曲强度及弹性模量

试样编号	静曲强度 /MPa	弹性模量 /GPa
E-C	51.9 A（13.40）	5.60 AB（11.03）
E-1	45.0 AB（20.70）	5.73 A（7.20）
E-2	42.0 AB（19.59）	4.92 ABC（10.58）
Y-C	38.9 B（3.72）	4.09 C（3.07）
Y-1	42.6 AB（3.26）	4.64 BC（15.82）

注：试样编号代表含义见表 5-8 表注；每列不同字母表示在统计学上差异显著；括号内数据为变异系数，单位为 %

二、阻燃处理对单板质量的影响

单板质量的好坏关系到胶合板的质量。评价单板质量的指标主要包括单板厚度标准偏差、单板背面裂缝、单板背面光洁度和单板横纹抗拉强度（陆仁书，1993）。本研究中选取单板厚度标准偏差来评价单板厚度的均匀性，同时利用粗糙度测定仪评价了单板表面粗糙度。结果（表 5-10）表明，阻燃处理后的单板厚度标准偏差值均有所增加，但与对照组单板相比差异并不显著，说明阻燃处理及二次干燥未对单板厚度均匀性带来显著影响。而在对单板表面粗糙度的测试中（表 5-11）发现，除 PNB-1 阻燃剂显著增大桉木单板正面 R_z 值和 R_y 值及杨木单板正面 R_y 值外，阻燃处理对单板其他指标均无显著影响。总的来说，阻燃处理未对单板表面粗糙度产生显著影响。

表 5-10　单板厚度标准偏差

试样编号	厚度 /mm	标准偏差 /mm
E-C	1.72（4.65）	0.09 AB（67.34）
E-1	1.76（4.59）	0.14 A（89.90）
E-2	1.75（3.20）	0.10 AB（66.13）
Y-C	1.73（1.36）	0.03 B（34.38）
Y-1	1.76（3.24）	0.05 AB（25.03）

注：试样编号代表含义见表 5-8 表注；每列不同字母表示在统计学上差异显著；括号内数据为变异系数，单位为 %

表 5-11　单板表面粗糙度

试样编号	单板正面			单板背面		
	R_a/μm	R_z/μm	R_y/μm	R_a/μm	R_z/μm	R_y/μm
E-C	5.97 B（11.24）	35.47 C（6.76）	51.99 C（4.64）	7.32 B（7.47）	44.53 B（8.05）	63.63 B（6.82）
E-1	6.50 B（7.61）	39.9 8B（5.50）	58.97 B（2.63）	6.91 B（11.35）	43.60 B（10.15）	69.25 AB（9.59）
E-2	6.16 B（5.36）	37.44 BC（4.30）	52.52 C（3.93）	7.09 B（7.50）	44.29 B（7.84）	63.67 B（5.81）
Y-C	7.89 A（11.56）	45.92 A（6.77）	58.76 B（7.52）	8.79 A（5.49）	51.46 A（3.16）	66.90 AB（5.20）
Y-1	7.78 A（13.86）	46.82 A（9.46）	63.29 A（5.17）	9.21 A（10.64）	53.92 A（7.08）	71.78 A（2.87）

注：试样编号代表含义见表 5-8 表注；每列不同字母表示在统计学上差异显著；括号内数据为变异系数，单位为 %

试验中还发现，桉木单板的厚度均匀性较杨木单板差。单板厚度均匀性越差，涂胶时单板各处涂胶量不同，胶固化干缩时易产生不均匀的内应力（陆仁书，1993），可能会对胶合板的胶合性能产生不利影响，这可能是桉木胶合板胶合性能较杨木胶合板差的原因之一。而杨木单板表面粗糙度明显大于桉木单板，这可能是由于杨树木材密度较小，在原木旋切过程中其木纤维更易于撕裂，产生较多微观不平的沟痕和凸起。然而，在单板表面粗糙度测试过程中，尽量避开了桉木单板表面毛刺、沟痕明显的部位及节子附近区域，因此表面粗糙度结果主要衡量了单板表面较为光滑部分的微观不平度。从宏观观察上来看，桉木单板表面与杨木单板相比存在较多明显的毛刺和沟痕，同时其节子数量较多，这些很有可能会影响桉木单板之间良好胶接界面的形成，进而影响胶合板的胶合性能。

三、阻燃处理对木材 pH 及缓冲容量的影响

木材 pH 及缓冲容量与胶合板胶合强度存在一定的联系（鲍甫成等，1998），这可能是由于在胶黏剂固化过程中，木材的酸碱性及缓冲容量影响胶的固化速率及固化程度。质量分数为 20% 的 PNB-1 阻燃剂和 FRS 阻燃剂的 pH 分别为 6.52 和 6.86，明显高于桉木单板（pH 5.37），因此，经两种阻燃剂处理后单板的 pH 均明显增大（表 5-12）。由于 pH 的升高，需要更多的酸性催化剂才能使溶液 pH 降低至 3，因此对酸缓冲容量也随之增大。杨木单板的 pH 明显高于桉木单板，其对酸缓冲容量也相应地大于桉木单板。

表 5-12 单板 pH 及缓冲容量

试样编号	pH	对酸缓冲容量 /ml
E-C	5.37	13.96
E-1	6.44	137.44
E-2	5.87	19.39
Y-C	6.64	33.05
Y-1	6.61	120.73

然而，pH 和对酸缓冲容量增大的幅度在两种阻燃剂之间表现出较大差异。其中经 PNB-1 阻燃剂处理后的桉木单板对酸缓冲容量达到了 137.44ml，远远超过桉木单板的 13.96ml 及 FRS 处理桉木单板的 19.39ml。同时，PNB-1 处理杨木单板的对酸缓冲容量（120.73ml）也远大于杨木单板（33.05ml）。这是因为 PNB-1 阻燃剂中含有大量的磷酸根、磷酸氢根、$NH_3 \cdot H_2O$ 等对酸具有较大缓冲能力的离子和分子，增大了溶液对酸的缓冲能力。PNB-1 处理的两种单板中，桉木单板的对酸缓冲容量较高，可能是由于桉木单板载药率（8.38%）高于杨木单板（7.42%），从而在其提取液中含有更多具有较大缓冲能力的磷酸铵盐。FRS 阻燃剂 pH 比 PNB-1 阻燃剂高 0.34，但 FRS 处理桉木单板 pH 较 PNB-1 处理桉木单板低 0.57，这也可能是由于 PNB-1 中磷酸铵盐的缓冲能力较大，阻止了溶液 pH 的进一步降低。

四、阻燃处理对胶黏剂固化时间的影响

胶黏剂的固化时间经实验室测定为 187.41s，添加各种木粉后胶黏剂的固化时间如表 5-13 所示。胶黏剂添加木粉后，其固化时间均有所减少。其中 FRS 处理桉木木粉下降约 18%，下降幅度最大；杨木木粉下降约 5%，下降幅度最小。固化时间的减少可能是由于木粉呈酸性，促进了树脂的缩聚反应（Cheng and Wang，2011）。然而，固化时间的变化幅度并未与本节第三部分中木粉的 pH 大小变化呈一致规律：PNB-1 和 FRS 处理桉木单板 pH 较对照桉木单板分别增加了 1.07 和 0.50，而添加了两种阻燃剂处理桉木木粉的胶黏剂固化时间与添加桉木木粉的胶黏剂相比，分别缩短了 12.05s 和 16.72s；PNB-1 处理杨木单板 pH 与对照杨木单板接近，但其相应的固化时间比对照组减少了 18.59s。这表明阻燃剂对胶黏剂固化的促进作用大于木粉。

表 5-13　添加木粉后胶黏剂的固化时间

木粉种类	固化时间 /s
桉木木粉	169.80
PNB-1 处理桉木木粉	157.75
FRS 处理桉木木粉	153.08
杨木木粉	178.23
PNB-1 处理杨木木粉	159.64

热压过程中，胶黏剂固化时间的缩短可能会阻碍胶黏剂渗透到木材组织中，减少胶液与木材组织之间的表面接触，对胶合性能带来不利影响（Kamke and Lee，2007）。阻燃处理后的单板表面存在部分阻燃剂，涂胶后会溶解于胶液中，可能加速胶黏剂的固化，使阻燃胶合板的胶合强度低于普通胶合板。PNB-1 处理桉木木粉和 PNB-1 处理杨木木粉对胶黏剂固化时间的影响接近，表明阻燃处理对胶黏剂固化时间的影响不是桉木阻燃胶合板和杨木阻燃胶合板胶合性能存在差异的主要原因。

综上所述，PNB-1 阻燃剂增大了桉木单板的 pH 和对酸缓冲容量，缩短了胶黏剂的固化时间，影响了热压过程中胶黏剂的固化，显著降低了桉木胶合板的胶合强度。PNB-1 阻燃剂对桉木胶合板的静曲强度和弹性模量未表现出显著性影响。PNB-1 桉木阻燃胶合板与相应杨木阻燃胶合板相比，胶合强度较低，弹性模量明显较高，静曲强度无显著性差异。

第四节　阻燃处理对胶合板燃烧性能的影响

阻燃胶合板相关性能可分成两类，一是其作为胶合板所表现出的基本物理力学性能，二是其作为功能人造板所具备的燃烧特性。上一节中主要分析了阻燃处理对胶合板物理力学性能的影响，本节内容将研究阻燃处理对胶合板燃烧性能的影响。

目前，用于评价材料燃烧性能的试验方法有很多，其中以氧耗原理为基础的锥形量热仪法是应用最普遍并得到广泛认可的先进测试方法（郝权等，2009；李斌和王建祺，1998）。锥形量热仪是由 Babrauskas 等于 1982 年最先开发设计而成的，与氧指数法、美国保险商测试标准（UL 水平）和垂直燃烧法及 NBS 烟箱法等传统小型试验方法相比，其试验结果与大型燃烧试验结果之间相关性最好，同时还具有操作简单、成本适中等特点（Babrauskas，1984；王庆国等，2003）。近年来，锥形量热仪在胶合板燃烧性能相关研究中（杨昀等，2006；胡景娟等，2008；王奉强等，2012；Gratkowski et al.，2006；Lee et al.，2011）的应用不断增加。

同时，热分析方法因具备简便、快捷、有效等优点，也常用于木质材料燃烧和阻燃方面的研究（卫佩行等，2012）。热重法（TG）是热分析方法中最常用的一种方法，它是指在程序控温条件下，测量物质的质量与温度（或时间）关系的一种技术。通过分析热重曲线，不仅可以获得不同热解阶段试样失重信息来评价试样阻燃性能，同时还能进行活化能等热动力学参数的计算（胡云楚和刘元，2003；高明等，2007；Yorulmaz and Atimtay，2009），进而来分析阻燃剂的阻燃机理。

本节研究中利用锥形量热仪和热重分析仪分析了阻燃处理对胶合板燃烧性能的影响，并在研究过程中对比分析了 PNB-1 处理桉木和杨木两种阻燃胶合板的阻燃、发烟性能，以及 PNB-1 和 FRS 两种阻燃剂对桉木胶合板的阻燃效果。

一、释热性能

热释放速率（heat release rate，HRR）是表征火灾强度的最重要性能参数（王庆国等，2003；Babrauskas and Peacock，1992）。从图 5-4 可以看出，经阻燃处理后胶合板试样的热释放速率均显著降低，释热峰明显减弱。在试验过程中发现，PNB-1 处理桉木胶合板及 PNB-1 处理杨木胶合板均存在中途熄灭后被二次引燃的现象，因此在 HRR 曲线上两个释热峰之间出现了较长一段热释放速率接近零的平缓曲线，表明 PNB-1 阻燃剂对胶合板的燃烧及火焰传播具有很好的抑制作用。而 FRS 处理桉木胶合板在测试过程中持续燃烧，在绝大部分时间内其热释放速率明显高于 PNB-1 处理桉木胶合板。就对热释放速率的减缓效果而言，PNB-1 阻燃剂阻燃效果优于 FRS 阻燃剂。

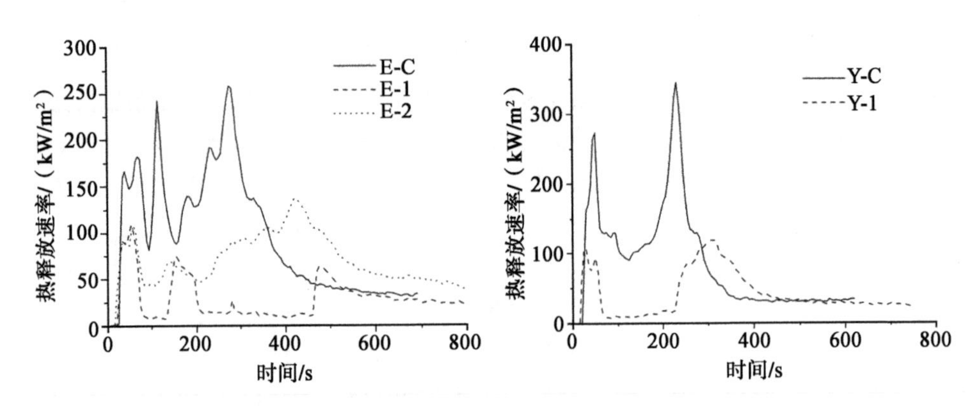

图5-4　胶合板试样热释放速率（HRR）曲线

图中 E-C：桉木对照试样；E-1：PNB-1 处理桉木试样；E-2：FRS 阻燃剂处理桉木试样；Y-C：杨木对照试样；Y-1：PNB-1 处理杨木试样

木质材料 HRR 曲线中通常会出现两个主要释热峰（陈志林等，2011；陈志林和李双昌，2010；李坚等，2002；王奉强等，2012；吴玉章和原田寿郎，2005）：在燃烧初始阶段，表层材料被引燃而迅速放热，形成第一个释热峰；随后，逐渐形成的炭化层暂时起到隔热作用，火势变小，热释放速率减小，但在辐射热源的持续作用下，炭化层会逐渐开裂，暴露出下层未炭化材料，火势再度扩大而形成第二个释热峰。胶合板由于具备多层结构，其燃烧过程与实木板材存在差异，因此其 HRR 曲线稍显复杂，但就总体趋势而言，仍可将其分成两个阶段进行分析。两个阶段试样热释放速率峰值及其相应出现时间如表 5-14 所示。在第一阶段，三种阻燃胶合板峰值接近，与对照样相比下降 55%~60%；杨木胶合板峰值略大于桉木胶合板。在第二阶段，PNB-1 处理桉木胶合板峰值最低，与对照样相比下降了 75.48%；PNB-1 处理杨木胶合板和 FRS 处理桉木胶合板峰值接近，较对照试样分别降低 64.85% 和 46.90%；杨木胶合板峰值最高，比桉木胶合板对照样高出 34.0%。同时，与对照样相比，阻燃胶合板峰值出现时间在第一阶段均有所提前，而在第二阶段均明显延后，表明阻燃处理促使木材提前分解，但同时又能延缓木材第二阶段的放热过程。桉木胶合板及 PNB-1 处理桉木胶合板峰值出现时间均明显晚于对应杨木试样。

表 5-14　胶合板试样热释放速率峰值及相应时间

试样编号	HRR 峰值 /（kW/m²）		峰值出现时间 /s	
	第一阶段	第二阶段	第一阶段	第二阶段
E-C	242.82	257.90	115	275
E-1	108.80	63.23	55	475
E-2	108.85	136.94	60	420
Y-C	273.06	345.52	50	230
Y-1	107.43	121.46	25	310

与热释放速率变化情况相似，阻燃处理后胶合板总热释放量（total heat release，THR）显著减少。表 5-15 给出了不同燃烧时期内各试样释热量情况。由表可知，在燃烧初期（3min 内）和燃烧中期（3~5min），阻燃处理试样释热量明显小于对照试样，两个阶段释热量最小的分别是 PNB-1 处理杨木胶合板和 PNB-1 处理桉木胶合板；而在燃烧后期（5~10min），仅 PNB-1 处理桉木胶合板释热量明显小于对照试样，其他两种阻燃处理胶合板释热量均大于对照试样。就对释热量的抑制效果而言，PNB-1 阻燃剂阻燃效果优于 FRS 阻燃剂，而 PNB-1 处理桉木胶合板阻燃性能优于 PNB-1 处理杨木胶合板。

表 5-15　不同燃烧阶段胶合板试样总热释放量

试样编号	总热释放量 / (MJ/m^2)				
	3min	3~5min	5min	5~10min	10min
E-C	21.31	21.97	43.27	20.05	63.32
E-1	7.45	2.57	10.02	7.77	17.79
E-2	10.50	8.12	18.62	28.08	46.70
Y-C	20.58	21.69	42.27	10.72	52.99
Y-1	4.91	7.07	11.98	15.07	27.05

二、引 燃 时 间

引燃时间越长，表明材料越不容易被点燃，引发火灾的可能性也越小。桉木胶合板引燃时间最长，在 21s 左右。杨木胶合板引燃时间比桉木胶合板少 4s 左右，这主要是因为杨木木材密度明显小于桉树木材（杨昀等，2006）。阻燃处理后，胶合板试样引燃时间均减小，与本章第二节中引燃时间的研究结果一致。引燃时间的变化主要取决于阻燃剂种类及用量（吴玉章和原田寿郎，2005；Terzi et al.，2011）。引燃时间的减少主要是由于 PNB-1 和 FRS 两种阻燃剂对木材的初期热解起到了促进作用，这与锥形量热仪测试中阻燃胶合板在燃烧初始阶段释热峰提前出现的研究结果相符。PNB-1 处理后的两种胶合板引燃时间较对照试样减少 3~4s，变化幅度较小，而 FRS 处理后桉木胶合板引燃时间减少了 9s，说明 PNB-1 阻燃剂处理后桉木胶合板的阻燃性优于 FRS 处理后桉木胶合板。

三、发 烟 性 能

对于多数火灾而言，烟气是造成人员伤亡的主要因素（黄锐等，2002），而使用燃烧时发烟小的材料是降低建筑火灾中烟气浓度的重要措施（刘艳军，2008）。因此，理想的阻燃剂不仅要能阻止和延缓材料的燃烧，还应该抑制烟尘及有毒气体的产生。火灾中产生的烟气成分复杂，其中 CO 是最主要的毒性气体（Alarie，2002）；CO_2 会产生窒息性效应使人缺氧，并引起呼吸频率加快，从而加速毒性效应（黄锐等，2002）。

从胶合板试样烟生成速率及烟生成总量曲线（图 5-5）中可以看出，两种对照胶合板试样烟生成速率曲线形成两个主要的峰形，与其热释放速率曲线相对应，二者的烟生成总量曲线变化趋势和数值大小基本一致。FRS 处理桉木胶合板在整个燃烧过程中烟生成速率一直很小，烟生成总量增长非常缓慢，显著低于其他胶合板试样，表明 FRS 阻燃剂对桉木胶合板具有很好的抑烟效果。而 PNB-1 阻燃剂明显降低了桉木胶合板引燃前的强发烟速度，却提高了其第二个主要发烟过程的强度，使胶合板烟生成总量在燃烧后期明显增大。PNB-1 处理后的杨木胶合板两个烟生成速率峰值均有所降低，但烟生成总量变化不明显。

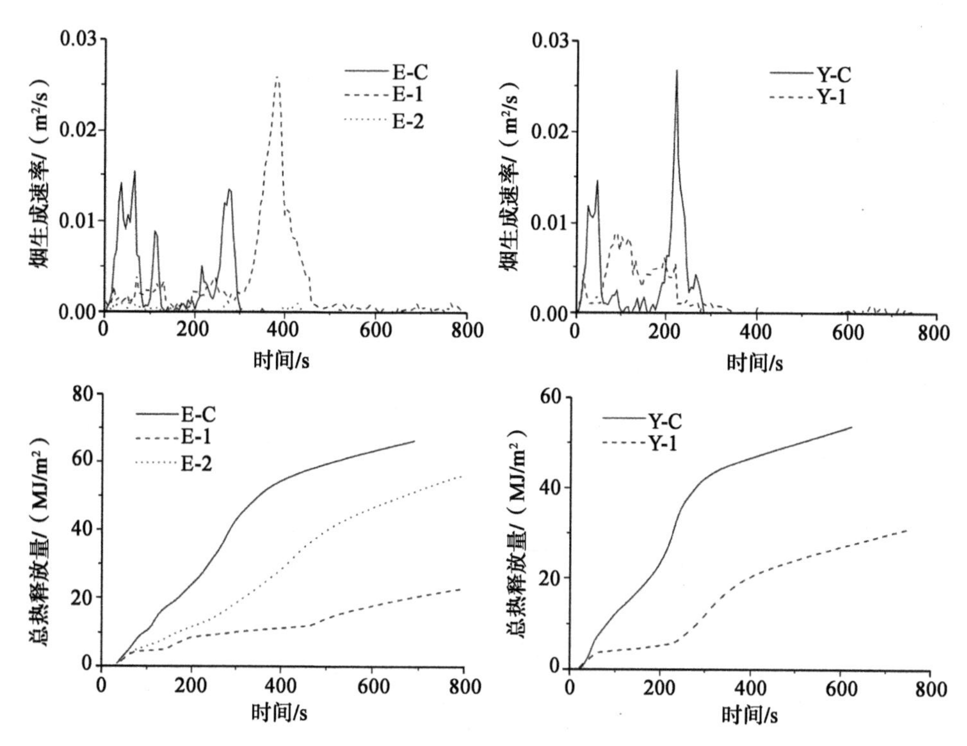

图5-5 胶合板试样烟生成速率及烟生成总量曲线

图中 E-C：桉木对照试样；E-1：PNB-1 处理桉木试样；E-2：FRS 阻燃剂处理桉木试样；Y-C：杨木对照试样；Y-1：PNB-1 处理杨木试样

胶合板试样 CO 及 CO_2 生成速率在测试过程中的变化情况如图 5-6 所示。由图 5-6 看出，未处理桉木胶合板和杨木胶合板试样 CO 生成速率变化趋势及数值大小基本一致，曲线形状与王清文等（2002）研究中红松、紫椴素材的 CO 浓度曲线一致，主要可分成两个阶段：在第二个释热峰以前（有焰燃烧阶段），CO 生成速率较小，在 0.002g/s 附近波动；到了第二个释热峰末段（桉木胶合板 350s 左右，杨木胶合板 300s 左右），CO 生成速率显著增加，释热峰消失以后（红热燃烧阶段）在 0.004~0.005g/s 波动。阻燃处理后，胶合板试样 CO 生成情况发生了明显变化。经 PNB-1 阻燃剂处理的两种胶合板，CO 生成速率曲线均出现了峰值（显著高于对照试样的一个宽平峰），其时间区域大致在两个释热峰之间。这段时间阻燃剂较好地抑制了木材的燃烧，使试样的热释放速率显著降低，导致木材热解产生的气体燃烧不充分，生成大量 CO。而 FRS 阻燃处理虽然降低了桉木胶合板第二阶段的 CO 生成量，但也增加了其第一阶段的 CO 生成量。

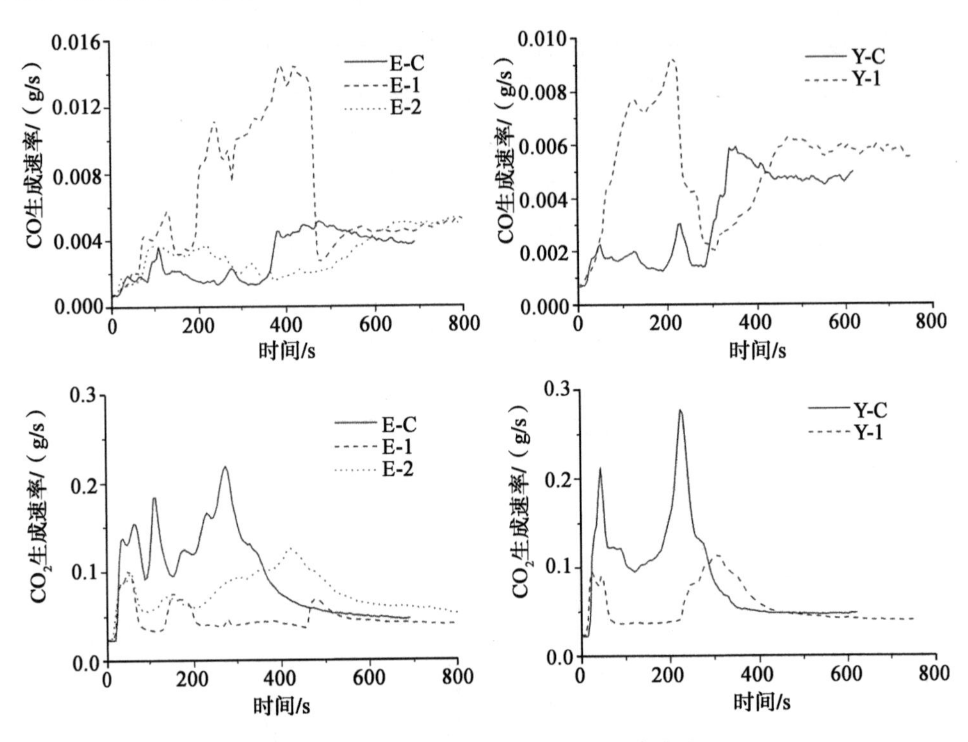

图5-6 胶合板试样CO及CO_2生成速率曲线

图中 E-C：桉木对照试样；E-1：PNB-1 处理桉木试样；E-2：FRS 阻燃剂处理桉木试样；Y-C：杨木对照试样；Y-1：PNB-1 处理杨木试样

各试样 CO_2 生成速率变化趋势与相应热释放速率曲线变化趋势始终保持一致，表明木材燃烧过程中 CO_2 主要是在热量供给充足、燃烧充分的条件下生成。与对热释放速率的影响类似，阻燃处理显著降低了胶合板的 CO_2 生成速率及 CO_2 生成总量。

四、火焰传播指数预测

锥形量热仪还可用于预测美国建筑材料表面燃烧性能评价标准 ASTM E84 *Standard Test Method for Surface Burning Characteristics of Building Materials* 中的火焰传播指数（FSI）（Terzi et al.，2011；White and Dietenberger，2004）。White 和 Dietenberger（2004）建立了 FSI 与热释放速率峰值、总热释放量及引燃时间的模型。在模型建立过程中，可以得出试样的火灾发展倾向图（图 5-7）。首先由公式（5.1）计算得到整体倾向参数（γ，bulk propensity parameter）。其次，依据公式（5.2）计算加速参数（β，acceleration parameter），利用 β=0 和 β=0.184 两条曲线来判断试样的阻燃等级。最后，由 β 可求出 FSI 预测值 [公式（5.3）]。

本试验中建模所用参数及 FSI 预测结果如表 5-16 所示。

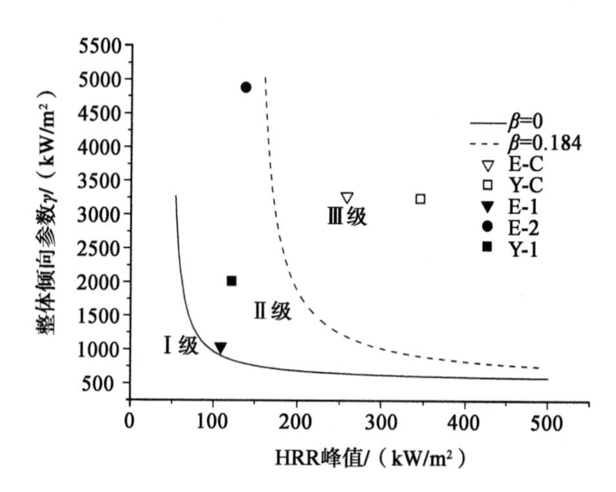

图5-7　FSI预测模型中胶合板试样火灾发展倾向

Ⅰ级、Ⅱ级、Ⅲ级表示建筑材料阻燃性能的分级，Ⅰ级 FSI ≤ 25；Ⅱ级 26 ≤ FSI ≤ 75；Ⅲ级 76 ≤ FSI < 200

表 5-16　桉木和杨木阻燃胶合板 FSI 预测值

试样编号	引燃时间 /s	HRR 峰值 /（kW/m²）	总热释放量 /（MJ/m²）	β	FSI
E-C	21	257.90	56.06	0.321	> 200①
E-1	18	108.80	15.22	0.015	30.61
E-2	12	136.94	47.78	0.144	57.50
Y-C	17	345.52	44.98	0.458	> 200
Y-1	13	121.46	21.32	0.083	41.93

注：①为计算值超出模型中 FSI 预测值的上限（Terzi et al., 2011）

$$\gamma=[Q_{\mathrm{T}}（12.5/\delta）]/（4t_{\mathrm{i}}/\pi） \tag{5.1}$$

式中，Q_{T} 为总热释放量（$\mathrm{MJ/m^2}$）；δ 为试样厚度（mm）；t_{i} 为引燃时间（s）。

$$\beta = b+cQ_{\mathrm{p}}-Q_{\mathrm{p}}/\gamma \tag{5.2}$$

式中，b、c 分别取 −0.085、0.001 88；Q_{p} 为热释放速率峰值（$\mathrm{kW/m^2}$）；γ 为整体倾向参数（$\mathrm{kW/m^2}$）。

$$\mathrm{FSI} = -31.25\ln（0.4-1.67\beta） \tag{5.3}$$

式中，β 为加速参数。

美国建筑法规中依据 FSI 将建筑材料阻燃性能分成三级：Ⅰ级（FSI ≤ 25）、Ⅱ级（26 ≤ FSI ≤ 75）、Ⅲ级（76 ≤ FSI < 200）。由图 5-7 和表 5-16 可知，

与大部分普通木质产品类似（Terzi et al.，2011），未处理桉木和杨木胶合板FSI均超过200。然而，经处理桉木和杨木阻燃胶合板FSI均小于75，其阻燃性能达到Ⅱ级要求。这表明阻燃处理后，桉木和杨木胶合板阻燃性能显著提高。三种阻燃胶合板中，PNB-1桉木阻燃胶合板FSI最小，表现出更好的阻燃性能。

五、热分解特性

热分析测试所得TG及DTG曲线如图5-8所示，图中仅给出桉木及PNB-1处理桉木试样相关曲线，杨木试样曲线与桉木类似，其他两种阻燃处理试样曲线与PNB-1处理桉木试样类似。阻燃处理试样TG曲线变化趋势与对照试样一致。未处理试样DTG曲线在热分解第二阶段形成的峰形前半部分出现了一个小的平台，而阻燃处理后平台部分消失，表明阻燃处理改变了木材的热分解过程。

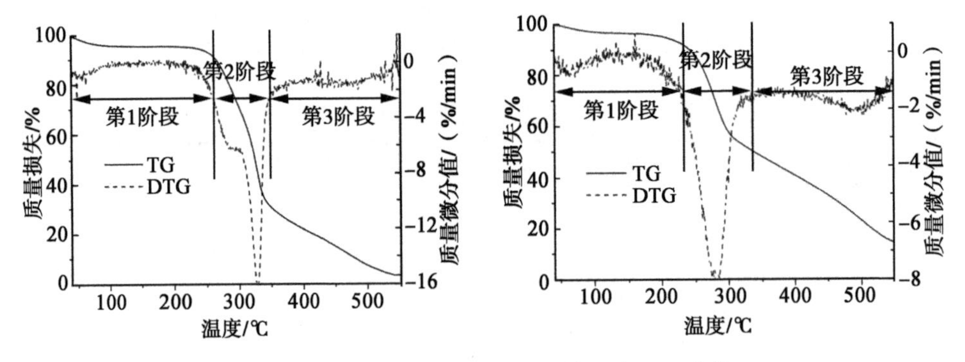

图5-8　桉木及PNB-1处理桉木试样TG及DTG曲线
左图为桉木试样，右图为PNB-1处理桉木试样

根据DTG曲线中质量损失速率的变化情况，可将试样热分解过程分成如图所示的三个阶段。第一阶段质量损失主要归因于水分及易挥发性物质的减少；第二阶段是主要热分解阶段，质量损失主要是由于试样在成炭过程中分解产生大量挥发性物质；第三阶段主要发生余炭的进一步氧化分解（Yorulmaz and Atimtay，2009）。各阶段的温度范围及质量损失情况如表5-17所示，表中还给出了热分解结束后试样的残炭率，从表中可以看出，桉木和杨木试样热解阶段温度区间及质量损失基本一致，表明两种木粉热分解过程基本相同。经PNB-1阻燃剂处理后的两种试样热分解情况也接近，说明PNB-1阻燃剂对两种木粉热分解过程的影响相似。

表 5-17　不同热分解阶段桉木和杨木样品的质量损失情况

试样编号	热解阶段	温度范围 /℃	失重率 /%	残炭率 /%
E-C	1st	40~250	6.77	3.13
	2nd	250~345	61.42	
	3rd	355~550	28.68	
E-1	1st	40~230	7.63	14.22
	2nd	230~305	36.44	
	3rd	305~550	41.71	
E-2	1st	40~205	7.14	3.18
	2nd	210~250	22.69	
	3rd	250~550	66.98	
Y-C	1st	40~245	6.04	2.30
	2nd	245~345	62.57	
	3rd	345~490	29.09	
Y-1	1st	40~220	8.36	14.59
	2nd	220~295	36.47	
	3rd	295~550	40.57	

注：1st、2nd、3rd 分别对应第 1 阶段、第 2 阶段、第 3 阶段

与对照试样相比，阻燃性能变化如下。

1）主要热解阶段提前，其对应温度区域明显变窄。经 PNB-1 和 FRS 阻燃剂处理后的试样分别提前了 20~25℃和 40℃，温度区域分别缩小了 20~25℃和 55℃。这表明两种阻燃剂均促使试样主要热分解过程提前进行，并加速了试样的主要成炭过程。阻燃处理试样热解温度降低至 300℃附近或以下，试样中纤维素主要发生脱水、重排交联炭化反应，使热解产物中可燃性气体大大减少（高明等，2007）。

2）主要热解阶段的失重率降低。经 PNB-1 和 FRS 阻燃剂处理后的试样分别减少 25%~26% 和 38%。这说明阻燃处理催化木材热解向炭化方向进行，生成更多热稳定性较高的炭。

3）第 3 热解阶段失重率增加，并成为试样主要失重阶段。经 PNB-1 和 FRS 阻燃剂处理后的试样分别增加了 11%~13% 和 38%。这进一步表明阻燃处理改变了木材的热分解途径，炭的氧化成为木材热分解的主要阶段。

4）最终残炭率变化情况因阻燃剂而异。PNB-1 处理试样增加了 11%~12%，而 FRS 处理试样无明显变化，说明 PNB-1 阻燃剂催化生成的炭更稳定。

利用 TG 曲线，可以通过多种数学处理方法对试样进行动力学分析，获得表观活化能、指前因子等热解动力学参数（李宇宇等，2011）。木材燃烧特性主要

由热分解第 2 阶段决定，因此本文参照 Gao 等（2006）和高明等（2007）中给出的方法，利用 Broido 方程 [公式（5.4）] 计算了该阶段试样的动力学参数。计算过程中以 ln（$\ln y^{-1}$）对 T^{-1} 作图，由斜率可得表观活化能。各试样的表观活化能计算结果列于表 5-18。

$$\ln(\ln y^{-1}) = -(E_a/R)(1/T) + \ln[(R/E_a)(Z/\beta)T_m^2] \quad (5.4)$$

式中，y 为未分解的样品分数（%）；E_a 为活化能（kJ/mol）；R 为摩尔气体常数 [J/（mol · K）]；T 为热解温度（K）；Z 为频率因子（min^{-1}）；β 为升温速率（K/min）；T_m 为最大反应速率对应温度（K）。

表 5-18　桉木和杨木样品第 2 热解阶段的表观活化能

试样编号	E_a/（kJ/mol）	R^2
E-C	82.60	0.9982
E-1	71.17	0.9950
E-2	88.68	0.9967
Y-C	81.87	0.9963
Y-1	64.69	0.9964

表 5-18 中相关系数 R^2 均接近 1，表明用 Broido 方程计算活化能的可信度较高。如表 5-18 所示，桉木和杨木木材的表观活化能接近，分别为 82.60kJ/mol 和 81.87kJ/mol，与经 PNB-1 阻燃剂处理后相比分别下降了 11.43kJ/mol 和 17.18kJ/mol。这表明阻燃处理试样热分解变得更容易，主要是由于阻燃剂的催化成炭作用。然而，经 FRS 阻燃剂处理后的桉木试样表观活化能增加了 6.08kJ/mol，表明成分更加复杂的 FRS 阻燃剂的阻燃机理与 PNB-1 阻燃剂可能存在较大差异。

综上所述，PNB-1 阻燃剂显著降低了桉木胶合板的热释放速率，所制备的桉木阻燃胶合板表现出优异的阻燃性能。PNB-1 桉木阻燃胶合板与相应杨木阻燃胶合板相比，释热峰值出现的时间较晚，总热释放量明显较低，引燃时间接近，表现出更好的阻燃性能。PNB-1 阻燃剂与 FRS 阻燃剂相比，热释放速率明显较低，总热释放量明显较小，引燃时间较长，对桉木胶合板的阻燃效果较佳。然而，FRS 阻燃剂表现出更好的抑烟性能。

第五节　5 种桉木阻燃胶合板的性能对比

目前，尾巨桉是最常用于制造胶合板的桉木树种。有研究也表明，作为胶合板用材，尾巨桉与巨细桉、雷林 1 号桉、尾细桉及柳叶桉等无性系相比价值更高（任世奇等，2010）。然而，随着人工林培育技术的发展，将有更多适合于生产胶合板的桉木树种出现。而利用不同桉木树种制备的阻燃胶合板在物理力学性能及阻燃性能上可能存在差异。为此，实验中选取了尾巨桉、柳叶桉、巨桉、大花序桉和邓恩桉等 5 个常见树种进行对比研究。

一、阻燃处理及二次干燥对桉木单板质量的影响

单板含水率均匀性以 9 个含水率数值的变异系数来衡量，结果如表 5-19 所示。三种单板含水率浸渍前为 8.17%~13.26%，干燥后为 9.00%~10.36%，变化不大。经阻燃处理及二次干燥后，尾巨桉变异系数增大，而巨桉和大花序桉变异系数减小，但变化幅度均在 1%~3%。同时，干燥后单板变异系数均小于 10%。这表明阻燃处理及二次干燥未对单板含水率均匀性带来不利影响。

表 5-19　浸渍处理及二次干燥对单板含水率及变异系数的影响

试样编号	含水率 /%		变异系数 /%	
	浸渍前	干燥后	浸渍前	干燥后
G	13.26	10.36	5.27	7.65
J	11.84	10.06	9.26	7.56
DH	8.17	9.00	10.59	9.50

注：G、J 和 DH 分别代表尾巨桉、巨桉和大花序桉

翘曲度以拱高占拱长的百分比表示，单板质量变化情况如表 5-20 所示。由表 5-20 可知，经过阻燃浸渍处理及二次干燥后，三种桉木单板质量均有一定程度的下降，具体表现为端裂条数和孔洞数增加，裂缝长度和翘曲度增大。不同树种之间质量变化情况存在差异，尾巨桉端裂增加条数和裂缝增长量均大于其他两个树种，这可能是由于尾巨桉材质较软，搬运过程中裂缝容易受到外力的影响。大花序桉翘曲度增加率明显大于其他树种，这可能是由于大花序桉密度较大，在干燥过程中产生了较大的干缩应力。大花序桉和巨桉由于节子较多，因此孔洞增加数也偏大。

表 5-20　浸渍处理及二次干燥对单板质量的影响

试样编号	端裂增加条数	裂缝增长量 /mm	翘曲率 /%			孔洞增加数
			处理前	干燥后	增加率 /%	
G	2.8	5.68	11.50	12.47	8.43	0.8
J	0.3	2.93	12.85	13.91	8.24	2.2
DH	0.8	4.23	14.64	25.89	76.84	2.8

注：G、J 和 DH 分别代表尾巨桉、巨桉和大花序桉

二、理 化 性 能

桉木阻燃胶合板基本理化性能如表 5-21 所示。阻燃处理增加了柳叶桉和邓恩桉胶合板的密度，降低了胶合强度，对弹性模量和静曲强度的影响不明显，这与第三节中的研究一致。另外，由于阻燃剂中含有氨基等可与甲醛反应的基团，阻燃胶合板的甲醛释放量明显降低。

表 5-21　桉木阻燃胶合板理化性能对比

试样编号	单板载药率 /%	含水率 /%	密度 /（kg/m³）	胶合强度 / MPa	静曲强度 / MPa	弹性模量 / GPa	甲醛释放量 /（mg/L）
L-C	—	9.24	667.88	1.78	54.5	5.88	0.07
L-Z	4.50	7.90	718.66	1.54	50.4	6.16	0.01
DN-C	—	9.42	677.49	1.39	44.0	5.83	0.34
DN-Z	5.29	8.13	750.44	1.23	41.5	5.57	0.00
G	7.69	9.60	622.21	1.50	40.7	5.98	0.24
J	6.77	9.80	694.46	1.38	55.2	6.55	0.13
DH	6.40	9.34	813.77	1.77	54.7	7.74	0.17

注：L-C、L-Z、DN-C、DN-Z、G、J 和 DH 分别代表普通柳叶桉、阻燃柳叶桉、普通邓恩桉、阻燃邓恩桉、阻燃尾巨桉、阻燃巨桉和阻燃大花序桉试样

5 种桉木阻燃胶合板含水率在 7%~10%，符合 GB/T 9846—2015《普通胶合板》中（6%~14%）的要求；胶合强度试验按Ⅱ类胶合板规定进行预处理，胶合强度为 1.2~1.8MPa，满足国家标准（胶合强度≥ 0.7MPa）的要求；甲醛释放量均小于 0.3mg/L，符合 GB 18580—2001 甲醛释放限量规定，达到 E_0 级标准。5 种阻燃胶合板密度在 620~820kg/m³，变化幅度较大，其中大花序桉密度（813.77kg/m³）最大，尾巨桉密度（622.21kg/m³）最小。柳叶桉和大花序桉胶合强度最高，均达到 1.5MPa，表明这两种单板胶合性能较佳。大花序桉、巨桉和柳叶桉弹性模量和静曲强度明显高于邓恩桉和尾巨桉，原因可能是邓恩桉的胶合强度最低，而尾巨桉的密度最小。表明密度和胶合强度对胶合板力学性能均有重要的影响。5 种阻燃胶合板静曲强度和弹性模量变化区间分别为 40~56MPa 和 5.5~7.8GPa，能很好地满足 GB/T 18103—2000《实木复合地板》（静曲强度≥ 30MPa，弹性模量≥ 4000MPa）的要求，可以用于制备阻燃实木复合地板。

经国家人造板与木竹制品质量监督检验中心检测，柳叶桉和邓恩桉各项指标均达到《普通胶合板》国家标准中的相关要求，检测结果均判定为合格。具体结果如表 5-22 所示。

表 5-22　柳叶桉、邓恩桉阻燃胶合板送检结果

检验项目		单位	标准规定值	柳叶桉检测结果		邓恩桉检测结果	
				检测值	判定结果	检测值	判定结果
含水率		%	6~14	9.4	合格	6.9	合格
Ⅱ类胶合强度	单个试件强度值	MPa	≥ 0.7	X_{max}：1.85 X_{min}：0.91	合格	X_{max}：2.33 X_{min}：0.78	合格
	合格试件数	片	—	18		18	
	有效试件数	片	—	18		18	
	平均木材破坏率	%	—	90		47	
	合格试件数与有效试件总数之比	%	≥ 80	100		100	
甲醛释放量		mg/L	E_1 ≤ 1.5	0.02	合格	0.1	合格

另外，阻燃剂的加入会增加胶合板的吸湿性（表 5-23），但阻燃胶合板仍满足室内材料的要求。

表 5-23　柳叶桉、邓恩桉阻燃胶合板的吸湿性

试样编号	含水率 /%		增幅 /%
	吸湿处理前	吸湿处理后	
L-C	9.24	14.67	58.77
L-Z	7.90	19.04	141.01
DN-C	9.42	14.55	54.46
DN-Z	8.13	19.78	143.30

注：L-C、L-Z、DN-C、DN-Z 分别代表普通柳叶桉、阻燃柳叶桉、普通邓恩桉、阻燃邓恩桉试样

三、燃 烧 性 能

锥形量热仪实验结果（表 5-24，图 5-9）表明，两种桉木阻燃胶合板热释放速率和总热释放量均明显低于相应普通桉木胶合板。热释放速率峰值及不同阶段平均热释放速率明显小于普通桉木胶合板，平均质量损失率降低，表现出优异的阻燃性能。在前 100s 内，桉木阻燃胶合板的产烟量明显小于普通桉木胶合板；阻燃胶合板燃烧至 100s 时，火焰基本消失，燃烧方式变成以无焰燃烧为主，产烟速率加快，产烟量逐渐高于普通桉木胶合板，总体抑烟效果不理想。

表 5-24 FRS 阻燃处理对柳叶桉、邓恩桉胶合板燃烧性能的影响

试样编号	热释放速率 / (kW/m²)				平均质量损失率 /[g/(s·m²)]	引燃时间 /s
	峰值	5min 内均值	10min 内均值	15min 内均值		
L-C	274.97	99.96	108.16	114.70	12.66	19.67
L-Z	194.73	34.38	24.35	47.19	9.07	18.75
DN-C	268.44	104.03	116.54	115.51	11.60	25.00
DN-Z	153.86	33.72	24.06	34.49	8.93	22.50

注：L-C、L-Z、DN-C、DN-Z 分别代表普通柳叶桉、阻燃柳叶桉、普通邓恩桉、阻燃邓恩桉试样

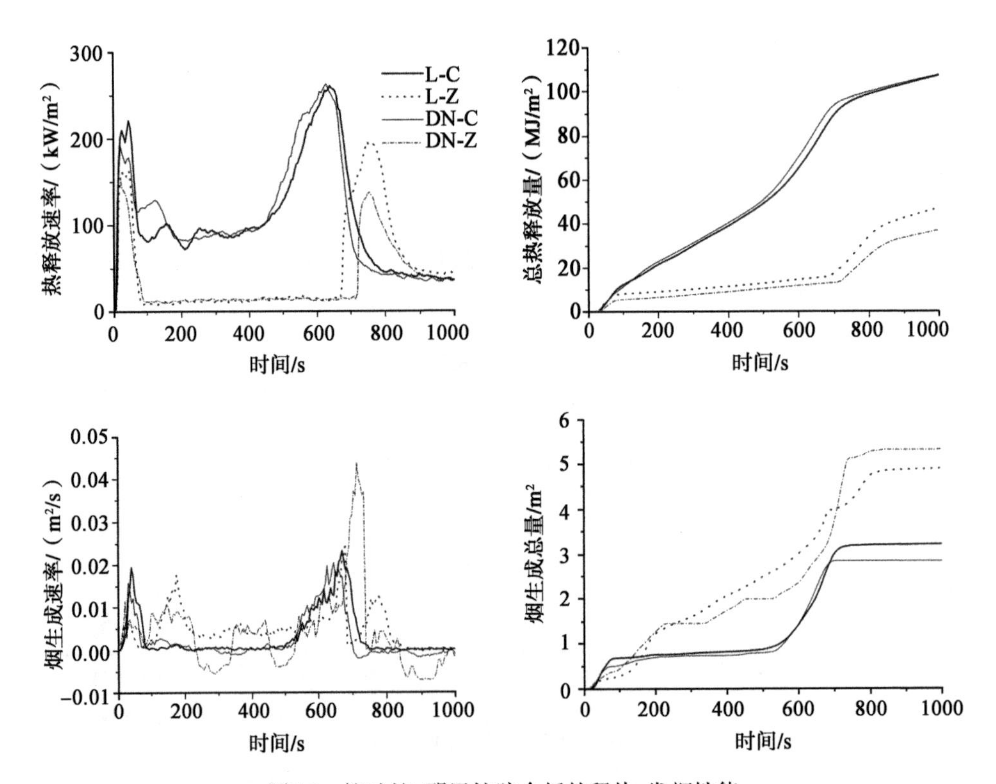

图5-9 柳叶桉、邓恩桉胶合板的释热、发烟性能

柳叶桉和邓恩桉胶合板在燃烧性能上不存在明显差异，热释放速率、总热释放量及烟生成总量曲线基本一致，FRS 阻燃剂对两种胶合板燃烧性能的影响也相似。表明在密度相近的情况下，树种对胶合板的燃烧性能影响不大。

综上所述，5 种阻燃胶合板的含水率、胶合强度及甲醛释放量均能满足国家标准中的要求；吸湿性可以满足室内用材的要求；弹性模量和静曲强度满足实木复合地板用胶合板的要求。总的来说，通过增加桉木单板浸渍处理设备，利用常规胶合板生产线生产阻燃桉木胶合板是可行的。5 种阻燃胶合板中大花序桉密度

最大，尾巨桉密度最小。大花序桉、柳叶桉和尾巨桉胶合性能较好，胶合强度均达到 1.5MPa。邓恩桉和尾巨桉弹性模量和静曲强度较低。

参考文献

鲍甫成，江泽慧，刘盛全. 1998. 人工林杨树木材性质与单板和胶合板质量关系的研究. 林业科学，34(6)：83-92.

常晓明，顾波.2007. 成品胶合板阻燃剂浸渍处理性能研究. 林业机械与木工设备，35(9)：16-19.

陈志林，纪磊，傅峰. 2011. 磷酸三聚氰胺复配硼酸锌阻燃中密度纤维板的燃烧性能. 木材工业，25(5)：5-8.

陈志林，李双昌.2010. 木质地板阻燃性能的研究. 消防科学与技术，29(9)：815-816.

陈志林，刘书渊，刘艳萍. 2009. 陶瓷化杨木胶合板的工艺及阻燃性能研究. 聊城：全国第一届阻燃环保人造板生产及应用论坛.

董放，吴章康，李世友. 2007. 复合阻燃剂对思茅松胶合板性能的影响. 西南林学院学报，27(6)：74-77.

董国斌，刘迎涛，王旸. 2007. FRW 阻燃杨木胶合板物理力学性能和阻燃性能的研究. 林业科技，32(1)：50-52.

高明，李桂芬，杨荣杰. 2007. 磷 - 胺 - 醛树脂型阻燃剂处理落叶松的热分析及其动力学. 过程工程学报，7(4)：738-742.

顾波，李光沛.2007. 表层单板经过阻燃处理的胶合板性能的研究. 林产工业，34(2)：18-20.

顾波，余丽萍，李光沛. 2006. BL- 环保阻燃剂在单板上载药量影响因素的初步研究. 林业机械与木工设备，34(12)：10-13.

郝权，蒋曙光，位爱竹，等. 2009. 锥形量热仪在火灾科学研究中的应用. 能源技术与管理，(1)：72-75.

胡景娟，程瑞香，王清文，等. 2008. 杨木胶合板阻燃处理工艺及燃烧性能. 木材加工机械，19(2)：14-18.

胡拉，陈志林，詹满军. 2011. 阻燃桉树胶合板的初步研究. 桉树科技，28(2)：10-15.

胡云楚，刘元. 2003. 酚类阻燃剂处理杉木热解过程的热动力学研究. 林业科学，39(3)：116-120.

黄锐，杨立中，方伟峰，等. 2002. 火灾烟气危害性研究及其进展. 中国工程科学，4(7)：80-85.

黄晓东.2008. 阻燃剂用量对马尾松胶合板阻燃性能影响研究. 西北林学院学报，(6)：134-137.

江泽慧，费本华，王喜明，等. 2002. 桉树木材干燥特性与工艺及其皱缩研究现状. 木材工业，16(4)：3-6.

李斌，王建祺. 1998. 聚合物材料燃烧性和阻燃性的评价——锥形量热仪 (CONE) 法. 高分子材料科学与工程，14(5)：15-19.

李坚，王清文，李淑君，等. 2002. 用 CONE 法研究木材阻燃剂 FRW 的阻燃性能. 林业科学，38(5)：108-114.

李万兆，于志明，陈凌云，等. 2010.BL- 阻燃剂处理后杨木单板变色规律的研究. 安徽农业科学，38(22)：12057-12059.

李宇宇，李瑞，田启魁，等. 2011. 热重法研究落叶松热解动力学特性. 东北林业大学学报，39(7)：63-66.
刘博，罗文圣，于赫，等. 2009. 阻燃胶合板的研究现状. 聊城：全国第一届阻燃环保人造板生产及应用论坛.
刘艳军.2008. 建筑火灾烟气危害及其控制措施. 中国安全生产科学技术，4(4)：65-67.
刘迎涛，李坚，王清文. 2004. FRW 阻燃桦木胶合板的性能研究. 林产工业，31(3)：22-24.
刘迎涛，刘一星. 2006. FRW 阻燃胶合板的 DMA 分析. 林业科学，42(3)：108-110.
陆仁书.1993. 胶合板制造学. 北京：中国林业出版社.
任世奇，罗建中，彭彦，等. 2010. 桉树无性系的单板出材率与价值研究. 草业学报，19(6)：46-54.
史文萍，马力，李光沛，等. 2007. BL- 环保阻燃剂对胶合板整板处理工艺的研究. 中国木材，(3)：15-19.
宋斐，张世锋，李建章，等. 2010. 阻燃 E0 级胶合板的制备及性能研究. 中国胶粘剂，19(5)：29-32.
王奉强，宋永明，孙理超，等. 2012. 利用 CONE 研究阻燃胶合板的动态燃烧行为. 建筑材料学报，15(3)：366-371，381.
王军，王宝金，印胜和. 2011. 杨木防火胶合板的生产技术. 林产工业，38(1)：40-41.
王明枝，陈怡菁，李黎. 2011. 4A 分子筛改性阻燃胶合板的研制. 林业机械与木工设备，39(7)：20-23.
王清文，李坚，李淑君，等. 2002. 用 CONE 法研究木材阻燃剂 FRW 的抑烟性能. 林业科学，11(6)：103-109.
王庆国，张军，张峰. 2003. 锥形量热仪的工作原理及应用. 现代科学仪器，(6)：36-39.
卫佩行，周定国，龙海蓉. 2012. 热分析技术在胶合板 / 木材阻燃性能评价中的应用. 中国人造板，(1)：17-21.
吴玉章，原田寿郎. 2005. 磷酸铵盐处理人工林木材的燃烧性能. 林业科学，(2)：112-116.
杨桂娣，林巧佳，黄晓东，等. 2004. 涂覆 UF/ 纳米 SiO_2 的胶合板阻燃性能的研究. 福建林学院学报，24(3)：197-201.
杨昀，张和平，张军，等. 2006. 用锥形量热仪研究胶合板的燃烧特性. 燃烧科学与技术，12(2)：159-163.
张璐，李光沛 .2006. 影响阻燃胶合板胶合强度因素的研究 . 林业机械与木工设备，34(11)：18-20.
Alarie Y.2002.Toxicity of fire smoke.Critical Reviews in Toxicology，32(4)：259-289.
Ayrilmis N, Korkut S, Tanritanir E, et al. 2006. Effect of various fire retardants on surface roughness of plywood. Building and Environment, 41(7): 887-892.
Ayrilmis N, Winandy J E. 2007. Effects of various fire-retardants on plate shear and five-point flexural shear properties of plywood. Forest Products Journal, 57(4): 44-49.
Babrauskas V. 1984. Development of the cone calorimeter—a bench-scale heat release rate apparatus based on oxygen consumption. Fire and Materials, 8(2): 81-95.
Babrauskas V, Peacock R D. 1992. Heat release rate: the single most important variable in fire hazard. Fire Safety Journal, 18(3): 255-272.
Barnes H M, Winandy J E, McIntyre C R, et al. 2010. Laboratory and field exposures of FRT

plywood: Part 2-mechanical properties. Wood and Fiber Science, 42(1): 30-45.

Cheng R X, Wang Q W. 2011. The Influence of FRW-1 fire retardant treatment on the bonding of plywood. Journal of Adhesion Science and Technology, 25(14): 1715-1724.

Chuang C, Yang T, Tsai K, et al. 2013. Fire retardancy and CO/CO_2 emission of intumescent coatings on thin plywood panel with waterborne vinyl acetate-acrylic resin. Wood Science and Technology, 47(2): 353-367.

Cremonini C, Pizzi A, Tekely P. 1996. Improvement of PMUF adhesives performance for fireproof plywood. Holz als Roh-und Werkstoff, 54(1): 43-47.

Gao M, Sun C Y, Wang C X. 2006. Thermal degradation of wood treated with flame retardants. Journal of Thermal Analysis and Calorimetry, 85(3): 765-769.

Gratkowski M T, Dembsey N A, Beyler C L. 2006. Radiant smoldering ignition of plywood. Fire Safety Journal, 41(6): 427-443.

Kamke F A, Lee J N. 2007. Adhesive penetration in wood-a review. Wood and Fiber Science, 39(2): 205-220.

Kartal S N, Ayrilmis N, Imamura Y. 2007. Decay and termite resistance of plywood treated with various fire retardants. Building and Environment, 42(3): 1207-1211.

Lee B, Kim H, Kim S, et al. 2011. Evaluating the flammability of wood-based panels and gypsum particleboard using a cone calorimeter. Construction and Building Materials, 25(7): 3044-3050.

Ross R J. 2010. Wood handbook: wood as an engineering material. Madison: USDA, Forest Service, Forest Products Laboratory.

Su W, Hata T, Nishimiya K, et al. 1998. Improvement of fire retardancy of plywood by incorporating boron or phosphate compounds in the glue. Journal of Wood Science, 44(2): 131-136.

Terzi E, Kartal S N, White R H, et al. 2011. Fire performance and decay resistance of solid wood and plywood treated with quaternary ammonia compounds and common fire retardants. European Journal of Wood and Wood Products, 69(1): 41-51.

White R H, Dietenberger M A. 2004. Cone calorimeter evaluation of wood products. Stamford: Fifteenth Annual BCC Conference on Flame Retardancy.

Winandy J E. 2001. Thermal degradation of fire-retardant-treated wood: predicting residual service life. Forest Products Journal, 51(2): 47-54.

Yorulmaz S Y, Atimtay A T. 2009. Investigation of combustion kinetics of treated and untreated waste wood samples with thermogravimetric analysis. Fuel Processing Technology, 90(7-8): 939-946.

第六章

桉树重组木制造技术

第一节　重组木研究进展

重组木是在不打乱木材纤维排列方向、保留木材基本特性的前提下，将速生木材、枝桠材及制材边角料等低质材料，经疏解设备加工成纵向不完全断裂、横向松散而又交错的网状木束，再经干燥、施胶、再干燥、铺装和热压（或模压）而制成的一种新型木质复合材料（王恺和肖亦华，1989；李坚，2002，2006）。

桉树作为中国南方主要的人工林树种，由于其生长应力大，容易开裂，难以实木化利用，目前工业化利用的主要途径是制造胶合板、纤维板和单板层积材，以及用于造纸等，附加值较低。通过研究发现，桉树木材具有干形通直、密度适中、刚度大、强度好等特点（中国林业科学研究院木材工业研究所，1982），是制造重组木的理想原材料。目前，我国已经有多家科研单位和企业开展了桉树重组木制造技术的研发，并实现了小批量的生产（于文吉和余养伦，2013）。

一、重组木的发展历程

重组木的研究最早可以追溯到20世纪70年代，是由澳大利亚联邦科学与工业研究院（CSIRO）John D.Coleman首创的一种新型人造实体木材，Coleman先生最经典的论断是：为了生产刨花板和硬质纤维板，人们将木材纤维天然排列的顺序全都打乱，破坏了木材的优良物理力学性能，之后再将其重新排列胶合起来，这实在不符合逻辑。如果把速生小径材、枝桠材及制材剩余的边角料等廉价低值材料，解离到重新组合后就能满足产品的要求的程度，岂不更好？由此，1975年Coleman提出了重组木的设想，即不打乱纤维的排列方向，保留木材的基本特性，进而重新组成具有木桁梁强度的产品，他的设想得到了国家级科研机构的支持，当年就进行了一些小型的初步试验，获得了成功（Coleman，1976；Fahey，1985）。1976年，Coleman等在澳大利亚本土申请了世界上第一件重组木的专利，专利号为AU2424377A。该专利不仅申请了重组木的制造工艺，还包含了生产设备，其后多年，又相继申请了改进制造工艺与设备的基本专利 7 件，并在全球部署了同族专利 98 件，这些同族专利分布在瑞典、欧盟、德国、日本、美国、加拿大等国家和地区（国家林业局知识产权研究中心，2013），开始了重组木的产业化推广（马岩，2011）。

由于重组木的材性指标最接近木材原有的性能，其强度可以达到或超过木材的本体性能，因此重组木的产生和发展曾引起了世界人造板行业的极大轰动，当时主要的发达国家都购买了澳大利亚的重组木专利技术，并在此基础上分别开始了重组木制造技术的进一步研究工作（李坚，2006；马岩，2011）。在实验室试验成功的推动下，重组木的中试研究工作也轰轰烈烈地开展起来，德国、美国、日本和中国等国家都研制成功了中试生产线。其中，日本研制的生产线年产量达到 1 万 m^3；中国宣化的重组木中试生产线的年产量为 3000m^3 等。然而，正当重组木在世界范围内兴起之时，澳大利亚芒特冈比尔投资了近 2000 万美元建成的年产 5 万 m^3 的重组木生产线，却在试生产调试过程中发现了木束形态及其制备工艺的不合理性。该工艺将原木直接送入疏解设备制备木束，在工业化生产过程中存在一系列无法解决的技术难题，最终导致了澳大利亚重组木生产线陷入停产状态，其他国家也因采用了澳大利亚的专利技术，无法实现产业化（马岩，2011）。

在澳大利亚重组木生产线和主要的国家重组木中试生产线均告失败后，国外的科研技术人员对重组木制造技术的研究进入了低潮，而中国的科研技术人员却始终保持着对重组木的研究热情。1989 年，中国林科院木材工业研究所王俊先先生提出了利用竹材生产重组竹的设想，经过工艺技术的不断改进和反复试验，终于在实验室采用热压法成功地制备出了重组竹。之后，科研人员与生产装备的相关企业联合攻关，通过关键装备的研制和生产工艺的不断改进，2000 年左右先后成功地开发了“冷压热固化法”和“热压法”等两种成型工艺（祝荣先等，2011；于文吉，2012），历经了 10 余年的发展，重组竹取得了突破性的进展，据初步统计，现有生产企业 60 家左右，年产能达到 60 万 m^3，其产量超过了竹集成材，成为我国竹产业的主流产品之一（于文吉和余养伦，2013）。重组竹已被广泛地应用于室内地板、室外地板（余养伦等，2013b，2014）、家具（时迪和王逢瑚，2013）、集装箱底板（余养伦等，2013a）、建筑梁柱（于文吉和余养伦，2012）、风电桨叶基材（祝荣先和于文吉，2012）等领域，应用前景非常广阔，是竹产业最具有发展潜力的产品之一（于文吉，2011）。在成功地实现了重组竹产业化生产之后，科研人员又将目光投向了重组木，在继承和吸收传统的重组木制造技术和现有的重组竹产业化技术的经验基础上，中国已经有多家科研单位和企业联合开展了重组木技术的研发，并实现了小批量的生产。目前，常用的技术方案有 3 种（于文吉和余养伦，2013）。

1）小径木原态疏解重组技术。采用该种工艺制备的木束，存在尺寸不规则、单元形态偏大、面密度不均等问题，严重影响到后续的施胶、干燥、铺装等工序的均匀稳定性，导致产品出现翘曲、变形、跳丝等诸多缺陷；另外，由于该工艺疏解效率低且疏解能耗大，目前几乎被淘汰。

2）单板化重组技术。主要采用生产胶合板的加工剩余物，即废单板为主要原料，但存在单元形态偏大、施胶不均等问题，易导致产品质量不稳定。

3）单板纤维化再重组技术。将原木先旋切成单板或利用废单板，再将单板送入专用装备，采用纤维原位可控分离技术，对单板进行纤维化处理，以纤维化处理后的单板为主要原料再进行重组，可以有效地解决重组木产业化的技术难题。

二、重组木的特点

重组木的出现促进了速生丰产林和间伐林木材的合理利用，为小径木的加工利用开辟了一条新途径。重组木作为一种新型的木质复合材料，具有以下显著特点（李坚，2002，2006；余养伦和于文吉，2013a，2013b）。

1）原料来源广。充分利用人工林木材、短轮伐期木材和胶合板厂的废单板等，产品方向性强，可制造均质高强、长度可选择的横截面积大的方材，既提高了木材的综合利用率，又取得了良好的经济效益。

2）材料的性能可控和可设计性。根据目标产品对物理性能、力学性能、疲劳性能、耐候性等不同的需求，通过对材料密度、胶黏剂的导入量、疏解分离程度及制造工艺（包括温度、时间、压力等）的控制，可以制造出天然木材所没有的、制材加工难以达到或不可能达到的优良性能的重组木。

3）机械加工性和表面装饰性能良好。重组木可用普通的木材加工机械和刀具进行锯、刨、钻孔、开榫、钉钉等，并可直接进行油漆等装饰，如在生产过程中加入各种填料、颜料，以及阻燃剂、杀菌剂等化学剂，则能生产具有综合功能的结构用材，同时重组木握持坚固件的性能也较好。

三、重组木的发展前景分析

随着中国经济持续快速的发展，木材特别是优质硬阔叶材的需求量呈急速的增长趋势，2016年中国木材产品市场的总消费量达6.09亿m^3，其中木质林产品的进口量折合木材达2.77亿m^3，对外依存度高达45.49%，严重地威胁中国的木材供应安全，而美丽中国与生态中国的建设对木材的需求量将进一步增加。另外，中国尚有大量的速生丰产林资源和丰富的竹材资源有待高效利用。由于人工林木材生长周期短，其存在径级偏小、材质差等缺陷，采用传统的加工工艺，难以生产出高质量的装饰用材和结构用材等。如果能将这两种资源合理地加工利用，则可有效地缓解中国木材资源供需不足的矛盾。

重组木是以不打乱纤维排列方向、保留木材基本特性为前提，将小径级木材等人工速生材经疏解加工并重新组合，制造成性能可控、规格可调、具有天然木材纹理结构的新型木质复合材料，具有原料来源广、材料的性能可控和可设计性、机械加工和表面装饰性能良好等特点，可以替代优质硬质阔叶材，具有广阔的应用前景。

四、重组木分类

1）按组成单元形态分：木束重组木、纤维化单板重组木。

2）按制造工艺分：热压法重组木、冷压热固化法重组木。

3）按表面颜色分：本色重组木、炭化色重组木、混色重组木、染色重组木。

第二节　重组木的制造工艺

重组木是一种新型木质复合材料，其以木束为组成单元，按顺纹方向组坯，经热压（或冷压热固化）胶合而成的板材或方材，其核心技术是将胶黏剂或其他添加剂（如防霉剂、防腐剂、固化剂、防火剂）等化学聚合物，通过疏解形成的裂纹有目的地导入细胞腔、壁、纹孔等不同组织内，在湿热和高压条件下进行密实和胶合而形成的一种新型木质重组材料；其目的是在保持木材原有的纤维排列方向和基本性能的前提下，经过重组复合制造出高性能的木基复合材料，是速生丰产林木材小材大用、低质材优用的一项新技术。重组木的制造工艺主要包括：木束制备、浸胶前干燥、施胶、浸胶后干燥、胶合成型和后处理等工序。

一、木束制备

木束制备是制造重组木的核心工段之一，决定了重组木能否产业化。目前，木束的制备工艺包括两种：一种是将原木直接疏解；另一种则是先将原木通过旋切、锯切或刨切等加工成板（条）状单元后，再经过疏解，形成纵向基本不断裂、横向松散而又交错的网状结构单元。

1. 原木直接疏解

原木直接疏解是以澳大利亚的专利技术为基础，根据其形态又可以细分为长木束、短木束和刨花状木束等，疏解工艺有两种：直接疏解和二级疏解（Coleman，1976）。

（1）直接疏解

图 6-1 为原木直接疏解制备重组木工艺图。在疏解工段，原木通过疏解机的 3 对疏解辊，直接疏解成木束，其疏解原理如下：疏解辊对（2）是由电动机（3）驱动皮带轮（7），通过皮带（8）驱动皮带轮（5），再借助于皮带轮（9）和齿轮（11）将动力传递到下疏解辊，从而保证了上、下疏解辊同步运转，疏解辊对（4）的驱动则是通过皮带（12）完成的，皮带（12）将两皮带轮（9）和（13）连接在一起，再由皮带轮（16）和齿轮（17）将动力传递到下疏解辊，同样，疏解辊对（6）也是由皮带（14）通过皮带轮（13）和（15）连接起来，再通过齿轮（19）实现上、下疏解辊同步运行；疏解机的皮带轮直径逐渐变大，工作时，疏解辊对（2）、疏解辊对（4）和疏解辊对（6）的旋转速度逐渐变慢时，这种设计木束前端速度慢，后端速度快，在疏解过程中，会对木段顺纹方向形成挤压作用，木纤维在挤压下更容易产生压缩屈曲分离；疏解辊对（2）的轴是平行安装的，疏解辊对（4）的轴具有一定的倾斜角度，而疏解辊对（6）的轴则是垂直安装的，这种结构设计在疏解过程中，具有一定的扭曲作用；疏解机的疏解齿为间歇式疏解齿，犹如梳子一样，对木纤维顺纹方向产生梳理作用。

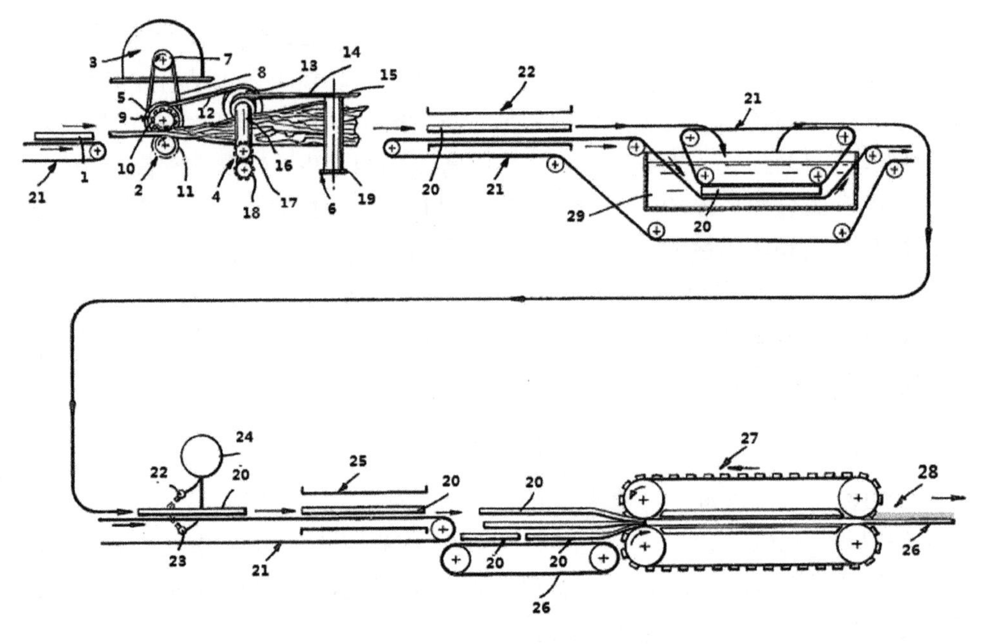

图6-1　原木直接疏解制备重组木工艺图（Coleman，1976）

1. 木段；2、4、6. 压辊对；3. 电动机；5、7、9、13、15、16. 皮带轮；8、12、14. 皮带；10、11、17、18、19. 齿轮；20. 木束；21. 传送带；22、23. 空气发生器；24. 空气压缩机；25. 干燥机；26. 皮带运输；27. 带式热压机；28. 重组木成品；29. 胶槽

上述疏解机巧妙的结构设计充分地考虑了木材的纹理结构及力学性能等，进行疏解时，木段（1）随着传送带（21）的转动，被直接送入疏解机，通过疏解辊对（2）、（4）和（6）对木段产生的顺纹挤压、扭转、碾压和疏解等耦合作用，将木段疏解成松散的网状木束，有效地提高了木束的疏解效果。

（2）二级疏解

图 6-2 为二级疏解制备重组木工艺流程图。疏解机由蒸汽处理室（2）、扭转预疏解装置（3）和疏解辊对（4、6、8、10）3 部分组成。首先，将小径木或木条锯截成一定规格的木段（1）后，在蒸汽处理室（2）中进行软化处理；其次，将软化后的木段固定在扭转预疏解装置（3）中两个转轴（3a 和 3b），转轴 3a 和 3b 按反向转动，木段在扭矩的作用下，木纤维横向逐渐展开，实现初步分离；最后，再分别通过疏解辊对（4、6、8 和 10）等 4 对平行的疏解辊对木材进行逐级疏解，从 10 号疏解辊出来就可以得到网状木束（9）。

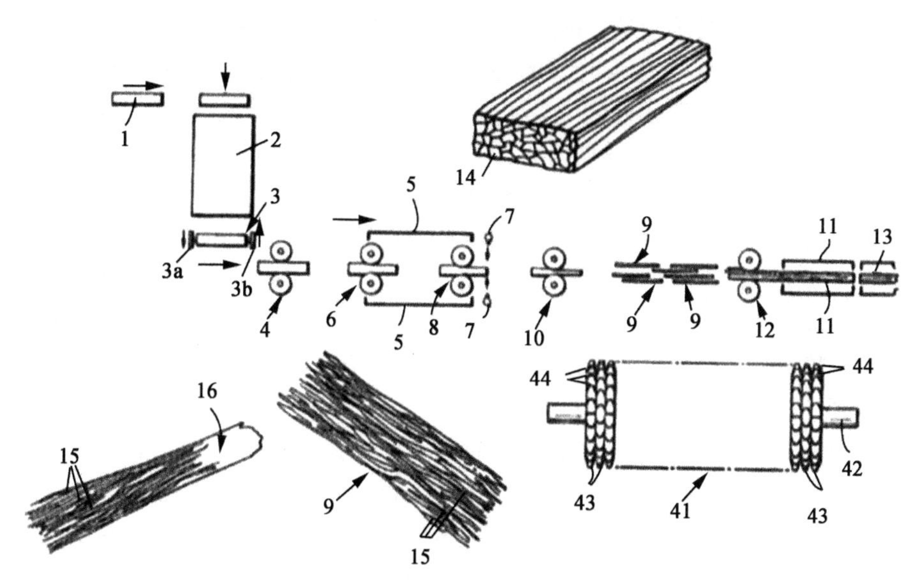

图6-2　二级疏解制备重组木工艺流程图（Coleman,1976）

1. 木段；2. 蒸汽处理室；3. 扭转预疏解装置；4、6、8、10、12. 压辊对；5. 干燥装置；7. 喷嘴；9. 网状木束层；11. 铺装装置；13. 成型装置；14. 重组木；15. 纤维束；16. 未疏解木材；41. 疏解辊；42. 疏解辊轴；43. 疏解齿间隙；44. 疏解齿

2. 原木加工成单板后再疏解

该技术是由中国林业科学研究院木材工业研究所最先提出，即先将原木通过单板旋切机加工成木单板，再利用专用疏解机对其进行疏解，形成纤维化单板（于文吉等，2010a，2010b，2011a，2011b，2012），如图 6-3 所示。

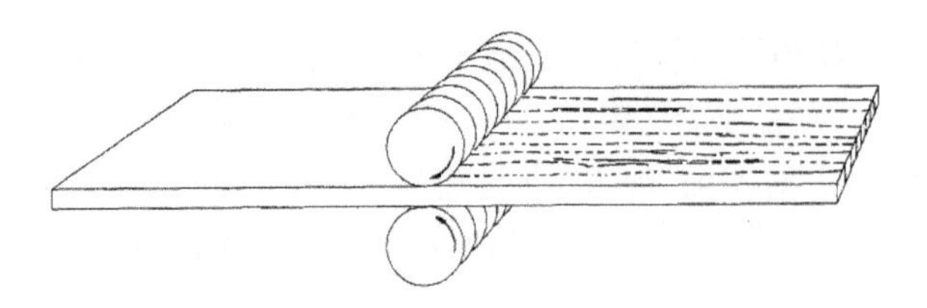

图6-3　纤维化单板疏解示意图

疏解机结构示意图如图 6-4 所示，包括电机（1）、主减速装置（2）、链传动装置（3）、驱动辊（4）、疏解辊（5）、疏解辊支撑架（6）、调节垫块（7）和机架（8），可转动的平行固定在机架上的驱动辊（4）和疏解辊（5），其间具有一定的间隙，该驱动辊（4）通过主减速装置（2）与电机（1）连接；疏解辊（5）在其辊筒圆周面上分布若干疏解齿构成一列，疏解齿上具有刀刃，其沿疏解辊的周向间断延设，在疏解辊的辊筒轴向分布若干列刀刃；具体为：疏解辊由疏解辊组成，疏解辊由一根两端带有锁紧螺杆的齿轮轴和若干个用键固定在齿轮轴上的 A 型异型齿轮和 B 型异型齿轮交错叠加组合而成。A 型异型齿轮和 B 型异型齿轮均在圆周方向均匀地分布若干个疏解齿构成一列，其齿形、大小及其间距均相同，所不同的是如果 A 型异型齿轮和 B 型异型齿轮上的疏解齿对正，则其上的键槽所对应的圆心角相差 180° /n（n 为疏解齿的个数），而与各个齿轮对应的齿轮轴上的键槽为一直键槽，由此，由 A 型异型齿轮和 B 型异型齿轮交替叠加组合在齿轮轴上即可形成的疏解辊和在轴向上的疏解齿相间错开排列。驱动辊的辊面上设有滚花为麻花辊。

疏解原理：工作时，电机（1）通过主减速装置（2）及链传动装置（3）带动驱动辊（4）完成主动旋转。疏解辊（5）与疏解辊支撑架（6）相连，并通过调节垫块（7）调节其高度，以改变驱动辊（4）与疏解辊（5）之间的径向间隙，当间距确定后疏解辊（5）即刚性支撑。进行疏解时，木片与驱动辊（4）之间的摩擦力使得木片进入驱动辊（4）与疏解辊（5）之间的间隙，同时木片又带动疏解辊（5）转动。疏解辊（5）圆周表面上交错均匀分布的有 A 型异型齿轮刀刃 1、3、5、7……和 B 型异型齿轮刀刃 2、4、6、8……。

当 A 型异型齿轮的刀刃 1、3、5、7……切入木片时，在木片纵向产生切削作用力，由于木片具有纵向劈裂性能好的特点，从而在木片的纵向形成点状和线段状裂纹，同时在径向产生铺展的作用力，使木片在径向展平和伸展；而 B 型异型齿轮的刀刃 2、4、6、8……起到挤压和定位作用，在挤压力的作用下，增大了 A 型异型齿轮上的刀刃 1、3、5、7……有效的切削效率，阻止了裂纹的过度扩展，有利于形成交织的网状结构，同时起到定位作用，使疏解后的木束不产生缠辊现象；当疏解辊转动 360° /n 时（n 为疏解齿的个数），A 型异型齿轮上的

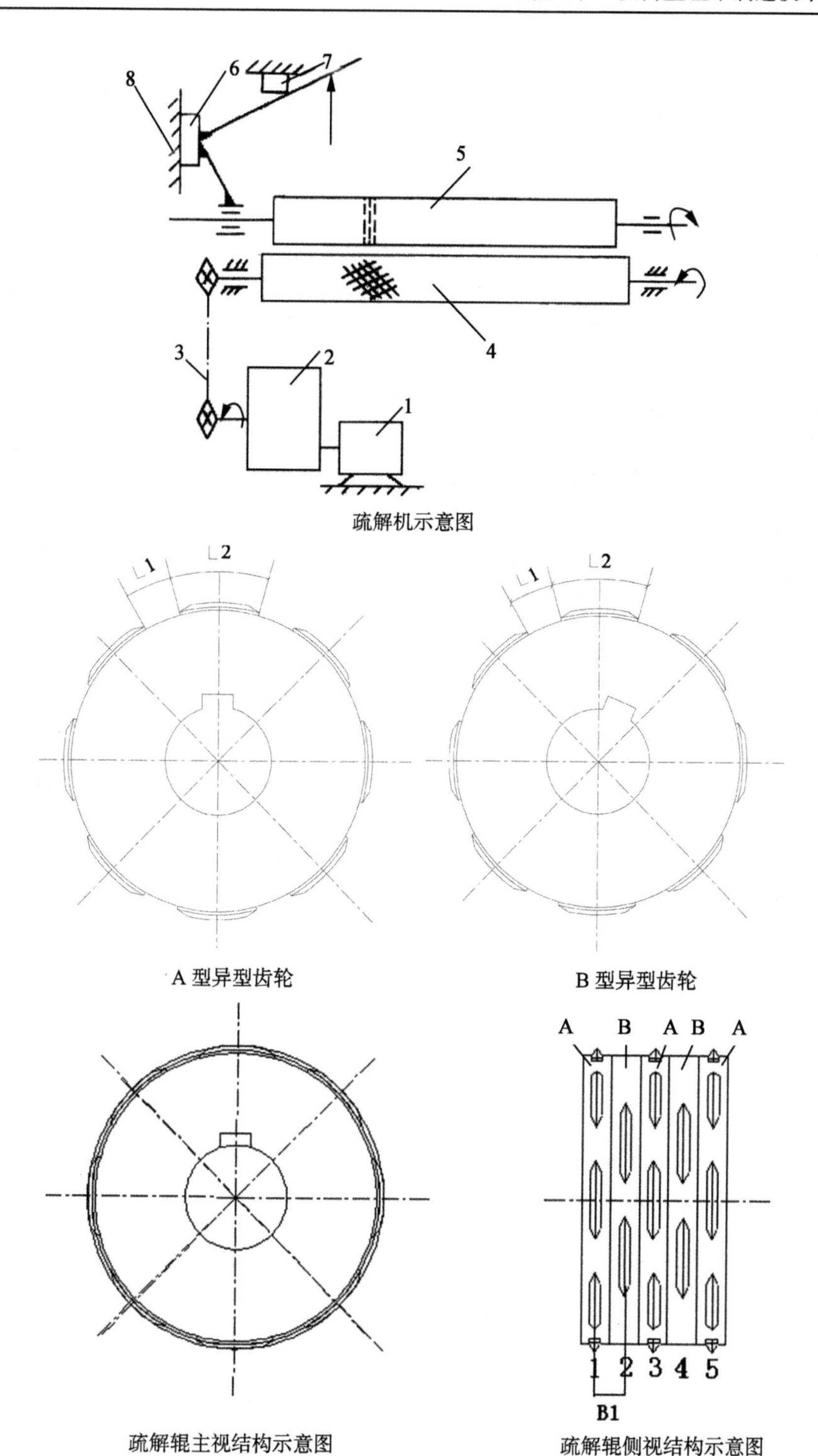

图6-4　疏解机结构示意图

L1 为疏解齿间距；L2 为疏解齿长度

刀刃1、3、5、7……则为挤压定位齿，B型异型齿轮上的刀刃2、4、6、8……则为疏解齿，如此交替转化。如无木片压制时，疏解辊（5）无驱动力而停止转动。按上述过程反复疏解若干次，以完成疏解过程。

驱动辊采用麻花辊，增加了驱动辊与木片之间的摩擦力，从而增加了疏解的动力。

3. 两种疏解工艺的比较

采用直接疏解工艺制备的木束存在尺寸不规则、单元形态偏大、面密度不均等问题，直接影响到后续的施胶、干燥、铺装等工序的均匀稳定性，从而导致产品易出现翘曲、变形、跳丝等诸多产品质量缺陷；此外，由于该种工艺存在疏解效率低、能耗大等问题，目前几乎已被淘汰。

采用先将原木加工成单板（条）状单元后再进行疏解制备的木束单元，不仅粗细较均匀、形态规格好且纵向纤维基本保持不断裂，还可以根据目标产品的性能要求，调控木束的疏解度，有效地解决了重组木产业化单元制备的技术瓶颈难题。

分别采用两种工艺制备的单元形态对比，如图6-5所示。

木束

纤维化木单板

图6-5　木束与纤维化木单板形态对比

二、干　　燥

重组木制造过程中的干燥包括浸胶前干燥和浸胶后干燥。若采用冷压热固化法，还包括干燥固化成型。

（一）木束干燥

1. 干燥要求

疏解后的木束必须经过干燥后才能进仓储存或进入浸胶工序。因为当木束的含水率较高时，其在储存过程中极易发生霉变；而木束的浸胶是一个利用木束与胶黏剂的含水率梯度将胶液吸附并渗透进入木束表层的过程，如果此时木束的含水率较高，含水率梯度就较小，则非常不利于木束的浸胶，从而影响重组木的胶合强度等。根据木束的特性及重组木的加工特性，生产工艺要求木束干燥后的含水率应控制在10%~12%。若含水率控制过低，则降低了干燥效率，增加了能耗及制造成本。

2. 干燥方式

（1）自然干燥

此方法比较简单，只需将木束平铺在一块平整的场地上进行自然晾晒。干燥后的木束含水率比较均匀，能耗少，但是需要较大的晾晒场地，且阴雨天不能进行，故生产效率较低，劳动强度较大。特别是近些年，随着劳动力成本和土地使用成本的不断增加，采用自然干燥的优势逐步减小。

（2）干燥窑干燥

建一座简易的干燥窑，窑内四周及中央安装散热器，并安装配套的风机使窑内的空气可定时定向流通。将木束均匀地排列在干燥框的支架上，干燥框不断地向前移动进行干燥，如图6-6所示。通常干燥窑内的温度控制在110℃左右。目前，干燥窑的设计建设尚未引起企业及相关科研单位的高度重视，导致木束干燥后的含水率不均匀，且生产效率较低。因此通常采用干燥窑干燥与自然干燥配合使用，以保证阴雨天也可以进行干燥。

图6-6　木束干燥窑

3. 含水率测定

木束干燥后的终含水率是否达到工艺要求是制定干燥工艺的依据，也是控制成品板质量的一个重要因素。木束干燥后含水率的测定有以下两种方法。

1）重量法（张齐生，1995）：将经过干燥的木束称重（m_1）后送入烘箱，烘至绝干再称重（m_2），用两次称重的质量差，求得木束的绝干含水率（M），其计算公式（6.1）为

$$M=\frac{(m_1-m_2)}{m_2}\times 100\% \tag{6.1}$$

式中，m_1为烘干前的木束质量；m_2为烘干后的木束绝干质量。

这种方法虽然简单可靠，但只能进行抽样检验，且测试周期较长，在生产中不能及时校正干燥基准，故不适用于连续化生产。

2）电阻测湿法（张齐生，1995）：利用含水率测定仪进行测试。测定含水率的范围通常为 8%~33%。此方法简单、快速，可在较短的时间内测得较多的数据。由于测试时可抽取较多的试样，准确性也较高，故此方法在实际生产中被广泛应用。

此外，还有介质常数测湿法及微波测湿法等。实际生产中通常将重量法和电阻测湿法结合使用，以得到良好的效果。

（二）木束的浸胶及浸胶后的干燥

木束的浸胶及浸胶后的干燥是生产重组木的关键工序之一。此工序过程完成的好坏，将直接影响成品的质量和成本，应引起高度重视。

1. 木束的浸胶

浸胶法是重组木施胶的主要方法，是将一定量的胶黏剂较均匀地浸渍到木束上，并通过疏解形成的裂纹有目的地导入木材的细胞腔、壁、纹孔等不同组织内，形成一层比较均匀的连续的胶膜。此工序要求在浸胶较均匀且能保证产品胶合强度的前提下，尽量减少浸胶量。

（1）浸胶方法

目前常用的浸胶方法分为周期式浸胶和连续式浸胶等两种。

图6-7 周期式浸胶

1）周期式浸胶（图 6-7）：即将木束打成小捆后，放入特制的吊笼中，然后将吊笼放入胶池中，放置一段时间后，将吊笼吊出胶池，沥干胶液后待干燥。此方法操作简单，投资较小。但存在浸胶不易均匀、沥胶时间较长的问题，因而需要准备较多的吊笼及较大的沥胶场地。

2）连续式浸胶（张齐生，1995）：将木束（3）一片一片地摆放在 U 形传送带（4）上，随着传送带（4）的运行，木束被送入浸胶池（1），再随着传送带（4）的运转，木束（3）从浸胶槽（1）中被传送带（5）输送出来，从而完成浸胶和沥胶过程。为了使浸胶更加均匀，在浸胶池的中间设置一个翻板装置（6），当木束通过翻板装置，则被翻转了 180°（图 6-8）。

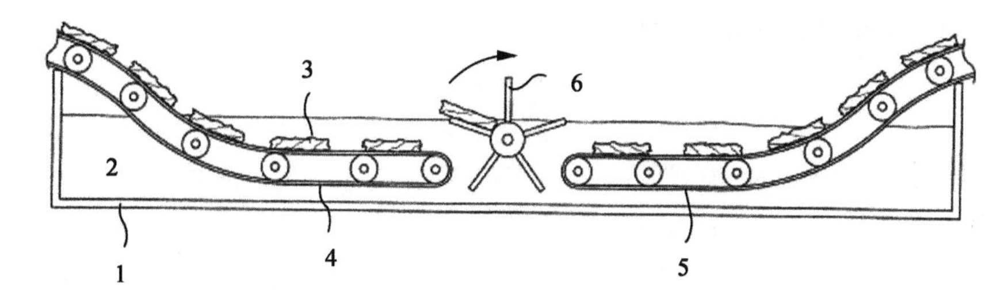

图6-8　连续式浸胶（Wilson and Mcdaniell, 2011）
1. 浸胶槽；2. 胶黏剂；3. 木束；4、5. 传送带；6. 翻板装置

此外，还可以根据目标产品的性能要求，通过真空加压浸渍、疏解浸胶同步浸渍等方法提高浸胶的均匀性。

（2）浸胶工艺

1）浸胶量的确定：浸胶量是衡量浸胶质量的重要指标，也是影响重组木产品质量的重要因素之一。若浸胶量过小，则会造成产品的胶合强度较低，甚至出现脱胶现象；若浸胶量过大，则会造成胶液的浪费，增加生产成本，且在胶合成型过程中胶液易被挤出而影响产品的表观质量。因此，原则上认为在能够保证产品的胶合强度的前提条件下，浸胶量越小越好。

2）浸胶量的控制：实际生产中是利用胶黏剂的固含量、浸胶时间和沥胶时间来控制木束的浸胶量。影响浸胶量的因素较多，如木束的树种、疏解度、含水率、胶液的种类，以及木束的堆积及打捆的松紧程度等。在上述的诸多因素都大致确定后，先确定胶黏剂的固含量，再通过调整浸胶时间和沥胶时间，以确保浸胶量的准确性。目前生产中普遍采用的低分子量水溶性酚醛树脂，其固含量为10%~25%，浸胶时间控制在10~15min，沥胶时间应以不再滴胶为止，这样就可以达到7%~18%的浸胶量。

3）浸胶量的测定：目前，重组木的浸胶量测定通常采用干燥称重法和不干燥称重法。

干燥称重法：称取一定质量（m_1）干燥好的木束，按照设定的浸胶工艺进行浸胶，之后将木束取出，放入烘箱中烘到绝干，称其质量（m_2），按照式（6.2）计算浸胶量，每种浸胶工艺条件重复5次测定，结果取其算术平均值。

$$M=\frac{(m_2-m_1)}{m_1(1-a)}\times 100\% \tag{6.2}$$

式中，M为浸胶量；m_1为浸胶前的木束质量；m_2为浸胶干燥后的木束质量；a为浸胶前木束的含水率。

不干燥称重法：称取一定质量（m_1）干燥好的木束，按照设定的浸胶工艺进行浸胶，之后将木束取出，称其质量（m_2），按照式（6.3）计算浸胶量，每种浸胶工艺条件重复 5 次测定，结果取其算术平均值。

$$M=\frac{(m_2-m_1)\ \omega}{m_1\ (1-a)}\times 100\% \tag{6.3}$$

式中，M 为浸胶量；m_1 为浸胶前的木束质量；m_2 为浸胶后的木束质量；ω 为胶黏剂的固含量；a 为浸胶前木束的含水率。

目前，制造重组木所用的胶黏剂主要是水溶性的浸渍用低分子量酚醛树脂。水溶性的酚醛树脂在木束表面能够形成良好的润湿、吸附及渗透，其固化后具有良好的胶合性能，使得产品的耐水性和耐候性良好，可用于室外材和结构材等。但是，酚醛树脂具有固化温度高、颜色深及成本高等缺点，此外现有的酚醛树脂中游离酚含量偏高，容易污染环境，人体长期接触会引起皮肤过敏和呼吸道疾病等，对人的身体健康造成影响。为此，中国林业科学研究院木材工业研究所的研究人员采用三聚氰胺改性脲醛树脂胶黏剂和异氰酸酯胶黏剂替代酚醛树脂胶黏剂，并进行了应用试验，取得了良好的效果。

2. 木束浸胶后的干燥

木束浸胶后的干燥是生产重组木的关键工序之一，实际生产中只有干燥工艺控制适当才能得到较理想的干燥效果，从而保证最终产品的质量。

（1）沥胶

浸胶后的木束需要沥去附着在其表面的多余胶液，方能进行干燥处理，目的是节约生产成本及提高干燥效率。目前，沥胶可以采用重量法，即将浸过胶的木束垂直或平行放置在专用工装内，利用胶液本身的重力自然沥去。此方法操作简单，但会造成沥胶不均。沥胶也可以采用机械法，即将浸过胶的木束放入离心机，通过离心机的转动将多余的胶液甩去，此方法生产效率较高，但对离心机的要求也高。

（2）干燥要求

木束沥胶后即可进行干燥。在整个干燥过程中，既要保证较高的干燥速度，又要保证在干燥的同时，不能使浸入木束的胶液产生预固化，应将木束的终含水率较均匀地控制在 10%~15%。若在干燥过程中发生胶液部分或完全预固化，在后续的胶合成型过程中就会出现胶合不良甚至完全不能胶合的现象，这是在干燥过程中应特别注意的问题。

对于浸胶后木束干燥的终含水率的控制，目前有两种观点。一是从理论出发，终含水率应控制在 6%~8%，因为酚醛树脂对水分份额敏感性较大，要保证最终产品具有较好的耐沸水及耐候性能，应将木束的终含水率控制在较低水平。二是从实际生产或已颁布的标准出发，均对重组木的含水率提出了量的要求，因而目前生产中多将浸胶后木束干燥的终含水率控制在 10%~15%，既节约了能耗，又提高了生产效率。

（3）干燥方法及干燥工艺

浸胶后木束的干燥主要采用横向网带式干燥机，如图 6-9 所示，主要由机架（1）、传送装置（2）、加热装置（4）、排湿装置、冷却装置等部分组成，干燥机工作层数通常为 2~5 层，热源绝大多数为 0.4~1.0MPa 的饱和蒸汽，目前对于胶浸胶后干燥技术还不成熟，仍然存在干燥效率较低、能源消耗大、含水率不均匀、胶黏剂预固化的问题。目前有部分企业采用隧道窑干燥技术。在干燥过程中，为避免胶黏剂产生预固化现象，要求干燥温度应控制在 80℃以下，含水率一般控制在 10%~15%。

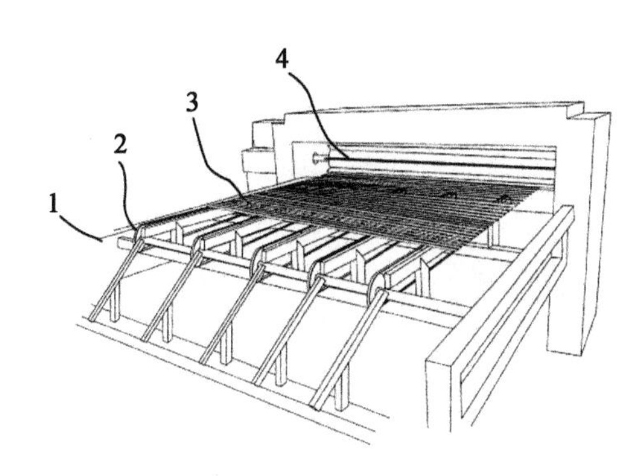

图6-9　网带式干燥机（Wilson and Mcdaniell，2011）
1. 机架；2. 传送装置；3. 木束；4. 加热装置

（4）含水率的测定

含水率的测定方法与浸胶前木束干燥含水率的测定方法基本相同，但需要注意，浸胶后木束的表面及表层均浸有胶液，若采用电阻测湿法误差较大，应采用重量法进行校正。

三、胶合成型

重组木的胶合成型是浸胶后的木束经组坯后在一定的温度、压力及时间的作用下，完成板材成型的过程，它历经了复杂的物理化学过程，木材细胞壁发生了密实及增强等变化，同时，细胞壁与胶黏剂之间形成了新的胶合界面，胶合成型是影响重组木的物理力学性能和尺寸稳定性的关键环节。目前，重组木的胶合成型主要包括冷压热固化和热压等两种成型工艺。

（一）冷压热固化工艺

冷压热固化工艺的技术特点：先将原木旋切成单板并裁剪形成一定规格尺寸的单板（条），经点裂或线裂疏解处理后形成纤维化单板，再经干燥、浸胶、再干燥处理后，将带胶的纤维化单板按一定的铺装规则铺装到模具中，盖上垫板，再将模具输送入冷压机，启动冷压机，在常温高压下将模具中的坯料压制到设计的目标厚度，穿上销钉锁定模具，然后将坯料连同模具一并输送入固化窑内进行固化胶合。

其工艺流程：原木→旋切→裁剪→单板（条）→疏解→纤维化单板→功能化处理→干燥→浸胶→再干燥→计量→装模→冷压成型→热固化→冷却→脱模→养生→裁边→砂光→方材→包装入库。

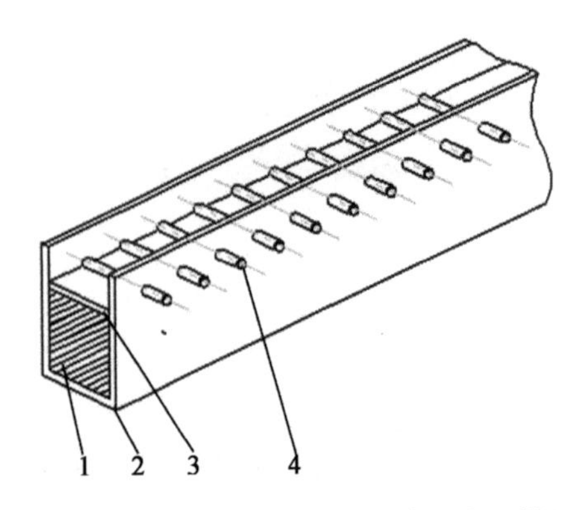

图6-10　纤维化单板重组木的冷压成型模具
（彩图请扫封底二维码）
1. 坯料；2. 铺装框；3. 垫板；4. 销钉

将纤维化单板铺装到如图 6-10 所示的模具内，盖上垫板，输送入冷压机，启动冷压机，冷压机的压头直接作用于上压板，可在短时间内产生超高压（80~100MPa），使得蓬松的纤维化单板坯料密实化，直至上压板被压至设定的目标位置，穿上销钉锁定模具后卸压，用运输机输送出带有压缩密实的重组木方料的模具。采用该成型工艺，不仅可以解决传统重组木铺装不均和难以定向等技术难点，还可以根据目标产品的用途，在铺装时进行纹理设计（图 6-11），提高产品的装饰性能。

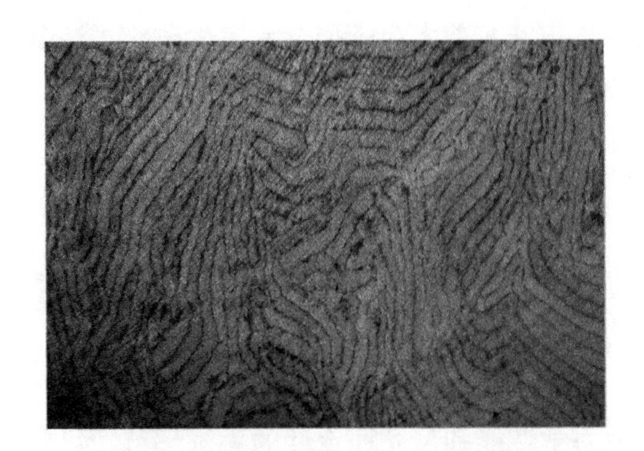

图6-11　纤维化单板重组木端面纹理

采用冷压热固化工艺生产的重组木方料，通常采用干燥固化，最初是将重组木方料交错堆放于固化房中，进行高温固化，但是由于固化房中不同位置高度的温度与湿度有所不同，并存在气流的盲区，从而造成重组木方料的固化程度不均匀。目前，通常采用连续式热固化隧道窑（图 6-12），重组木方料单层排列，且在运动中受热固化，隧道窑分升温区、保温区及降温区等，采用自动化控制，克服了箱式固化房的缺点，提高了重组木固化的均匀性，保证了产品质量的稳定性。

图6-12　热固化隧道窑

热固化工艺：采用连续式隧道固化窑设备，将装有重组木方料的模具排列在固化道支架上，支架在传动链条的带动下按一定的速度向前运动，依次通过隧道窑中的升温区、保温区及降温区等，最终完成固化。在升温区，坯料的温度可逐渐上升到 130~135℃；进入保温区，保持温度不变，通过在线检测系统待坯料的芯层温度也达到 130~135℃，保温 30min；至降温区，待坯料的芯层温度降至 60℃以下时，将带模具的重组木取出，堆垛进行自然冷却，并在室内平衡时效处理 4~5 天，即可进行脱模、裁边与锯解等后续工序。重组木方料在隧道窑中运动受热，有利于胶黏剂的均匀固化，但也存在升温速率慢、固化时间较长等问题，有待进一步改进技术。

目前，该工艺主要用于压制 15~18cm 厚度的重组木方材，常用的规格尺寸（长 × 宽 × 厚）：1930mm × 105mm × 150mm 和 2000mm × 145mm × 150mm。

（二）热压工艺

热压工艺的技术特点：先将原木旋切成单板并裁剪形成一定规格尺寸的单板（条），经点裂或线裂疏解处理后形成纤维化单板，再经干燥、浸胶、再干燥处理后，按顺纹方向较均匀地排列铺装在带有侧压挡板的垫板上，经运输机将板坯连同垫板一起送入装板机，再由装板机推送至热压机，启动热压机，在一定的热压压力和热压温度下经过一定的热压时间，将板坯压制成重组木成板。

工艺流程：原木→旋切→裁剪→单板（条）→疏解→纤维化单板→功能化处理→干燥→浸胶→再干燥→计量→组坯→热压→养生→裁边→砂光→板材→包装入库。

在“计量”工序之前的流程同冷压热固化工艺，之后为热压工艺的主要生产工序。

组坯：将已计量好的浸胶干燥后的纤维化木单板按顺纹方向较均匀地铺装在带有侧压挡板的垫板（1）上，挡板包括挡块（2）、底杆（3）和多支活动挡杆（4）等，挡块固定于垫板上挡靠于底杆外侧，多支活动挡杆通过螺栓连接于底杆内侧，如图 6-13 所示。活动挡杆可水平卧倒，当水平卧倒时，相邻的活动挡杆首尾相接，可变高度摆动式多杆挡边始终挡于坯料的两侧，以使压制过程坯料不发生塌边，有助于保持板坯整体密度的均匀性，提高材料的利用率。

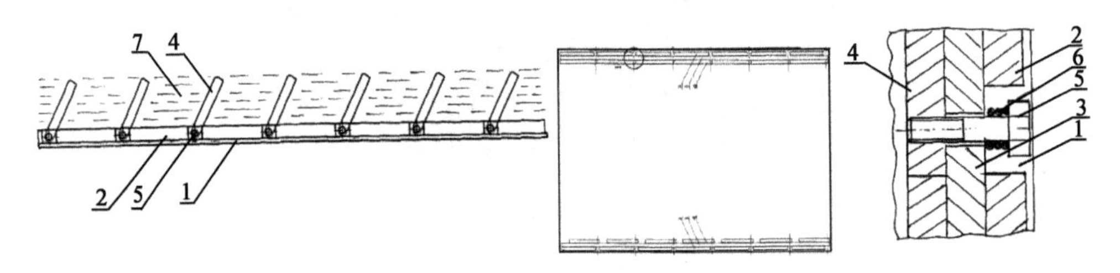

图6-13　带有侧压挡板的垫板示意图

1. 垫板；2. 挡块；3. 底杆；4. 多支活动挡杆；5. 螺栓；6. 压缩弹簧；7. 板坯

热压：当热压机的热压板温度达到 55~60℃时，开启装板机将坯料连同垫板一起推送入热压机，启动压机闭合按钮，压力控制为 4.0~6.0MPa；通入过热蒸汽使热压板升温，当热压板的温度升到 135~140℃时，控制过热蒸汽的通入量，以保持热压板的温度基本不变，按 1.0~1.5min/mm 板厚进行保温；保温时间完成后，再通入冷水对热压板进行降温处理，通过在线检测温度系统观察，当板坯的芯层温度降至 55~60℃时，卸压并打开热压机，开启卸板机，将压制好的成板取出，经翻板冷却机、出板机，最后堆垛，在室内进行平衡时效处理 4~5 天，即可进行后续加工。

目前，热压工艺主要用于压制 2~5cm 厚度的薄型重组木板材，常用的规格尺寸（长 × 宽 × 厚）：2440mm × 1220mm ×（20~40）mm，最大长度可达 5000mm。

（三）两种成型工艺对比

采用冷压热固化工艺生产的重组木的密度相对较均匀，纹理富于变化，且生产效率较高、能耗低。但是，由于采用冷压热固化工艺需要施以高压，木材的细胞壁易被简单机械压溃，并且冷压成型的板坯密度较大，通常可以达到 1.0~1.2g/cm^3，木束表面的胶黏剂在固化过程中的流动不畅，极易造成被压溃的细胞壁内局部缺少胶黏剂；另外，采用隧道式固化，其升温速率慢，导致木束中的胶黏剂长时间处在低温条件下，容易产生预固化，使得部分胶黏剂失效，最终导致产品性能的不稳定。

采用热压工艺生产的重组木，用的是传统的接触式的传热技术，升温速度快，热压时间较短（1.5~2.0h），远少于冷压热固化的时间（10~12h）；热压压力4.0~6.0MPa，也远低于冷压成型的压力，在一定程度上弥补了冷压热固化法的不足。存在的问题：①需采用冷进冷出工艺，热能损耗大，热压效率低，易引起重组木板材的鼓泡等热压缺陷；②铺装时，由于纤维化单板中的纤维束容易搭接、错位等，易发生斜纹理和铺装不均等问题。

（四）生产工艺对桉树重组木性能的影响

1. 密度对桉树重组木性能的影响

（1）密度对桉树重组木耐水性能的影响

在相同的制板工艺条件下，采用冷压热固化法制备的不同密度的桉树重组木，板材的耐水性能见表 6-1。

表 6-1　密度对桉树重组木耐水性能的影响

密度/（g/cm³）	63℃水泡			28h 循环水煮								
	24h			水煮 4h			干燥 20h			水煮 4h		
	WSR/%	TSR/%	WAR/%	WSR/%	TSR/%	WAR/%	WSR/%	TSR/%	WAR/%	WSR/%	TSR/%	WAR/%
0.86	6.12	34.74	53.61	—	—	—	—	—	—	—	—	—
0.96	4.86	29.58	49.33	6.88	30.79	64.83	1.95	15.43	−2.52	7.52	34.92	72.04
1.06	4.41	23.34	35.37	6.34	23.55	49.91	2.38	14.21	1.25	7.06	28.13	59.44
1.15	3.51	15.67	25.67	3.87	21.53	24.54	0.79	12.83	−1.36	4.55	26.88	30.98
1.19	2.46	10.60	18.55	2.52	19.85	21.85	0.28	10.96	−1.26	3.81	22.25	29.17

注：WSR 为吸水宽度膨胀率；TSR 为吸水厚度膨胀率；WAR 为吸水率

由表 6-1 可以看出，无论是经过 63℃热水的浸泡还是 28h 循环水煮处理，除了密度为 0.86g/cm^3 的重组木试件经过 4h 水煮处理后，发生了剥离、散坏现象外，其他密度的重组木试件均保持完好状态。重组木的 TSR、WSR 和 WAR 均随着密度的增大而呈现下降趋势，即桉树重组木的密度越大，其耐水性越好。

（2）密度对桉树重组木力学性能的影响

在相同的制板工艺条件下，采用冷压热固化法制备的不同密度的桉树重组木，板材的力学性能见表 6-2。

从表 6-2 可以看出，随着密度的增加，桉树重组木的力学性能呈增加趋势，当密度达到 1.19g/cm^3 时，与尾叶桉实木相比，桉树重组木的静曲强度（MOR）增加了 58.95%，达到 154.02MPa；与《结构用竹木复合板》（GB/T 21128—

2007）规定的 A 级（MOR ≥ 90MPa）相比，超出了 71.13%；与《单板层积材》（GB/T 20241—2006）规定的结构用单板层积材 180E 级优等品（MOR ≥ 67.5MPa）相比，超出了 128.17%，因此可见，利用速生林小径级桉树经过纤维化单板重组后制造的桉树重组木，其静曲强度（MOR）达到或超过了相关标准中对优质结构材的静曲强度的指标要求。

表 6-2　密度对桉树重组木力学性能的影响

试样类别	密度/（g/cm³）	MC/%	抗弯性能/MPa		抗拉抗压性能/MPa		抗剪性能/MPa	
			MOR	MOE	TS	CS	$HS_{\perp}$	$HS_{//}$
桉树重组木	0.86	5.93	99.71	15 600	67.75	65.55	7.96	11.22
	0.96	6.37	112.96	16 631	93.47	88.67	10.32	12.05
	1.06	5.76	132.23	19 503	113.82	102.11	14.27	14.06
	1.15	5.42	144.14	19 765	127.54	120.11	18.78	15.68
	1.19	5.48	154.02	19 697	133.56	127.63	22.35	17.73
尾叶桉实木（余养伦和于文吉，2009）	0.65	8.54	96.9	12 600	92.5	52.8	—	—
尾叶桉 LVL（余养伦和于文吉，2009）	0.70	8.32	119.00	14 189	—	—	8.48	9.6
GB/T 20241—2006	—	6~14	16.0~67.5	6 000~18 000	—	—	3.5~6.5	3.0~5.5

注：MC 为含水率；MOR 为静曲强度；MOE 为弹性模量；TS 为抗拉强度；CS 为抗压强度；$HS_{\perp}$为垂直加载水平剪切强度；$HS_{//}$ 为平行加载水平剪切强度

虽然重组木的性能基本随着密度的增大而增强，但是密度增大的同时也意味着生产成本的增加，因此应在保证产品的使用性能的前提条件下，尽量地降低重组木的密度，降低生产成本。

2. 单板厚度对桉树重组木性能的影响

（1）单板厚度对桉树重组木耐水性能的影响

采用不同厚度的桉树单板，经过疏解碾压制备的重组木，其耐水性能如表 6-3 所示。随着单板厚度的增加，桉树重组木的吸水宽度膨胀率、吸水厚度膨胀率和吸水率均呈现增加的趋势，表明其耐水性降低。随着单板厚度的增加，疏解后木束的直径也随之增大，存在表层、芯层涂胶不匀的现象，即木束表层的涂胶量大于芯层，容易造成芯层缺胶，从而导致重组木的耐水性变差。

表 6-3　单板厚度对桉树重组木耐水性能的影响

单板厚度/mm	密度/(g/cm^3)	63℃水泡			28h 循环水煮								
		24h			水煮 4h			干燥 20h			水煮 4h		
		WSR/%	TSR/%	WAR/%	WSR/%	TSR/%	WAR/%	WSR/%	TSR/%	WAR/%	WSR/%	TSR/%	WAR/%
2	1.03	4.43	18.26	34.79	5.22	25.35	49.49	1.28	15.99	−0.08	5.15	26.91	52.78
4	1.00	4.84	25.54	38.63	5.86	33.55	54.72	1.35	18.00	−2.27	6.40	36.19	59.04
8	0.99	5.07	28.49	42.17	6.48	36.92	57.35	1.36	20.36	−2.43	6.79	40.34	60.28

注：WSR 为吸水宽度膨胀率；TSR 为吸水厚度膨胀率；WAR 为吸水率

（2）单板厚度对桉树重组木力学性能的影响

采用不同厚度的桉树单板，经过疏解碾压制备的重组木，其力学性能如表 6-4 所示。随着单板厚度的增加，重组木的静曲强度和弹性模量均呈下降趋势。其主要原因是随着单板厚度的增加，为了达到相同的疏解度，则需要增加疏解辊的对数，这就使得单板表面的纤维沿纵向的损伤较严重，降低了纤维化单板的强度和刚度；此外，随着单板厚度的增加，增大了疏解的不均匀性，部分为疏解的纤维束，导致浸胶不均匀，出现缺胶现象，在重组材内部形成薄弱环节，因此，随着单板厚度的增加，重组木的静曲强度（MOR）和弹性模量（MOE）呈现下降趋势，并且对静曲强度（MOR）的影响较大。

表 6-4　单板厚度对桉树重组木力学性能的影响

单板厚度 /mm	密度 /(g/cm^3)	MC/%	抗弯性能 /MPa		抗拉抗压性能 /MPa		抗剪性能 /MPa	
			MOR	MOE	TS	CS	$HS_{\perp}$	$HS_{//}$
2	1.03	6.14	163.26	21 137.83	120.54	116.01	14.27	13.86
4	1.02	5.76	132.23	19 503.83	115.15	98.27	15.29	14.06
8	0.99	7.17	124.65	17 785.67	107.76	93.97	16.87	14.06

注：MC 为含水率；MOR 为静曲强度；MOE 为弹性模量；TS 为抗拉强度；CS 为抗压强度；$HS_{\perp}$为垂直加载水平剪切强度；$HS_{//}$为平行加载水平剪切强度

采用先单板化再疏解的工艺，单板厚度对生产效率和产品质量等均具有显著的影响。若采用薄单板，则疏解效率较低；为了提高疏解效率，则需要增加单板厚度，这又导致了产品性能的下降。因此，有必要加大对厚单板疏解技术的研发。

3. 涂胶量对桉树重组木性能的影响

（1）涂胶量对桉树重组木耐水性能的影响

涂胶量对重组木的耐水性能具有明显的影响，如表 6-5 所示。随着涂胶量的增加，桉树重组木的吸水厚度膨胀率、吸水宽度膨胀率和吸水率均呈下降趋势，即重组木的耐水性能提高。

表 6-5　涂胶量对桉树重组木耐水性能的影响

涂胶量/%	密度/(g/cm³)	63℃水泡 24h			28h 循环水煮								
					水煮 4h			干燥 20h			水煮 4h		
		WSR/%	TSR/%	WAR/%	WSR/%	TSR/%	WAR/%	WSR/%	TSR/%	WAR/%	WSR/%	TSR/%	WAR/%
7	1.06	2.42	11.48	27.22	3.87	21.53	24.54	0.79	12.83	−1.36	4.55	30.25	30.98
12	1.09	1.43	5.13	15.96	2.52	12.85	15.85	0.28	6.96	−1.26	3.81	14.13	19.17
18	1.08	1.38	4.55	13.10	1.28	5.18	9.64	−0.41	0.40	−3.33	1.37	5.91	10.18

注：WSR 为吸水宽度膨胀率；TSR 为吸水厚度膨胀率；WAR 为吸水率

（2）涂胶量对桉树重组木力学性能的影响

涂胶量对重组木力学性能的影响如表 6-6 所示。随着涂胶量的增加，桉树重组木的力学性能如抗拉强度、抗压强度等均呈增加趋势。

表 6-6　涂胶量对桉树重组木力学性能的影响

涂胶量/%	密度/(g/cm³)	MC/%	抗弯性能/MPa		抗拉抗压性能/MPa		抗剪性能/MPa	
			MOR	MOE	TS	CS	HS⊥	HS//
7	1.10	6.86	128.99	17 018.00	80.79	92.63	16.62	15.68
12	1.09	5.48	154.02	19 564.17	121.26	99.61	18.89	16.24
18	1.08	6.28	157.19	19 697.33	120.54	116.01	21.13	18.54

注：MC 为含水率；MOR 为静曲强度；MOE 为弹性模量；TS 为抗拉强度；CS 为抗压强度；HS⊥为垂直加载水平剪切强度；HS// 为平行加载水平剪切强度

第三节　重组木性能测试与评价

重组木问世距今已有 30 多年的历史，虽然近年来在中国实现了小批量的生产，但是还未实现大规模的产业化生产，人们对它的认识还比较陌生，因此，全面了解重组木的各项物理力学性能及机械加工性能等，对于人们合理地使用重组木并拓宽重组木的应用领域，都具有十分重要的意义。重组木的物理力学性能与原材料的树种、胶黏剂的种类、生产工艺、产品结构等诸多因素有关。目前，中国有关重组木的标准只有《重组木地板》（LY/T 1984—2011）行业标准 1 项，因此，有关重组木的各项性能指标的测试方法及指标要求，通常参照《人造板及饰面人造板理化性能试验方法》（GB/T 17657—2013）、《单板层积材》（GB/T 20241—2006）和《重组竹地板》（GB/T 30364—2013）等国家标准进行。

一、物 理 性 能

1. 含水率

重组木的含水率是指板材成型以后，在室温条件下经过一段时间的存放，经调温调湿处理后再抽样进行测定，用绝对含水率的数值来表示。绝对含水率可用式（6.4）计算。

$$H=\frac{m_u-m_0}{m_0}\times 100\% \tag{6.4}$$

式中，H 为试件的绝对含水率（%）：m_u 为试件抽样时的质量（g）；m_0 为试件干燥至绝干时的质量（g）。

通常，重组木的含水率应控制在 6%~14%。以酚醛树脂为胶黏剂制造的重组木，其含水率应小于 10%；以脲醛树脂为胶黏剂制造的重组木，其含水率应小于 12%；以异氰酸酯为胶黏剂制造的重组木，其含水率应小于 14%。

2. 密度

单位体积的质量为密度。密度是制造重组木的一项重要理化性能指标，它直接影响产品的质量和生产成本等。对重组木密度的有效控制与调节，既可以保证产品质量的稳定性，又可以适当地降低产品的生产成本，具有十分重要的意义。密度可用式（6.5）计算。

$$\rho=\frac{m}{a\times b\times h}\times 1000 \tag{6.5}$$

式中，ρ 为试件的密度（g/cm^3）；m 为试件的质量（g）；a 为试件的长度（mm）；b 为试件的宽度（mm）；h 为试件的厚度（mm）。

若将桉树重组木应用于装饰材时，应考虑到装饰材的表面粗糙度、胶合质量等要求，其密度通常要求大于 $1.00g/cm^3$；若应用于结构材时，当密度达到 $0.85g/cm^3$，其力学性能就能满足结构材的要求。

3. 吸水率

重组木的吸水率是指重组木在水中浸泡一定的时间后，其吸收水分的数量，是重组木耐水性的重要指标之一。吸水率可用式（6.6）计算。

$$\Delta w=\frac{m_2-m_1}{m_1}\times 100\% \tag{6.6}$$

式中，Δw 为试件的吸水率（%）；m_1 为吸水前试件的质量（g）；m_2 为吸水后试件的质量（g）。

根据重组木的使用环境的不同，对试件的处理条件也不同。根据对试件的不同处理条件，分为常温水浸泡（常规处理方法）、63℃热水浸泡和 28h 循环水煮等 3 种吸水率，其中室内环境下使用的重组木试件通常采用常规处理方法，暴露在潮湿环境下使用的重组木试件采用63℃热水浸泡处理方法，而室外环境下使用的重组木试件则应采用28h循环水煮处理方法。三种处理方法的具体操作内容如下。

（1）常规处理方法

将试件浸于pH为7±1、温度为（20±1）℃的恒温水槽中，试件表面垂直于水平面。试件之间及试件与水槽底部和槽壁之间至少相距15mm，试件上端低于水平面（25±5）mm，使其可自由膨胀。试件浸泡（24h±15）min，从水中取出试件，擦去试件表面附着的水，在室温下冷却10min进行测试。

（2）63℃热水浸泡处理方法

将试件浸于pH为7±1、温度为（63±3）℃的恒温水槽中，试件表面垂直于水平面。试件之间及试件与水槽底部和槽壁之间至少相距15mm，试件上端低于水平面（25±5）mm，使其可自由膨胀。试件浸泡（24h±15）min，从水中取出试件，擦去试件表面附着的水，在室温下冷却10min进行测试。

（3）28h循环水煮处理方法

将试件浸入（100±2）℃沸水中煮4h，取出后直接将试件分开平放在（63±3）℃的鼓风干燥箱中干燥20h，再浸入（100±2）℃沸水中煮4h，取出后擦去试件表面附着的水，在室温下冷却10min进行测试。试件在水煮时，试件表面垂直于水平面。试件之间及试件与水槽底部和槽壁之间至少相距15mm，试件上端低于水平面（25±5）mm，使其可自由膨胀。

4. 吸水宽度膨胀率

吸水宽度膨胀率是确定试件吸水后宽度的增加量与吸水前宽度的比，是重组木尺寸稳定性和耐水性的重要指标之一。吸水宽度膨胀率可用以式（6.7）计算。

$$T_b = \frac{b_2 - b_1}{b_1} \times 100\% \tag{6.7}$$

式中，T_b为试件的吸水宽度膨胀率（%）；b_1为吸水前试件的宽度（mm）；b_2为吸水后试件的宽度（mm）。

根据重组木的不同使用环境，对试件的处理方法也不同，分为常温水浸泡、63℃热水浸泡和28h循环水煮等3种不同处理方法，其中室内环境下使用的重组木试件通常采用常规处理方法，暴露在潮湿环境下使用的重组木试件采用63℃热水浸泡处理方法，而室外环境下使用的重组木试件则应采用28h循环水煮处理方法。

5. 吸水厚度膨胀率

吸水厚度膨胀率是确定试件吸水后厚度的增加量与吸水前厚度的比，是重组木尺寸稳定性和耐水性最重要的指标之一。吸水厚度膨胀率可用式（6.8）计算。

$$T_h = \frac{h_2 - h_1}{h_1} \times 100\% \quad (6.8)$$

式中，T_h 为试件的吸水厚度膨胀率（%）；h_1 为浸水前试件的厚度（mm）；h_2 为浸水后试件的厚度（mm）。

根据重组木的不同使用环境，对试件的处理方法也不同，分为常温水浸泡、63℃热水浸泡和 28h 循环水煮等 3 种不同处理方法，其中室内用重组木试件通常采用常规处理方法，暴露在潮湿环境下使用的重组木试件采用 63℃热水浸泡处理方法，而用于室外的重组木试件则应采用 28h 循环水煮处理方法。

二、力学性能

重组木具有良好的力学性能，可以用于工程结构材料。力学性能是评价重组木产品质量优劣的重要标志之一。重组木的主要力学性能包括弯曲性能、拉伸性能、压缩性能、水平剪切强度、内结合强度、冲击韧性等。

1. 弯曲性能

（1）静曲强度（MOR）

静曲强度是材料承受弯曲应力的能力，是确定试件在最大载荷作用时的弯矩和抗弯截面模量之比。采用三点弯曲试验方法，其静曲强度可用式（6.9）计算，精确至 1MPa。

$$\sigma_b = \frac{3 \times P_{max} \times L}{2 \times b \times h^2} \quad (6.9)$$

式中，σ_b 为试件的静曲强度（MPa）；P_{max} 为试件破坏时的最大载荷（N）；L 为支座距离（mm）；b 为试件的宽度（mm）；h 为试件的厚度（mm）。

（2）弹性模量（MOE）

弹性模量是材料刚度大小的标志。采用三点弯曲试验方法，其弹性模量可以用式（6.10）计算，精确至 1MPa。

$$E = \frac{1}{4} \times \frac{\Delta P L^3}{\Delta f b h^3} \quad (6.10)$$

式中，E 为试件的弹性模量（MPa）；L 为支座距离（mm）；b 为试件的宽度（mm）；h 为试件的厚度（mm）；$\frac{\Delta P}{\Delta f}$ 为试件在比例极限内载荷 - 变形曲线的斜率。

2. 拉伸性能

拉伸试验指在承受轴向拉伸载荷下测定的材料特性的试验方法。利用拉伸试验得到的数据可以确定材料的弹性极限、伸长率、弹性模量、比例极限、面积缩减量、抗拉强度、屈服点、屈服强度和其他拉伸性能指标，通常采用抗拉强度和抗拉弹性模量两个指标表征重组木的拉伸性能。

（1）抗拉强度

抗拉强度是材料抵抗拉伸断裂的一种指标，可用式（6.11）计算，精确至1MPa。

$$\sigma_t=\frac{P_{max}}{bh} \tag{6.11}$$

式中，σ_t 为试件的抗拉强度（MPa）；P_{max} 为试件破坏时的最大载荷（N）；b 为试件的宽度（mm）；h 为试件的厚度（mm）。

（2）抗拉弹性模量

试件的抗拉弹性模量可按式（6.12）计算，精确至1MPa。

$$E_t=\frac{L_0\times\Delta P}{b\times h\times\Delta f} \tag{6.12}$$

式中，E_t 为试件的拉伸弹性模量（MPa）；L_0 为测量标距（mm）；$\frac{\Delta P}{\Delta f}$为试件在比例极限内载荷-变形曲线的斜率；$b$ 为试件的宽度（mm）；h 为试件的厚度（mm）。

3. 压缩性能

重组木属各向异性材料，其拉伸性能与压缩性能之间存在很大差异，一般而言，其抗压性能远低于抗拉性能。压缩性能的测试目的是测定重组木顺纹方向的抗压强度和抗压弹性模量。

（1）抗压强度

试件的抗压强度可按式（6.13）计算，精确至1MPa。

$$\sigma_c=\frac{P_{max}}{bh} \tag{6.13}$$

式中，σ_c 为试件的抗压强度（MPa）；P_{max} 为试件破坏时的最大载荷（N）；b 为试件的宽度（mm）；h 为试件的厚度（mm）。

（2）抗压弹性模量

试件的抗压弹性模量可按式（6.14）计算，精确至1MPa。

$$E_c=\frac{L_0\times\Delta P}{b\times h\times\Delta f} \tag{6.14}$$

式中，E_c 为试件的抗压弹性模量（MPa）；L_0 为测量标距（mm）；$\frac{\Delta P}{\Delta f}$为试件在比例极限内载荷-变形曲线的斜率；$b$ 为试件的宽度（mm）；h 为试件的厚度（mm）。

4. 水平剪切强度

水平剪切强度主要是反映材料在短梁剪切力作用下的胶合性能，分为平行加载水平剪切强度（试件加载方向与压缩面平行，图 6-14）和垂直加载水平剪切强度（试件加载方向与压缩面垂直，图 6-15），水平剪切强度可用式（6.15）计算，精确至 1MPa。

$$\tau=\frac{3F}{4bh} \tag{6.15}$$

式中，τ 为试件的水平剪切强度（MPa）；F 为试件的最大载荷（N）；b 为试件的宽度（mm）；h 为试件的厚度（mm）。

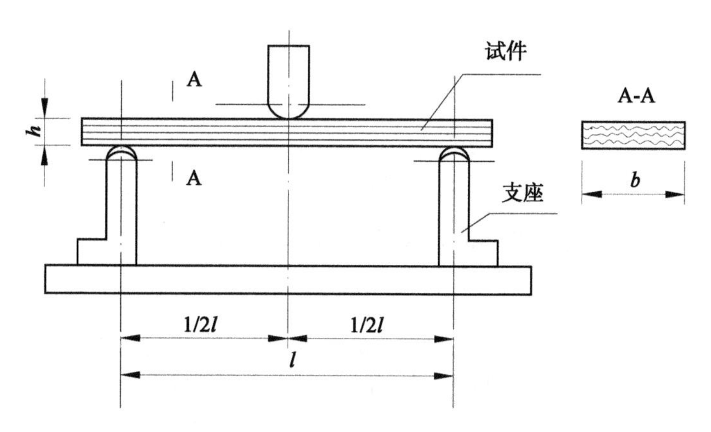

图6-14　重组木水平剪切强度测定(垂直加载)示意图

l. 支座跨距；*h*. 试件厚度；*b*. 试件宽度

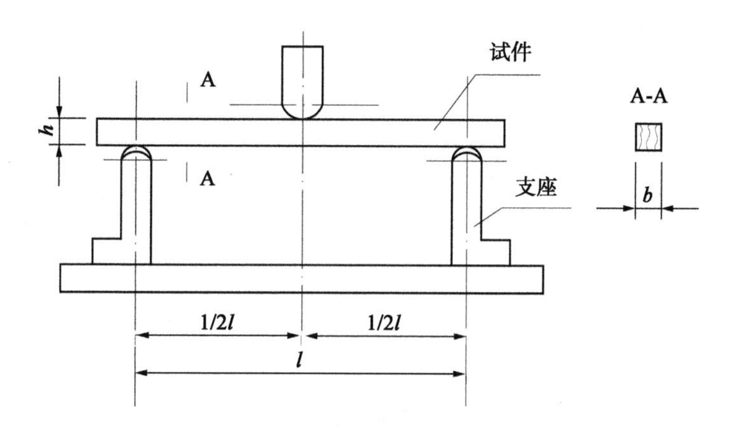

图6-15　重组木水平剪切强度测定(平行加载)示意图

l. 支座跨距；*h*. 试件厚度；*b*. 试件宽度

试件被破坏的 5 种类型如下。

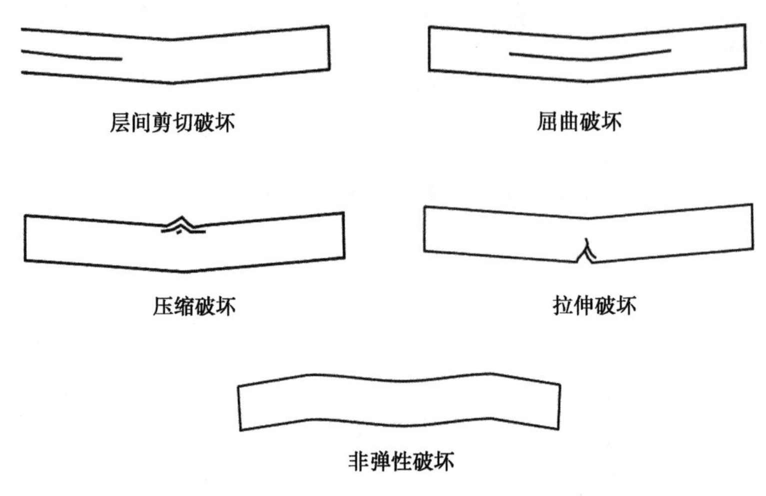

图6-16　水平剪切破坏类型示意图

5. 内结合强度

内结合强度是确定垂直于试件表面的最大破坏拉力和试件面积之比，可用于表征材料的胶合牢固程度，可按式（6.16）计算，精确至 1MPa。

$$\tau=\frac{P}{a \cdot b} \tag{6.16}$$

式中，τ 为试件的内结合强度（MPa）；P 为试件的最大破坏载荷（N）；a 为试件的长度（mm）；b 为试件的宽度（mm）。

6. 冲击韧性

冲击韧性是材料承受冲击载荷而折断时，材料单位面积吸收的能量，也称冲击功或冲击系数。冲击韧性用单位面积试样破坏时所消耗的能量来表示，可用式（6.17）计算。

$$T=\frac{A}{b \cdot h} \tag{6.17}$$

式中，T 为冲击韧性（J/cm^2）；A 为试件吸收的能量（J）；b 为试件的宽度（cm）；h 为试件的高度（cm）。

第四节　重组木的应用

重组木是以不打乱纤维排列方向、保留木材基本特性为前提，将小径级木材等人工速生材经疏解加工并重新组合，制造的性能可控、规格可调、具有天然木材纹理结构的新型木质复合材料。重组木具有原材料来源广、材料的性能可控和可设计性、机械加工和表面装饰性能好等特点，可以替代优质硬质阔叶材，具有非常广阔的应用前景。但是，传统的重组木制造技术不成熟，造成了产品质量差和生产成本高等问题，致使重组木在产业化和市场推广等方面遇到了技术瓶颈，导致人们对其丧失了信心。然而，随着10年多以来重组竹制造技术的成功开发及大规模的产业化生产，又激发了科研人员对重组木的热情，中国林业科学研究院木材工业研究所、青岛国森机械有限公司、浙江仕强竹业有限公司等科研院所和装备制造企业，在借鉴了重组竹产业化成功经验的基础上，开发出了新一代的重组木制造技术、装备和新产品等，并且已实现了小规模的批量化生产。目前，产品已经在地板、家具、建筑梁柱等领域进行了小规模的示范应用，效果良好。

一、重组木地板

重组木地板是以重组木为原材料生产加工的地板。按结构分为普通重组木地板和复合重组木地板；按表面涂饰分为涂饰重组木地板（包括亚光、半亚光、高光等）和未涂饰重组木地板；按组分单元处理分为天然重组木地板、炭化色重组木地板和染色重组木地板。

1. 重组木地板的质量要求

（1）规格尺寸及允许偏差

规格尺寸是选择地板的重要依据之一，允许的尺寸偏差则是保证地板铺装质量的重要因子，林业行业标准《重组木地板》（LY/T 1984—2011）中对重组木地板的规格尺寸及允许偏差做出了指导性的规定，如表6-7所示。

表6-7　规格尺寸及允许偏差

项目	单位	规格尺寸	允许偏差
面层长度	mm	450~1860	公称长度 l_n 与每个测量值 l_m 之差的绝对值≤ 1.0
面层宽度	mm	75~200	公称宽度 w_n 与平均宽度 w_a 之差的绝对值≤ 0.20； 宽度最大值 w_{max} 与最小值 w_{min} 之差≤ 0.20
厚度	mm	10~30	公称厚度 t_n 与平均厚度 t_a 之差的绝对值≤ 0.3； 厚度最大值 t_{max} 与最小值 t_{min} 之差≤ 0.3
直角度	mm	/	$q_{max} \leq 0.2$
边缘直度	mm/m	/	$s_{max} \leq 0.3$
翘曲度	%	/	长度方向翘曲度 $f_l \leq 1.0$ 宽度方向翘曲度 $f_w \leq 0.2$
拼装高度差	mm	/	拼装高度差平均值 $h_a \leq 0.2$ 拼装高度差最大值 $h_{max} \leq 0.3$
拼装离缝	mm	/	拼装离缝平均值 $o_a \leq 0.15$ 拼装离缝最大值 $o_{max} \leq 0.20$

注：经供需双方协议可生产其他规格产品

（2）外观质量

外观质量是分级的重要依据，也是人们选择地板的第一感观，林业行业标准《重组木地板》（LY/T 1984—2011）中对重组木地板的外观质量做出了详尽的要求，并依据外观质量将重组木地板分为优等品、一等品和合格品等 3 种，如表 6-8 所示。

表 6-8　外观质量要求

项目		优等品	一等品	合格品
未刨部分和刨痕	表面、侧面	不允许		轻微
	背面	允许		
榫舌残缺	残缺长度	不允许	≤全长的 10%	≤全长的 20%
	残缺宽度		≤ 2mm	
腐朽		不允许		
裂缝		不允许	允许一条，宽度≤ 0.2mm，长度≤板长的 10%	允许一条，宽度≤ 0.2mm，长度≤板长的 20%
波纹		不允许		不明显
毛刺沟痕		不允许		
污染		不允许		≤板面积的 5%（累计）
鼓泡（$\phi \leqslant 0.5$mm）		不允许	每板不超过 3 个	每板不超过 5 个
针孔（$\phi \leqslant 0.5$mm）		不允许	每板不超过 3 个	每板不超过 5 个
皱皮		不允许		≤板面积的 5%
漏漆		不允许		≤板面积的 5%
粒子		不允许		轻微

注：鼓泡、针孔、皱皮、漏漆、粒子为涂饰重组木地板检测项目

（3）理化性能

理化性能是地板最重要的内在质量指标，理化性能的优劣将直接影响地板能否被选用，林业行业标准《重组木地板》（LY/T 1984—2011）中对重组木地板的理化性能进行了严格的规定，如表 6-9 所示。

表 6-9　理化性能要求

项目	单位	要求
含水率	%	6.0~14.0
密度	g/cm^3	≥ 0.85
吸水厚度膨胀率	%	≤ 5.0
静曲强度	MPa	≥ 60.0

续表

项目		单位	要求
内胶合（结合）强度		MPa	2.0
漆膜硬度		/	≥ 2H
表面漆膜耐磨性	磨耗转数	r	磨 100 转后表面留有漆膜
	磨耗值	g/100r	≤ 0.12
表面耐污染性		/	无污染痕迹
表面漆膜附着力		/	割痕及割痕交叉处允许有少量断续剥落
甲醛释放量		/	按 GB 18580 地板类的要求
表面抗冲击性能		mm	落球高度等于 1000，压痕直径≤ 10，无裂纹
耐光色牢度 *		级	按 LY/T 1655—2006 中执行
导热效能 *		℃/h	≥ 8

注：天然色重组木地板不要求做耐光色牢度试验；客户对以上各项性能指标另有要求的，按合同约定。* 为非必检项目，需方有要求时检测

2. 桉树重组木地板性能

桉树木材具有刚度大、强度好、材质细致、纹理美丽、颜色多样等特点，是制造重组木的理想原料之一。利用桉树木材制造的重组木地板，经第三方检验机构的检测，其各项物理力学性能均达到了《重组木地板》（LY/T 1984—2011）标准的要求，如表 6-10 所示。

表 6-10　桉树重组木地板性能指标

检测项目		单位	标准规定值	检测结果
密度		g/cm^3	≥ 0.85	1.00
含水率		%	6.0~14.0	12.0
静曲强度		MPa	≥ 60.0	$\overline{X}$=136.7；X_{min}：119.0
弹性模量		MPa	—	14 460
内结合强度		MPa	2.0	2.19
硬度		kN	—	9.00
甲醛释放量		mg/L	≤ 1.5	0.4
表面抗冲击性能		mm	压痕直径≤ 10；无裂纹	压痕直径：6.0
表面漆膜耐磨性	磨耗转数	r	磨 100 转后表面留有漆膜	磨 100 转后表面留有漆膜
	磨耗值	g/100r	≤ 0.15	0.14

二、重组木家具

1. 家具用材的要求

制造家具用的重组木应具备的性能要求：具有较大的顺纹抗压强度、抗弯强度及劈裂强度，胀缩性较小，有适当的韧性和硬度且纹理直等。高档家具用材，除了上述条件外，还应要求重组木的纹理和色泽美观、结构细致均匀、切削面的粗糙度较小、胶合和油漆性能良好、无腐朽和虫蛀等。

2. 重组木作为家具材的适应性

（1）力学性能

重组木是人工林木材经过疏解、重组、压缩、胶合、密实等改性加工而成的。改性后，材料的密度增加，强度提高。例如，同树种的幼龄材原料本身的强度仅为其成熟材的 50%~70%，但若以此树种的幼龄材为原料制造重组木，只要加大重组木的设计密度，其强度就可以达到优质无缺陷成熟材的 100% 或更高。表 6-11 为以桉树、橡胶木和杨木等 3 种人工速生林木材为原料制造的重组木与黄檀实木的主要物理力学性能。从表 6-11 可以看出，3 种以人工速生材为原料制造的重组木，其性能与黄檀实木比较接近。甲醛释放量仅为 0.20~0.40mg/L，小于 E_0（0.50mg/L）板材的甲醛释放量，具有良好的环保性能。

表 6-11　桉树、橡胶木和杨木重组木的主要物理力学性能

项目		重组木			实木
		桉树	橡胶木	杨木	黄檀
密度 /（g/cm^3）		1.00	0.90	0.90	0.92
硬度 /kN		9.8	8.7	7.9	10.5
静曲强度 /MPa		136.7	114.8	96.6	138.6
弹性模量 /GPa		14.5	16.2	13.2	16.6
水平剪切强度 /MPa	水平	21.4	18.2	17.2	—
	垂直	26.9	21.6	19.6	—
甲醛释放量 /（mg/L）		0.20	0.25	0.40	—

（2）纹理

重组木是在不打乱木材的纤维排列方向、保留木材的基本特性的前提下，重组复合加工而成的一种新型的木质复合材料，其保留了木材的自然属性，同时也克服了天然木材固有的天然缺陷（如色差、色变、节疤、虫孔等），又可以根据人们的需求，仿制各种天然的珍贵木材的纹理。图 6-17 分别为桉树、杨木和橡胶木的重组木表面纹理。

桉树

杨木

橡胶木

图6-17　3种人工林木材生产的重组木表面纹理(彩图请扫封底二维码)

(3)尺寸稳定性

重组木和天然木材一样，其含水率的变异速度与天然木材相似，经长时间的浸泡或干燥，也会膨胀和收缩，一般膨胀率在5%~20%。与天然木材不同的是，重组木几乎不弯曲、不开裂、不扭曲等，材质较均匀，这些优良的特点都是天然木材无法比拟的(李坚，2002)。

(4)表面粗糙度

重组木是人工林木材经过压缩、密实等加工而成的一种新型的木质复合材料，随着材料的密度的增加，重组木的表面粗糙度逐渐减小。采用合理的工艺制备的桉树重组木，其粗糙度可以达到甚至超过优质硬阔叶材，表6-12列出了桉树重组木与几种常用家具用材的密度。从表6-12可以看出，桉树重组木密度可以达到1.00~1.20g/cm^3。采用超景深显微镜研究结果表明(图6-18)，与桉树木材相比，桉树重组木表面粗糙度大幅度提高，其粗糙度超过了大部分的优质木材。

表6-12　桉树、桉树重组木与几种常用木材的密度比较

树种	密度/(g/cm^3)	树种	密度/(g/cm^3)
桉树重组木	1.00~1.20	天料木	0.82~0.96
桉树	0.55~0.65	黑酸枝	0.90
硬木松	0.45~0.55	摘亚木	0.90~1.06

综上所述，重组木是将人工林木材通过疏解、浸渍、重组、胶合和密实等加工处理后形成的，有效地克服了人工林木材材质软、材径级小、各向异性和材质

不均等缺陷，是家具用材的理想材料之一。随着天然木材的资源越来越少，重组木在家具领域具有非常广阔的应用前景。

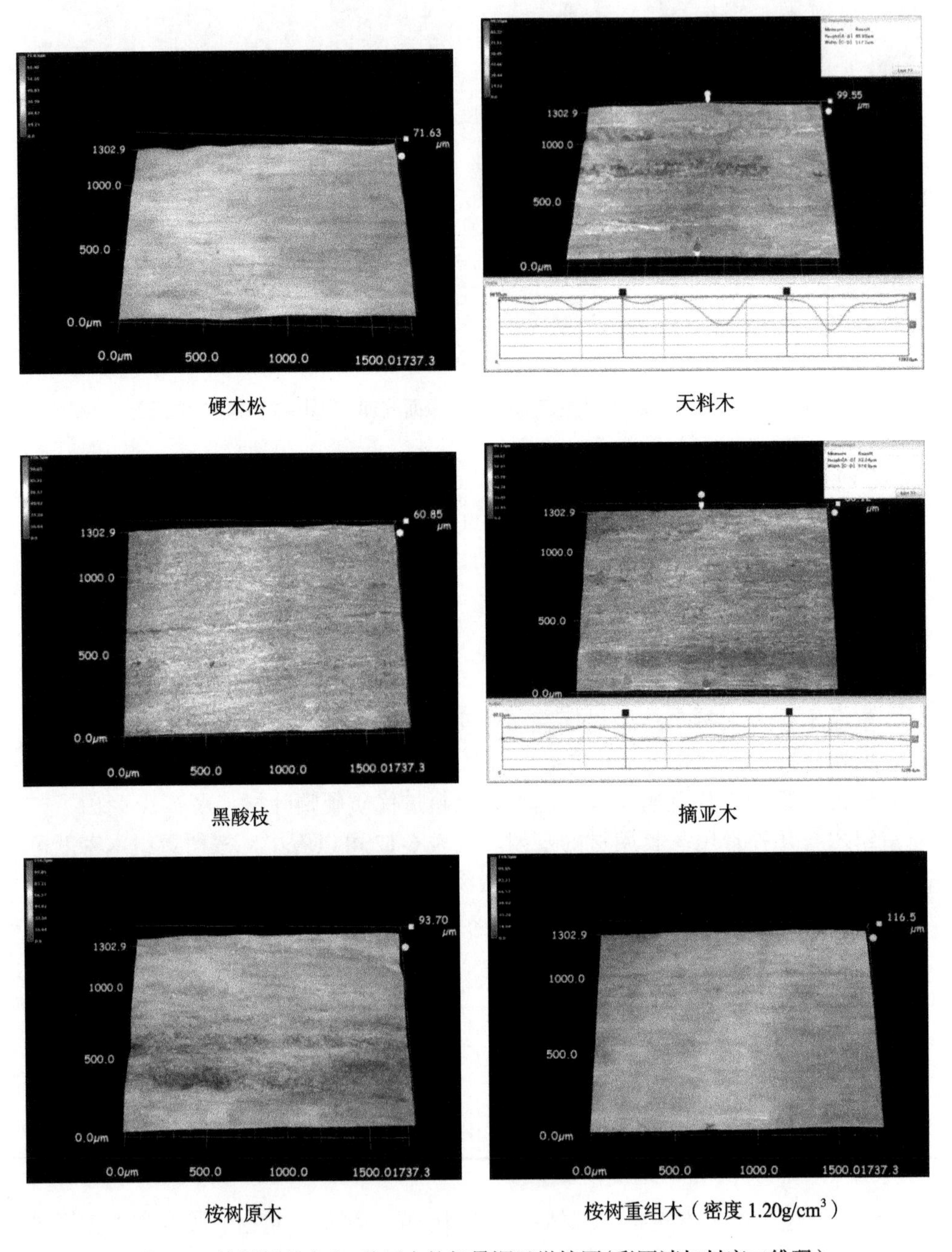

硬木松　　天料木

黑酸枝　　摘亚木

桉树原木　　桉树重组木（密度 1.20g/cm^3）

图6-18　桉树重组木和5种原木的超景深显微镜图(彩图请扫封底二维码)

三、重组木建筑用材

1. 建筑用材的要求

建筑用材的要求：木材纹理通直，胀缩性小，不翘曲、不开裂，抗弯强度、弹性模量和硬度适中，耐腐朽和虫蛀，耐磨损，握钉力较强，油漆性能良好（李坚，2002）。

2. 重组木作为建筑用材的适应性

重组木的密度、静曲强度等物理力学性能普遍优于天然木材，与天然木材不同的是，重组木几乎不弯曲，不开裂，不扭曲，材质均匀，截面积大，其长度可按任意需要生产（李坚，2002），也可以先生产成一定规格的重组木，再通过指接或斜接复合而成大规格的结构材（图 6-19~ 图 6-22）（李柏忠等，2013）；制作出了长 8m、截面为 500mm × 500mm 的大规格重组木（图 6-23），并在木结构建筑中进行了示范应用（图 6-24）。此外，采用酚醛树脂生产的重组木具有一定的耐火、防腐等性能，是建筑用材的理想材料之一。

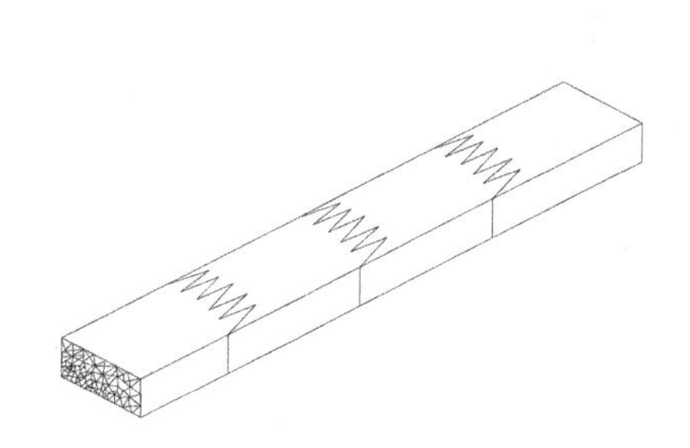

图6-19　指接斜面（李柏忠等，2013）

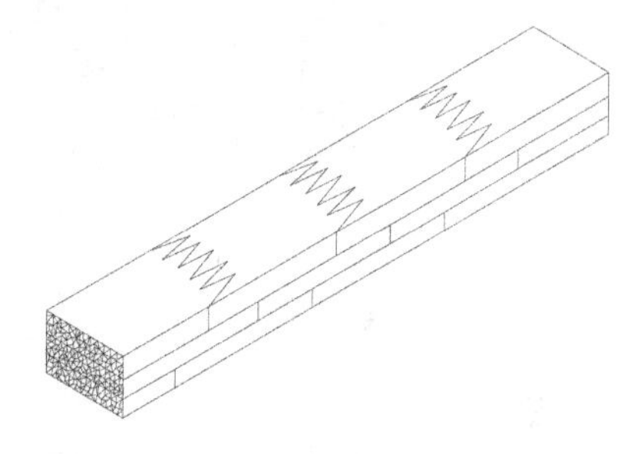

图6-20　错位指接小径木重组结构材（李柏忠等，2013）

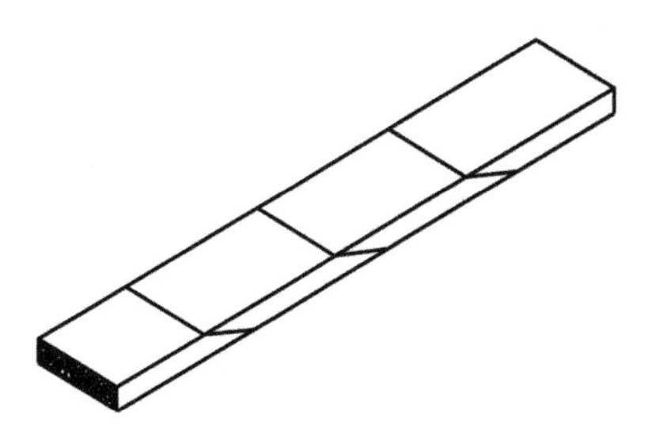

图6-21　斜接斜面（李柏忠等，2013）

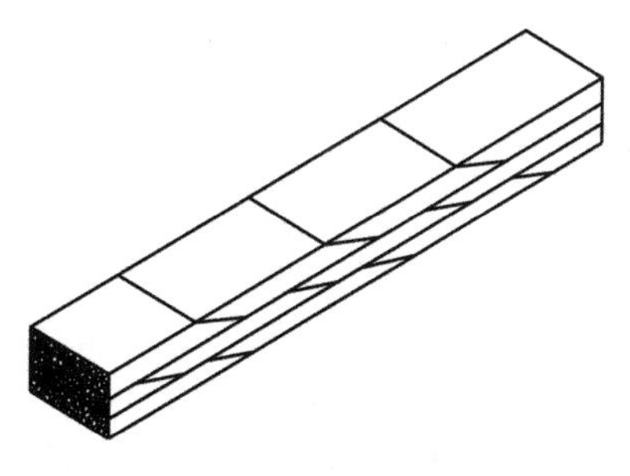

图6-22　错位斜接小径木重组结构材（李柏忠等，2013）

图6-23　大规格重组木

图6-24　结构用重组木

参考文献

国家林业局知识产权研究中心. 2013. 木 / 竹重组材技术专利分析报告. 北京：中国林业出版社.

李坚. 2002. 木材科学. 北京：高等教育出版社.

李坚. 2006. 木材保护学. 北京：科学出版社.

李柏忠，于文吉，余养伦. 2013. 小径木重组结构材及其制造技术：中国，201010243351.7.

马岩. 2011. 重组木技术发展过程中存在的问题分析. 中国人造板，18(2)：1-5，9.

祁述雄. 2002. 中国桉树. 2 版. 北京：中国林业出版社.

时迪，王逢瑚. 2013. 重组竹材在现代家具设计中的应用研究. 包装工程，34(8)：62-66.

王俊先. 1989. 重组竹——新工艺、新产品. 木材工业，3(4)：52-53.

王恺，肖亦华. 1989. 重组木国内外概况及发展趋势. 木材工业，3(1)：40-43.

于文吉. 2011. 我国高性能竹基纤维复合材料的研究进展. 木材工业, 25(1): 6-8, 29.
于文吉. 2012. 我国重组竹产业发展现状与趋势分析. 木材工业, 26(1): 11-14.
于文吉, 余养伦. 2012. 结构用竹基复合材料制造关键技术与应用. 建设科技, (3): 55-57.
于文吉, 余养伦. 2013. 我国木、竹重组材产业发展的现状与前景. 木材工业, 27(1): 5-8.
于文吉, 余养伦, 任丁华, 等. 2010a. 一种人造板单板的疏解和浸胶装置: 中国, 200810106374.6.
于文吉, 余养伦, 任丁华, 等. 2010b. 一种重组木及其制造方法: 中国, 200810114331.2.
于文吉, 余养伦, 任丁华, 等. 2011a. 一种高硬度板材及其制造方法: 中国, 200810114332.7.
于文吉, 余养伦, 苏志英. 2011b. 一种大片竹束帘及其制造方法和所用的设备: 中国, 200910077384.6.
于文吉, 余养伦, 祝荣先, 等. 2008. 一种人造板单元及其制备方法: 中国, 200810057449.6.
余养伦, 秦莉, 于文吉. 2014. 室外地板用竹基纤维复合材料制造技术. 林业科学, 50(1): 133-139.
余养伦, 于文吉. 2009. 桉树单板高值化利用最新研究进展. 中国人造板, 16(1): 7-12.
余养伦, 于文吉. 2013a. 新型纤维化单板重组木的主要制备工艺与关键设备. 木材工业, 27(5):5-8.
余养伦, 于文吉. 2013b. 我国小径桉树高值化利用研究进展. 林产工业, 40(1): 5-8.
余养伦, 孟凡丹, 于文吉. 2013a. 集装箱底板用竹基纤维复合制造技术. 林业科学, 49(3): 116- 121.
余养伦, 张亚梅, 于文吉. 2013b. 室内地板用竹基纤维复合材料的研制与应用. 竹子研究汇刊, 32(1): 21-25.
余养伦, 周月, 于文吉.2013c. 密度对桉树纤维化单板重组木性能的影响. 木材工业, 27(6): 5-8.
张齐生. 1995. 中国竹材工业化利用. 北京: 中国林业出版社.
中国林业科学研究院木材工业研究所. 1982. 中国主要树种的木材物理力学性质. 北京: 中国林业出版社.
祝荣先, 于文吉. 2012. 风电叶片用竹基纤维复合材料力学性能的评价. 木材工业, 26(3): 7-10.
祝荣先, 周月, 任丁华. 2011. 制造工艺对竹基纤维复合材料性能的影响. 木材工业, 25(3): 1-3.
Coleman J D, Surrey Hills. 1976. Reconsolidated wood product. 澳大利亚, 2424377A.
Fahey B. 1985. Scrimber-Exciting breakthrough in timber technology. Aust. For. Ind. J., 51(8) : 12-14.
Wilson G A, Mcdaniell S Y J. 2011. Methods of making manufactured eucalyptus wood products. PCT/CN 2010/070229.

图　　版

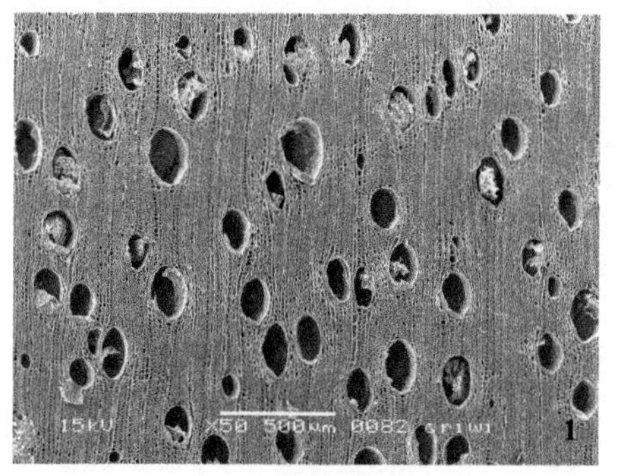

图1　横切面 单管孔斜列 × 50

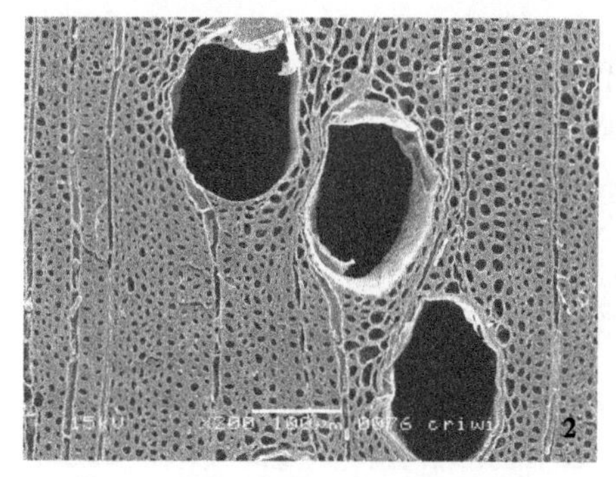

图2　横切面 单管孔、轴向薄壁细胞及木纤维 × 200

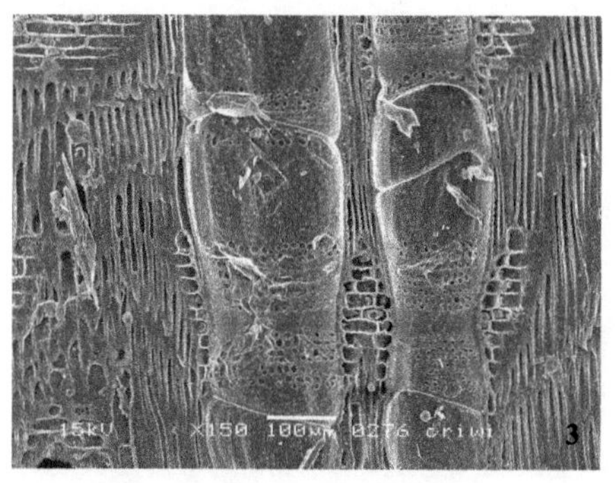

图3　径切面 导管、木纤维及射线 × 150

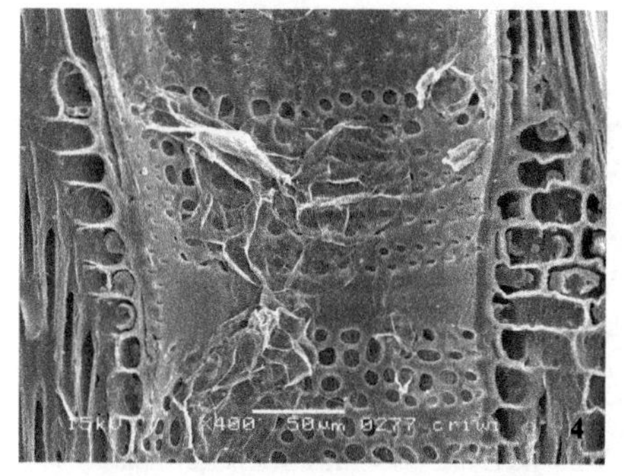

图4　径切面 导管与射线间纹孔式及侵填体 × 400

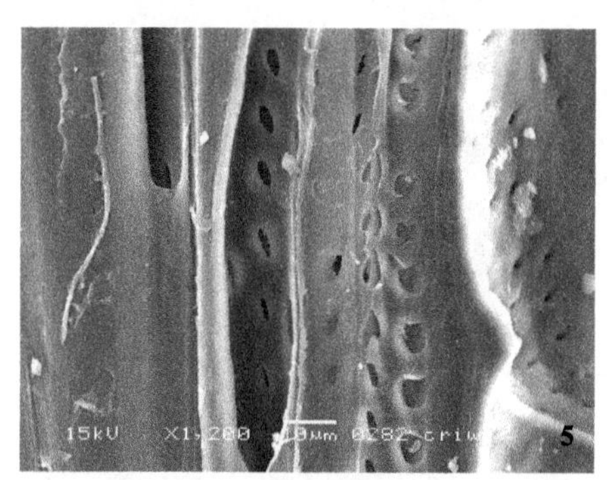

图5　径切面 导管与环管管胞 × 1200

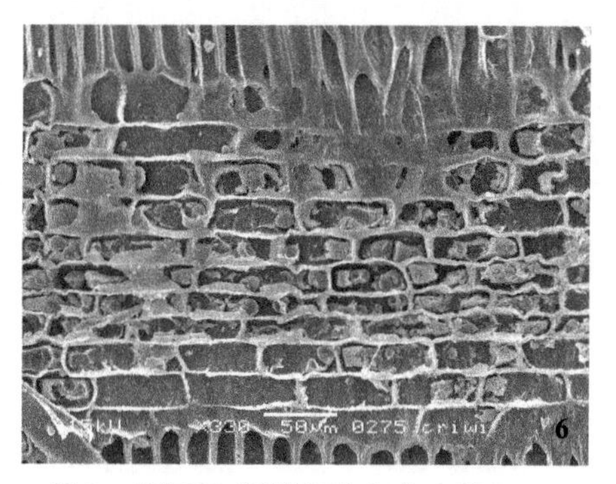

图6　径切面 射线细胞和内含物 × 330

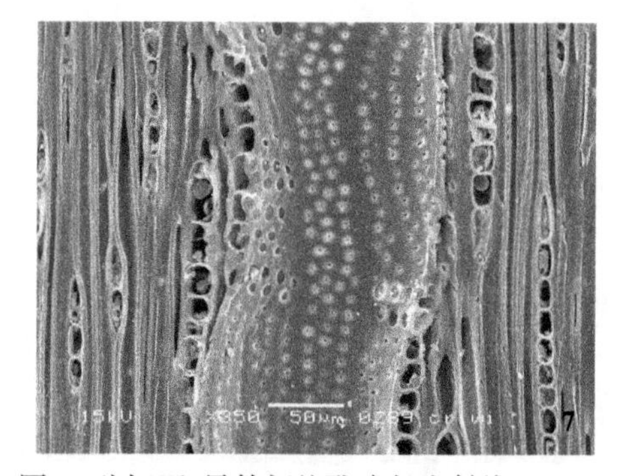

图7　弦切面 导管间纹孔式与木射线 × 1200

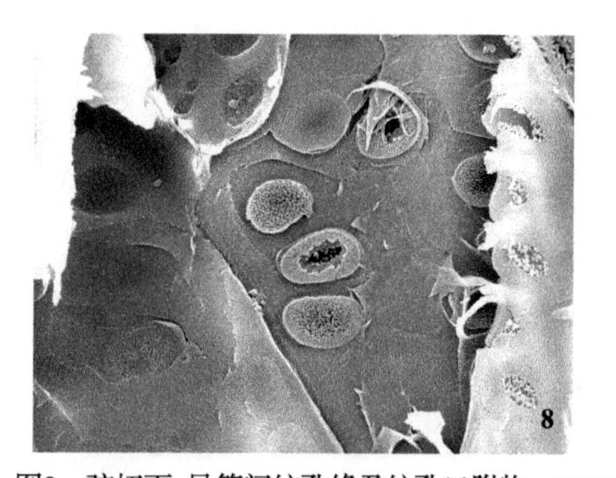

图8　弦切面 导管间纹孔缘及纹孔口附物 × 2200

图版1　尾巨桉

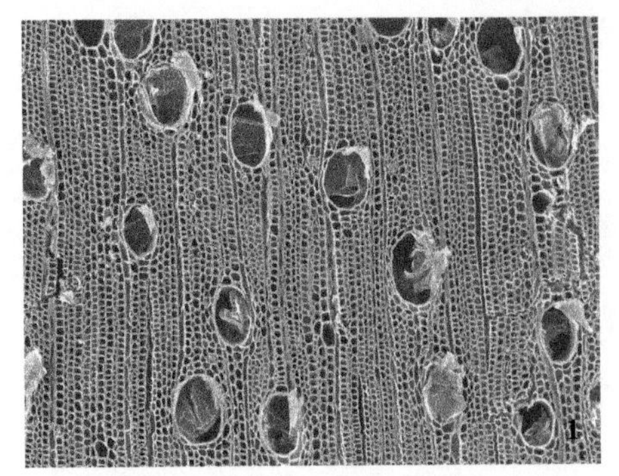

图1 横切面 单管孔斜列并具侵填体×150

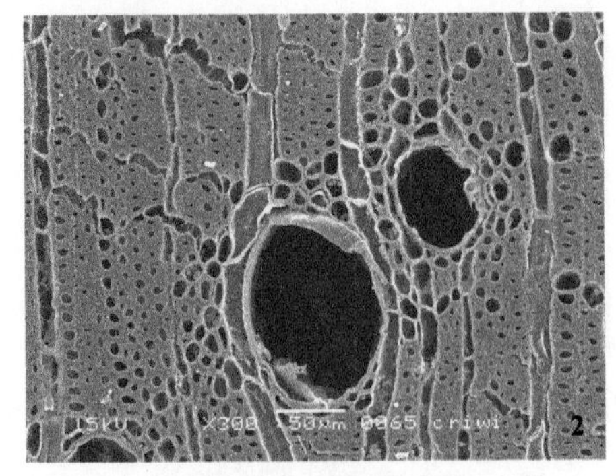

图2 横切面 导管、轴向薄壁细胞和木射线×300

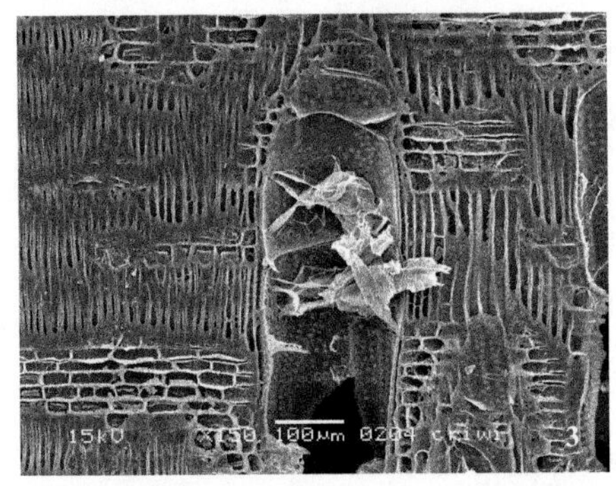

图3 径切面 导管含侵填体和木射线×300

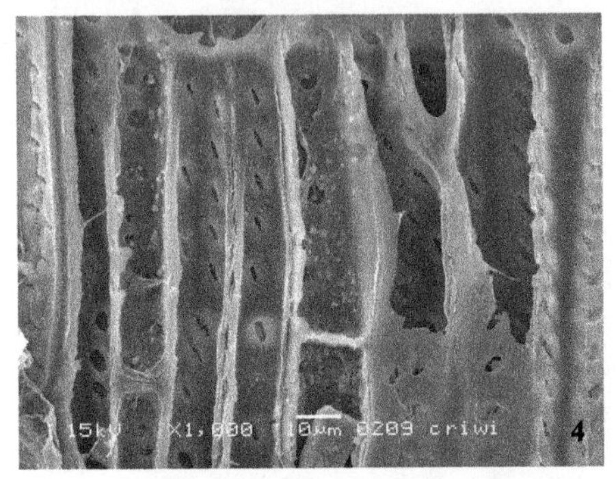

图4 径切面 环管管胞和轴向薄壁细胞×1000

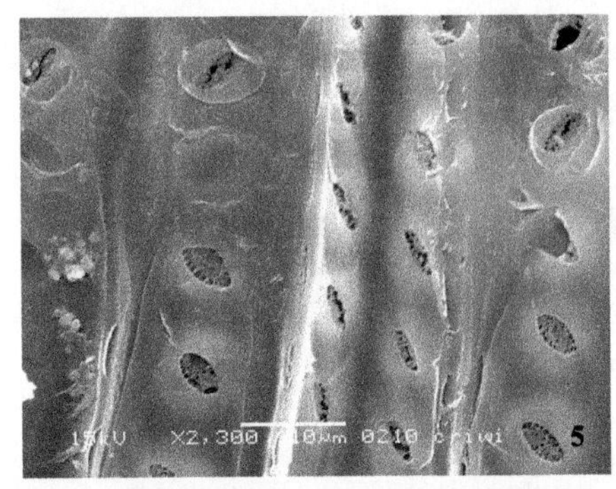

图5 径切面 环管管胞具缘纹孔和附物×2300

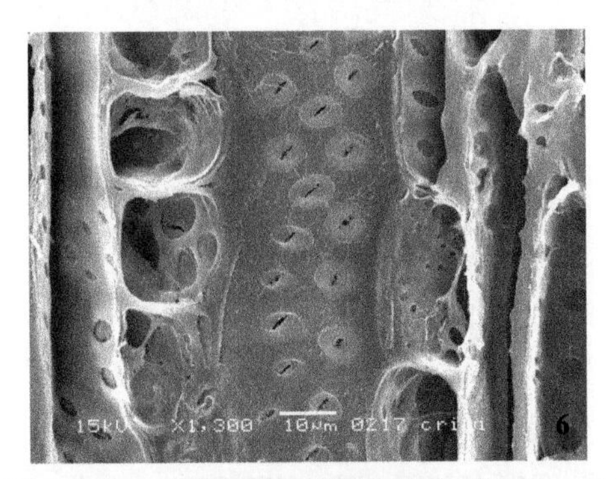

图6 弦切面 射线细胞和环管管胞具缘纹孔式×1300

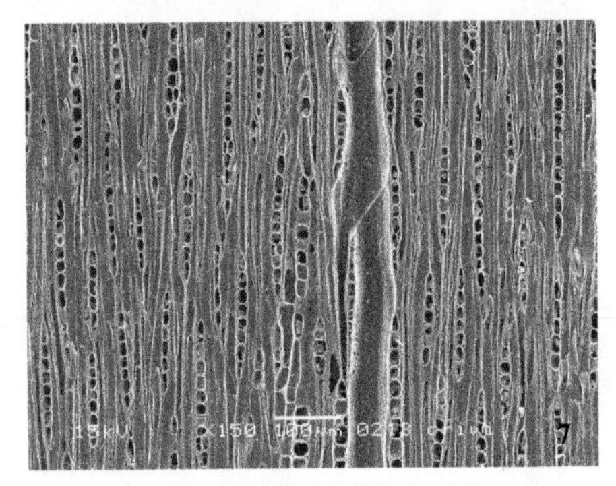

图7 弦切面 导管和单列木射线×150

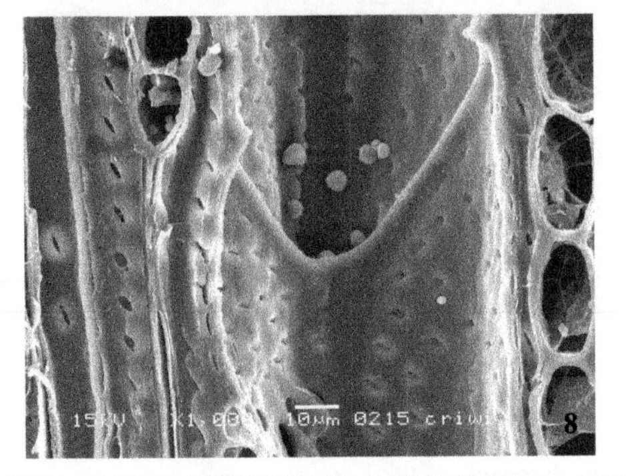

图8 弦切面 导管管间纹孔式和射线细胞×1000

图版2 巨桉

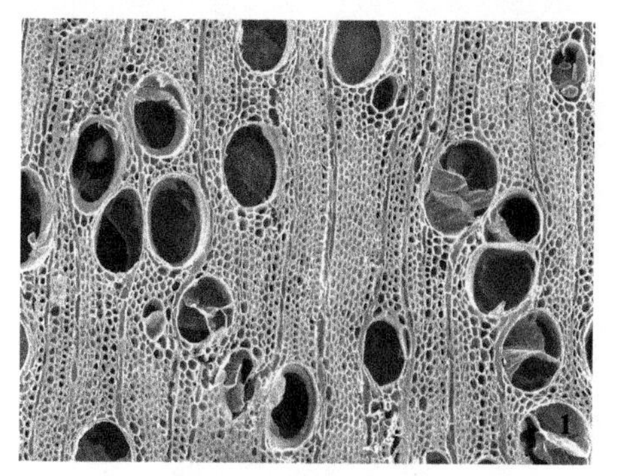

图1　横切面 主为单管孔 × 120

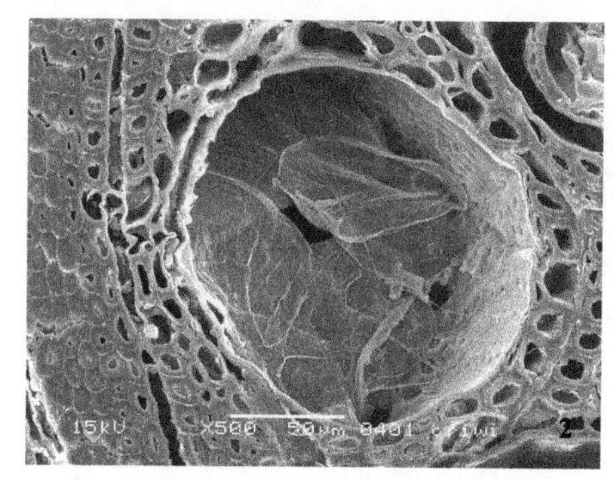

图2　横切面 单管孔具侵填体和轴向薄壁细胞 × 150

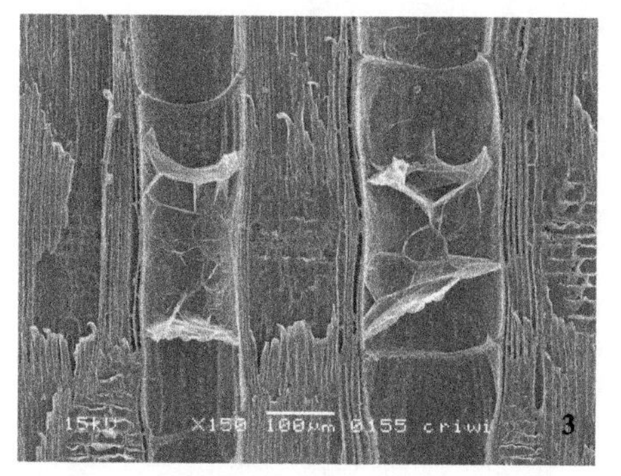

图3　径切面 导管和木射线 × 150

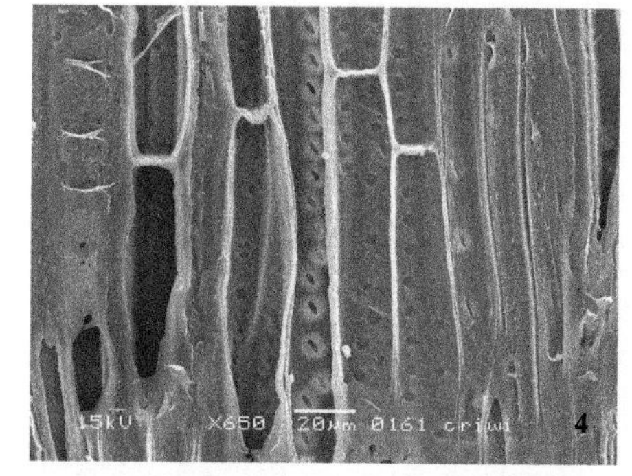

图4　径切面 环管管胞、木纤维和轴向薄壁细胞 × 650

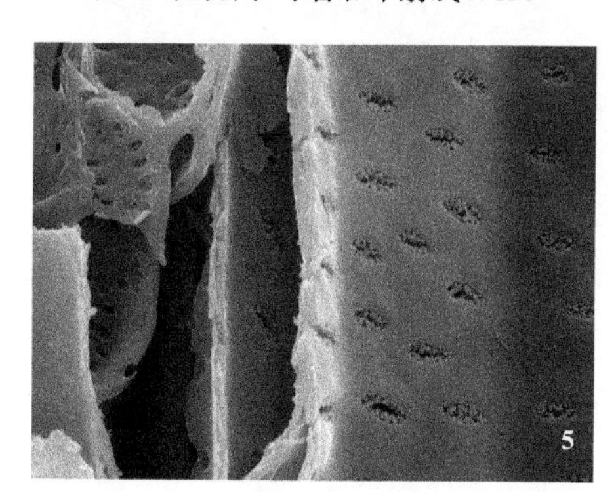

图5　径切面 导管间纹孔口具附物 × 1000

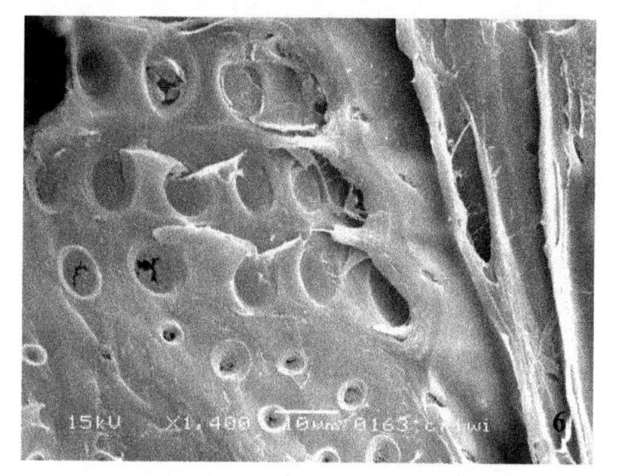

图6　径切面 导管与射线间纹孔和管间纹孔 × 1400

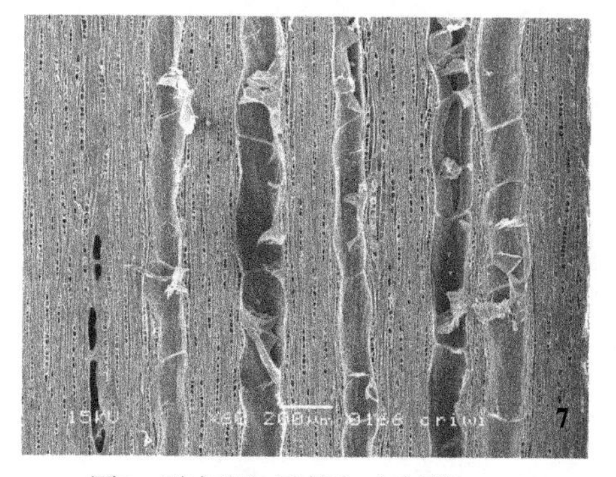

图7　弦切面 导管与木射线 × 60

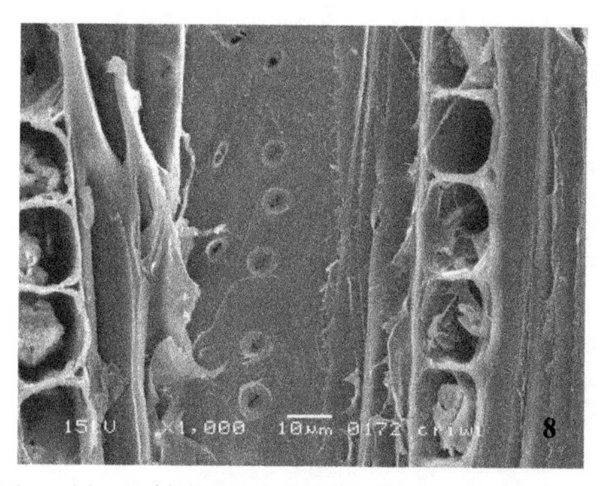

图8　弦切面 射线细胞具内含物和环管管胞纹孔 × 1000

图版3　尾叶桉

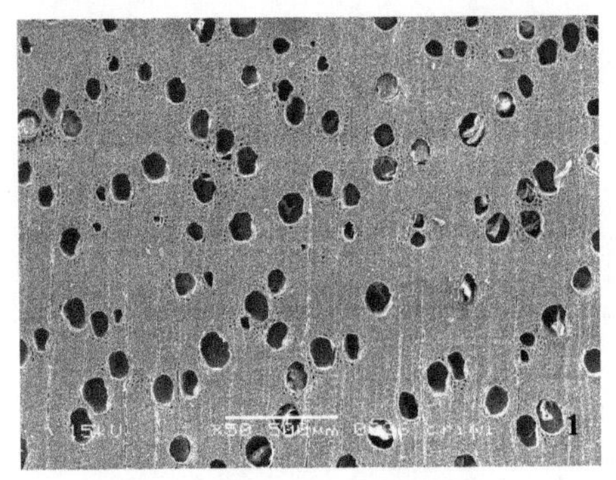

图1　横切面 单管孔斜列×50

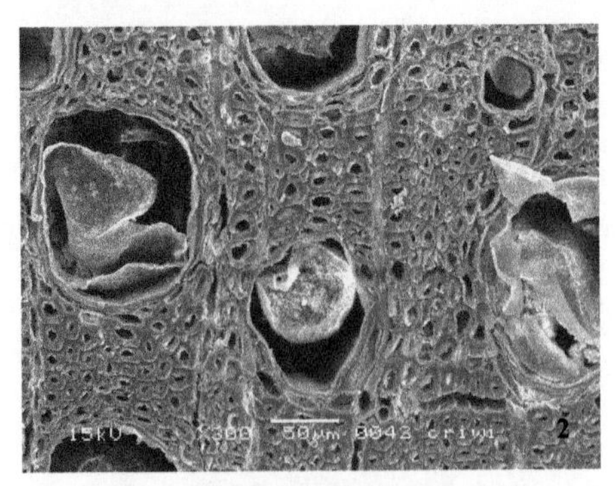

图2　横切面 管孔具侵填体和木纤维×300

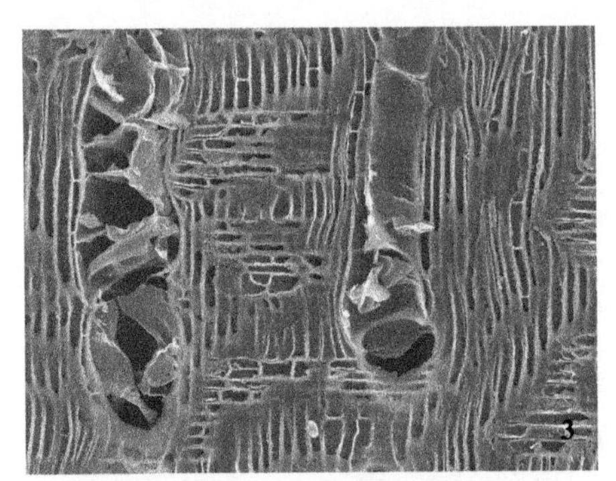

图3　径切面 导管和射线×200

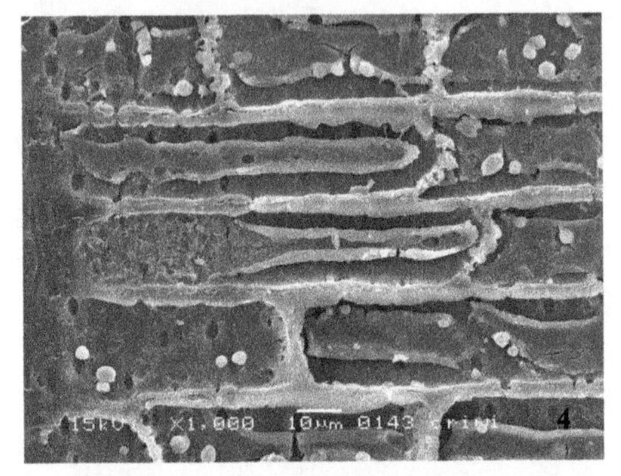

图4　径切面 射线细胞壁及其内含物×1000

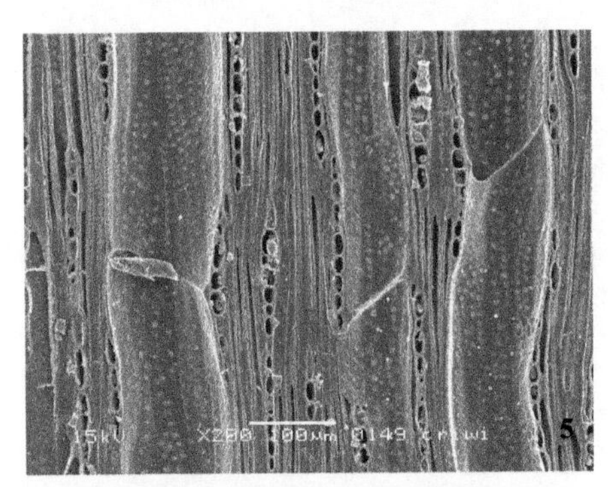

图5　弦切面 导管和射线×200

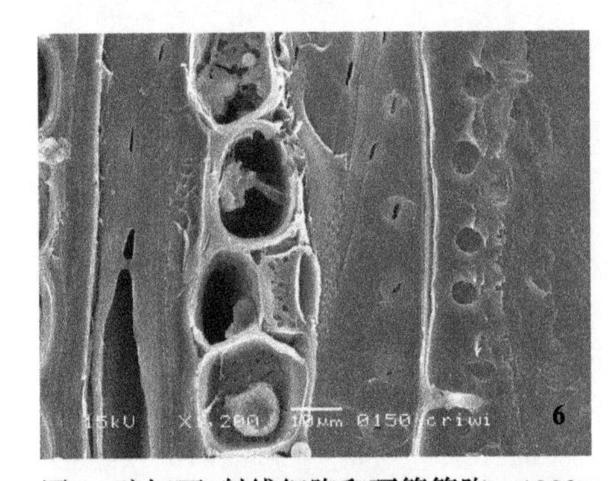

图6　弦切面 射线细胞和环管管胞×1200

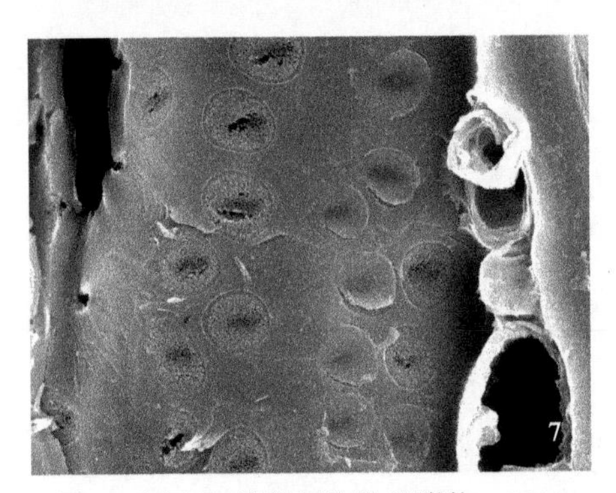

图7　弦切面 导管间纹孔具附物×2200

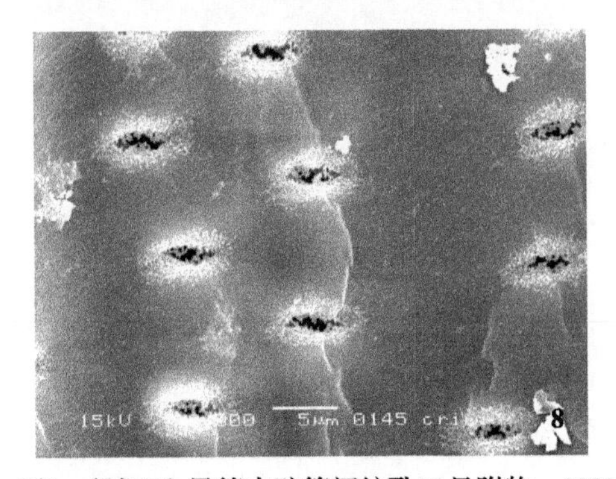

图8　径切面 导管内壁管间纹孔口具附物×3000

图版4　大花序桉

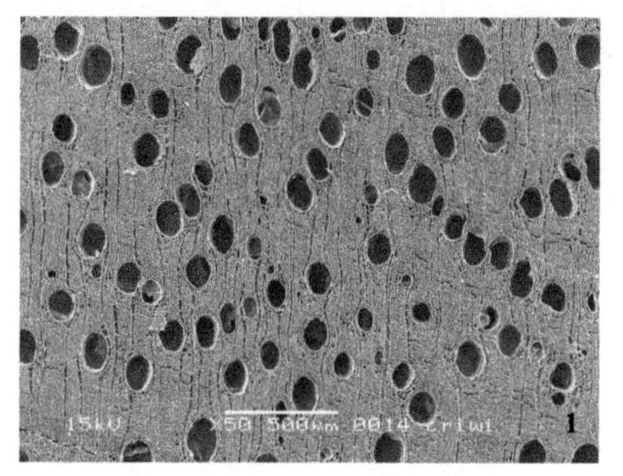

图1　横切面 单管孔斜列×50

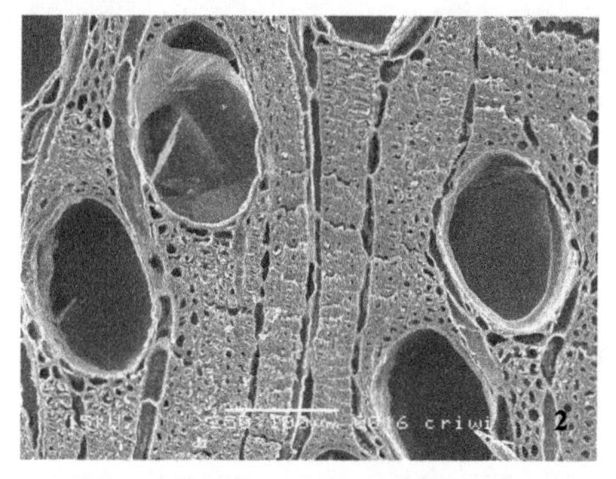

图2　横切面 单管孔、木射线和轴向薄壁细胞×250

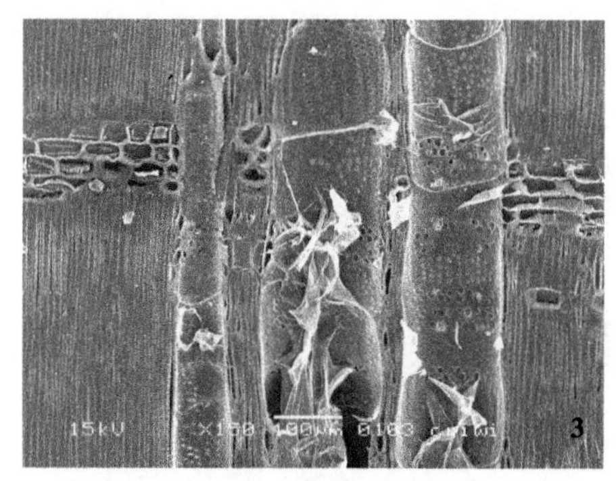

图3　径切面 导管和木射线×150

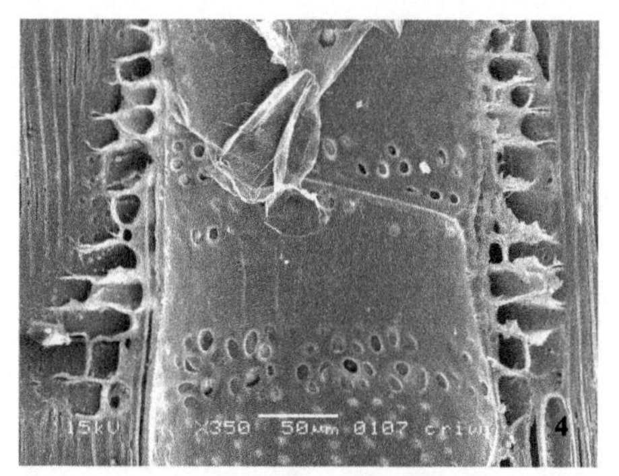

图4　径切面 导管与木射线间纹孔式×350

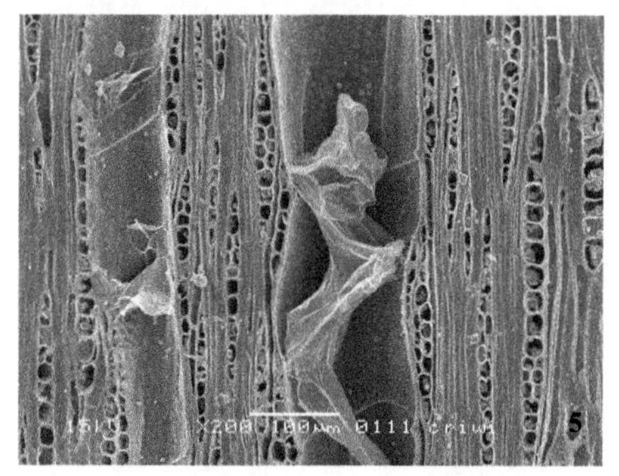

图5　弦切面 具少量侵填体导管和木射线×200

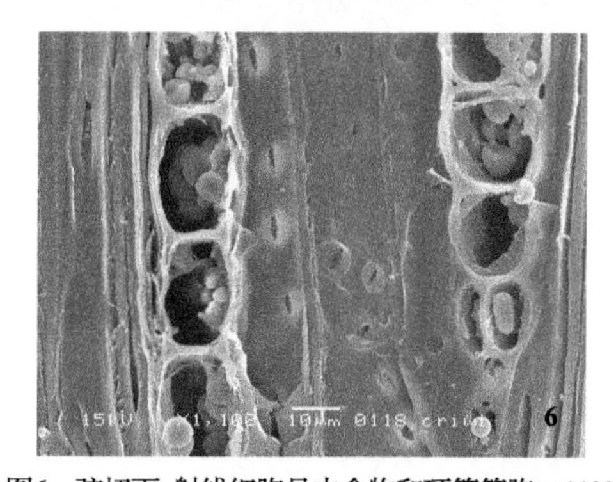

图6　弦切面 射线细胞具内含物和环管管胞×1100

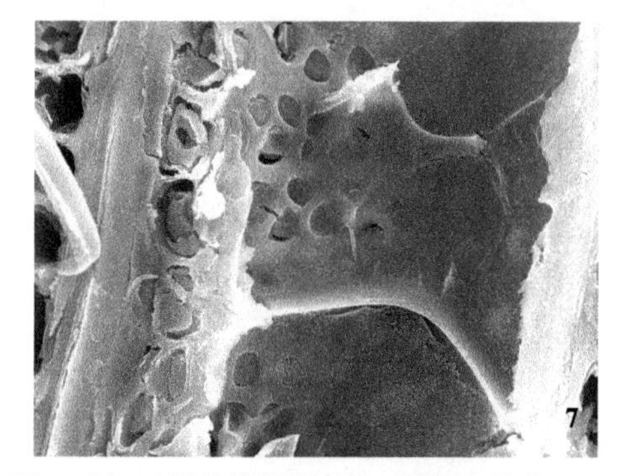

图7　弦切面 导管单穿孔板及与木射线间纹孔×1100

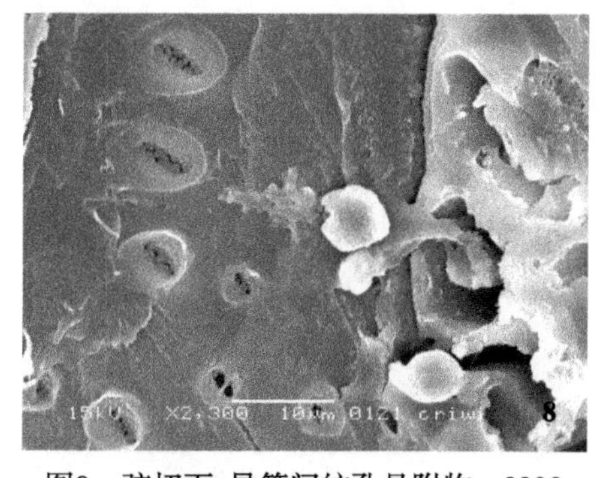

图8　弦切面 导管间纹孔具附物×2300

图版5　粗皮桉

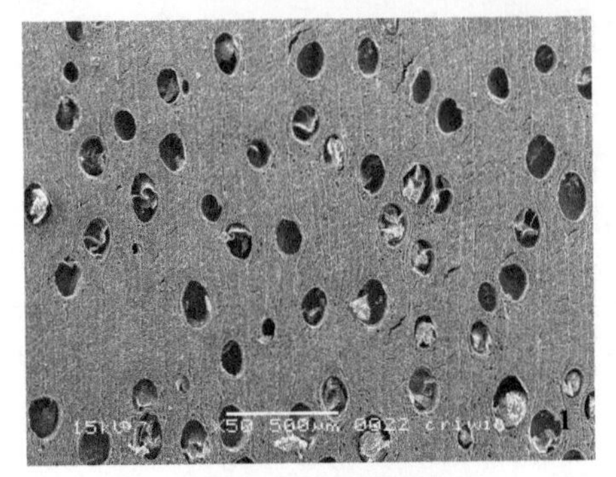

图1　横切面 单管孔斜列×50

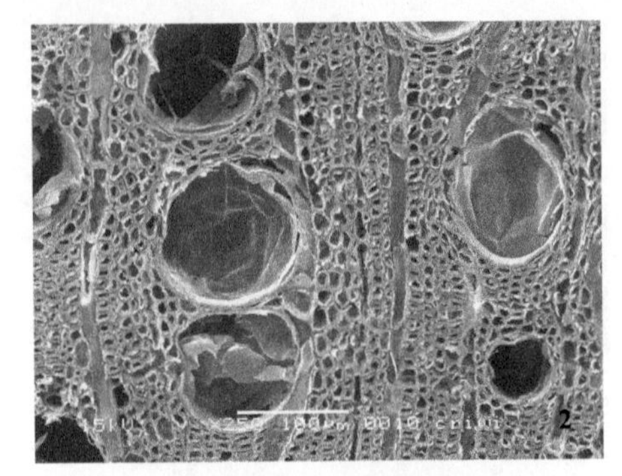

图2　横切面 管孔内具侵填体×250

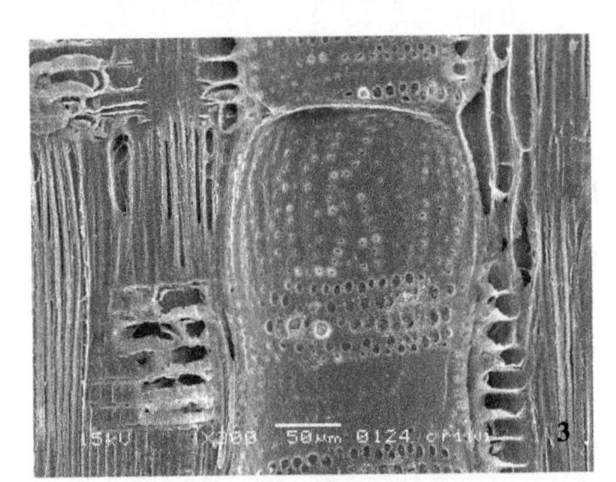

图3　径切面 导管内壁纹孔和射线×300

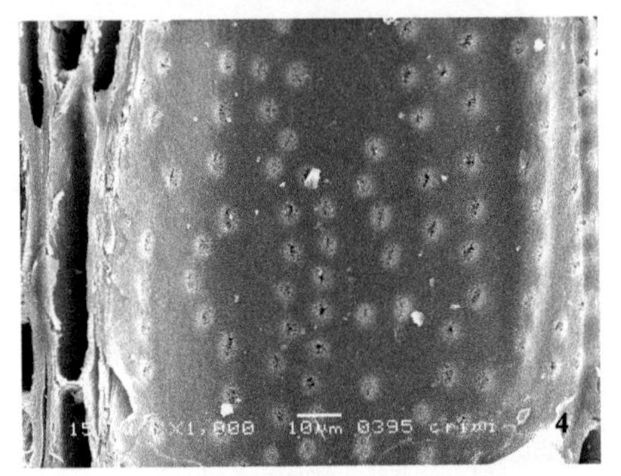

图4　径切面 导管间纹孔口具附物×1000

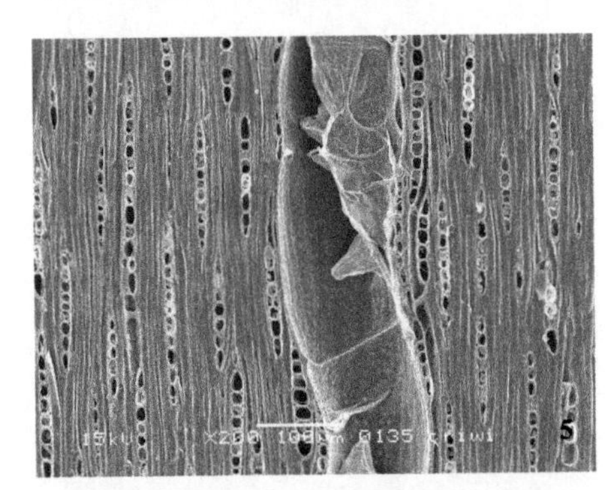

图5　弦切面 导管内壁和射线×200

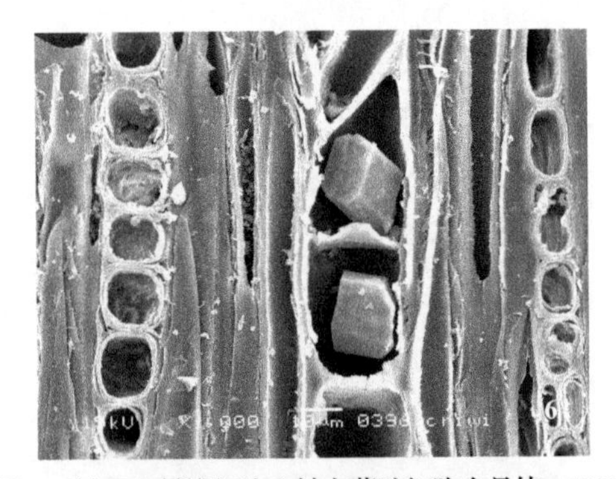

图6　弦切面 射线细胞和轴向薄壁细胞含晶体×1000

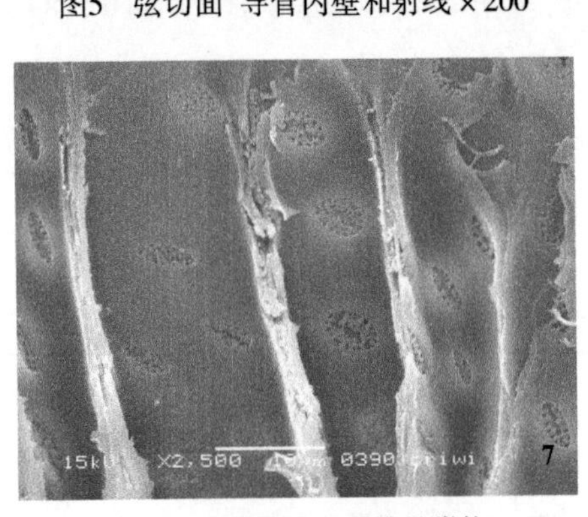

图7　径切面 环管管胞和纤维具附物×2500

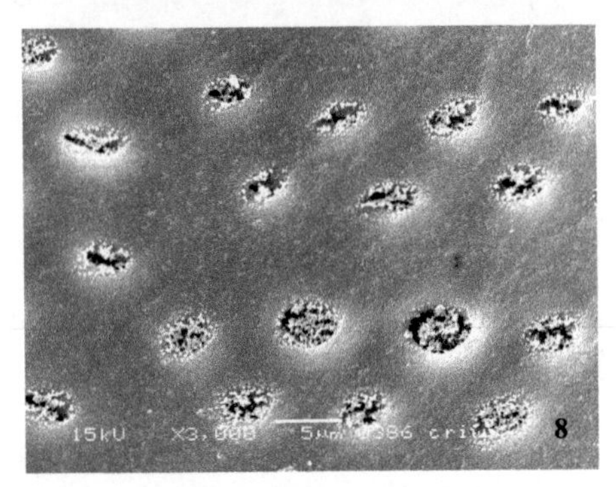

图8　径切面 导管间纹孔口具附物×3000

图版6　细叶桉